"十二五"高职高专体验互动式创新规划教材

数控加工技术与实训

SHUKONGJIAGONG JISHU YU SHIXUN

主　编　巨江澜　张文灼
副主编　陈　银　李志辉　唐志英
编　者　邱晓庆　王　雷　杨　波
　　　　陈天凡　由国艳

哈尔滨工业大学出版社

内容简介

本书共7个模块,内容包括数控加工基础知识、数控车削基本技能、数控车削中级工技能、数控车削技能强化与提高、数控铣/加工中心切削基本技能、数控铣/加工中心切削中级工技能、数控铣/加工中心切削技能强化与提高。

本书可作为高职高专院校机械类和近机械类专业的工程实践教学的教材,也可作为从事数控加工的工程技术人员、操作工的参考书,还可以作为职业技能鉴定的辅助教材。

图书在版编目(CIP)数据

数控加工技术与实训/巨江澜,张文灼主编. —哈尔滨:哈尔滨工业大学出版社,2012.9
ISBN 978-7-5603-3668-8

Ⅰ.①数… Ⅱ.①巨…②张… Ⅲ.①数控机床-加工-高等职业教育-教材 Ⅳ.①TG659

中国版本图书馆 CIP 数据核字(2012)第 187404 号

责任编辑	李长波
封面设计	唐韵设计
出版发行	哈尔滨工业大学出版社
社　　址	哈尔滨市南岗区复华四道街 10 号 邮编 150006
传　　真	0451-86414749
网　　址	http://hitpress.hit.edu.cn
印　　刷	天津市蓟县宏图印务有限公司
开　　本	850mm×1168mm 1/16 印张 21.25 字数 636 千字
版　　次	2012 年 9 月第 1 版　2012 年 9 月第 1 次印刷
书　　号	ISBN 978-7-5603-3668-8
定　　价	38.00 元

(如因印装质量问题影响阅读,我社负责调换)

前言

数控机床行业的健康发展是确保我国制造水平的重要条件,也是国家经济安全和国防安全的重要保障。数控技术是制造业实现自动化、柔性化、集成化生产的基础,又是当今先进制造的核心技术之一。数控加工技术的快速发展和广泛应用极大地推动了制造业水平的快速提高,促进了经济的蓬勃发展。随着我国数控机床拥有量的不断增加,社会急需大量掌握数控加工技术的应用型人才。在数控加工的生产现场,尤其缺乏数控机床操作维护、数控工艺设计及程序编制的工程技术人员。编写此书旨在提高制造水平和对多变市场的适应能力与竞争能力,同时培养既能编程又能熟练操作数控机床,并具备设备的维护保养能力的高技能人才。

《数控加工技术与实训》根据教育部《高职高专数控技术应用专业领域技能型紧缺人才培养指导方案》中数控技术实训的教学基本要求,结合数控专业系列课程教学改革与数控实践教学基地建设,以扩大现代制造技术训练和完善数控教学内容为目的,以国家2008年新颁布的数控职业技能鉴定标准为基点,并结合职业技能鉴定教学要求,确定了编写的指导思想和教材特色,加强了针对性和实用性,注重基础训练,强化了实践技能,突出能力培养。综合多年的职业技能考核试卷,书中也编入了部分职业技能考核的理论试题以供职业技能考核之用。

本书共7个模块,内容包括数控加工基础知识、数控车削基本技能、数控车削中级工技能、数控车削技能强化与提高、数控铣/加工中心切削基本技能、数控铣/加工中心切削中级工技能、数控铣/加工中心切削技能强化与提高。

本书可作为高职高专院校机械类和近机械类专业的工程实践教学的教材,也可作为从事数控加工的工程技术人员、操作工的参考书,还可以作为职业技能鉴定的辅助教材。

由于编者水平有限,书中疏漏和不足之处在所难免,恳请读者批评指正。

编 者

目录 Contents

模块1 数控加工基础知识

- 知识目标/001
- 技能目标/001
- 课时建议/001
- 课堂随笔/001

1.1 常见切削材料知识/002
  1.1.1 常用金属材料/002
  1.1.2 常用非金属材料/008

1.2 常见数控刀具知识/013
  1.2.1 刀具材料和性能/013
  1.2.2 数控车削类刀具知识/017
  1.2.3 数控镗铣类刀具知识/023

1.3 常见夹具辅具知识/026
  1.3.1 夹具知识/026
  1.3.2 车削类夹具/027
  1.3.3 铣削类夹具/029

1.4 常见工具辅具知识/030

1.5 常见量具辅具知识/032

1.6 常见切削液知识/044

- 拓展与实训/046
- 基础训练/046
- 技能实训/047

模块2 数控车削基本技能

- 知识目标/052
- 技能目标/052
- 课时建议/052
- 课堂随笔/052

2.1 数控车床的认知/053
  2.1.1 数控车床及其类别/053
  2.1.2 数控车床的典型组成/054
  2.1.3 数控车床的结构特点/056
  2.1.4 数控车床的加工对象/057
  2.1.5 数控车床的加工特点/058
  2.1.6 数控车床型号及技术参数/058

2.2 数控车床的安全操作/059
  2.2.1 数控车床文明生产和数控车工职业守则/059
  2.2.2 数控车床安全操作规程/059

2.3 数控系统的操作与参数调整/060
  2.3.1 数控系统概述/060
  2.3.2 常见的数控系统/061
  2.3.3 FANUC0 数控车床系统的MDI键盘功能说明/062
  2.3.4 机床坐标界面操作/064
  2.3.5 程序管理操作/064
  2.3.6 FANUC0 数控车床系统程序编辑/065
  2.3.7 FANUC0 数控车床系统的参数调整/066

2.4 数控车床的面板操作/067
  2.4.1 FANUC数控车床操作面板功能说明/067
  2.4.2 数控车床开机操作/069
  2.4.3 数控车床回参考点(回零)操作/069
  2.4.4 手动操作/069
  2.4.5 自动加工方式/070

2.5 数控车床的刀具装夹与对刀/071
  2.5.1 数控车床的刀具装夹/071
  2.5.2 数控车床坐标系/071
  2.5.3 数控车床对刀操作的实质——建立工件坐标系/073
  2.5.4 对刀方法/073

2.6 准备功能/073
  2.6.1 数控车床的准备功能/073
  2.6.2 FANUC数控系统加工程序的一般格式/074

2.7 辅助功能/075

2.8 **刀具功能**/076
2.9 **其他功能**/077
 2.9.1 坐标尺寸字/077
 2.9.2 进给速率F功能指令/077
 2.9.3 主轴转速S功能指令/078
 2.9.4 顺序号N功能/079
2.10 **数控车床的保养、维护与常见故障处理**/079
 2.10.1 数控车床的日常保养、维护方法/079
 2.10.2 车间环境维护/079
 2.10.3 常见故障及处理/079
 ❖ 拓展与实训/082
 ❀ 基础训练/082
 ❀ 技能实训/083

模块3 数控车削中级工技能

☞ 知识目标/094
☞ 技能目标/094
☞ 课时建议/094
☞ 课堂随笔/094

3.1 **工件坐标系的建立**/095
 3.1.1 机床坐标系/095
 3.1.2 工件坐标系/096
3.2 **简单外圆、沟槽、切断的加工**/097
 3.2.1 基础知识/097
 3.2.2 工艺分析/098
 3.2.3 参考程序/099
 3.2.4 加工过程/100
 3.2.5 检测评分/100
 3.2.6 问题分析/101
3.3 **台阶、端面的切削**/101
 3.3.1 基础知识/102
 3.3.2 工艺分析/102
 3.3.3 参考程序/102
 3.3.4 加工过程/103
 3.3.5 检测评分/103
 3.3.6 问题分析/104
3.4 **普通外螺纹切削**/104
 3.4.1 基础知识/104
 3.4.2 工艺分析/108
 3.4.3 参考程序/108
 3.4.4 加工过程/109
 3.4.5 检测评分/110
 3.4.6 问题分析/111
3.5 **内、外径粗车复合循环加工**/111
 3.5.1 基础知识/111
 3.5.2 工艺分析/113
 3.5.3 参考程序/114
 3.5.4 加工过程/114
 3.5.5 检测评分/115
 3.5.6 问题分析/116
3.6 **通孔类零件钻削加工**/116
 3.6.1 基础知识/116
 3.6.2 工艺分析/118
 3.6.3 参考程序/120
 3.6.4 加工过程/121
 3.6.5 检测评分/121
 3.6.6 问题分析/122
3.7 **盲孔类零件钻削加工**/122
 3.7.1 基础知识/122
 3.7.2 工艺分析/124
 3.7.3 参考程序/125
 3.7.4 加工过程/126
 3.7.5 检测评分/127
 3.7.6 问题分析/128
3.8 **轴类零件加工综合练习**/128
 3.8.1 数加工工艺文件基础知识/128
 3.8.2 工艺分析/128
 3.8.3 参考程序/130
 3.8.4 加工过程/131
 3.8.5 检测评分/131
 3.8.6 问题分析/132
3.9 **内成形面的加工**/132
 3.9.1 基础知识/132
 3.9.2 工艺分析/133
 3.9.3 参考程序/134
 3.9.4 加工过程/135
 3.9.5 检测评分/135
 3.9.6 问题分析/136
3.10 **成形面的加工**/136
 3.10.1 工艺分析/137
 3.10.2 参考程序/138
 3.10.3 加工过程/139
 3.10.4 检测评分/139
 3.10.5 问题分析/140

◈ 拓展与实训/140
✻ 基础训练/140
✻ 技能实训/141

模块4　数控车削技能强化与提高

☞ 知识目标/148
☞ 技能目标/148
☞ 课时建议/148
☞ 课堂随笔/148

4.1　车削加工中子程序的应用/149
　　4.1.1　工艺分析/149
　　4.1.2　编程准备/150
　　4.1.3　参考程序/150
　　4.1.4　加工过程/151
　　4.1.5　检测评分/152
4.2　车削加工中宏程序的应用/152
　　4.2.1　工艺分析/153
　　4.2.2　编程准备/154
　　4.2.3　参考程序/154
　　4.2.4　加工过程/155
　　4.2.5　检测评分/155
4.3　复杂轴类零件的车削加工/156
　　4.3.1　工艺分析/156
　　4.3.2　参考程序/157
　　4.3.3　加工过程/158
　　4.3.4　检测评分/159
4.4　复杂套类零件的车削加工/160
　　4.4.1　工艺分析/160
　　4.4.2　编程准备/161
　　4.4.3　参考程序/161
　　4.4.4　加工过程/163
　　4.4.5　检测评分/163
4.5　复杂异性零件的车削加工/164
　　4.5.1　工艺分析/164
　　4.5.2　加工过程/166
　　4.5.3　检测评分/166
4.6　偏心零件的车削加工/166
　　4.6.1　工艺分析/166
　　4.6.2　加工过程/168
　　4.6.3　检测评分/169
4.7　蜗杆零件的车削加工/169
　　4.7.1　工艺分析/169
　　4.7.2　参考程序/170
　　4.7.3　检测评分/172
4.8　配合件的车削加工/172
　　4.8.1　工艺分析/173
　　4.8.2　参考程序/174
　　4.8.3　检测评分/176
4.9　综合零件的车削加工/177
　　4.9.1　工艺分析/177
　　4.9.2　参考程序/179
　　4.9.3　检测评分/182
4.10　难加工材料的车削加工/184
　　4.10.1　工艺分析/184
　　4.10.2　参考程序/185
　　4.10.3　检测评分/186
◈ 拓展与实训/187
✻ 基础训练/187
✻ 技能实训/188

模块5　数控铣/加工中心切削基本技能

☞ 知识目标/195
☞ 技能目标/195
☞ 课时建议/195
☞ 课堂随笔/195

5.1　数控铣床/加工中心结构认知/196
5.2　数控铣床/加工中心安全操作与安全生产/198
　　5.2.1　数控铣床/加工中心安全操作/198
　　5.2.2　数控铣床/加工中心的使用要求/199
5.3　FANUC0i Mate－MC 数控系统面板操作/200
　　5.3.1　初识 FANUC0i Mate－MC 数控系统/200
　　5.3.2　机床操作/204
5.4　数控铣床/加工中心常用刀具的安装/209
　　5.4.1　初识数控铣床/加工中心刀具系统/209
　　5.4.2　刀具的装夹/211
　　5.4.3　将刀具装入机床/213
5.5　夹具安装与工件装夹/214
　　5.5.1　初步认识数控铣床/加工中心的夹具系统/214

5.5.2　夹具安装与工件装夹/215
5.6　数控铣/加工中心对刀操作/219
   5.6.1　数控铣/加工中心的坐标系统/219
   5.6.2　数控铣/加工中心对刀原理及方法/220
   5.6.3　数控铣/加工中心试切对刀操作/222
5.7　平行面铣削/224
   5.7.1　平行面铣削工艺知识准备/224
   5.7.2　程序指令准备/229
5.8　台阶面铣削/232
   5.8.1　台阶面铣削工艺知识准备/232
   5.8.2　程序指令准备/233
   5.8.3　案例工作任务（二）——台阶面铣削加工/235
5.9　数控铣床/加工中心的保养、维护/238
   5.9.1　数控铣床/加工中心的日常维护/238
   5.9.2　数控铣床/加工中心的定期维护/238
   ❖拓展与实训/239
   ✹基础训练/239
   ✹技能实训/240

模块6　数控铣/加工中心切削中级工技能

☞知识目标/249
☞技能目标/249
☞课时建议/249
☞课堂随笔/249

6.1　工件坐标系建立/250
   6.1.1　基础知识/250
   6.1.2　对刀操作/250
   6.1.3　注意事项/251
6.2　手动操作/251
   6.2.1　基础知识/251
   6.2.2　实际操作/251
6.3　简单直线、圆弧、沟槽的铣削/252
   6.3.1　基础知识/252
   6.3.2　实际操作/253
6.4　台阶、平面与倒角的铣削/255
   6.4.1　基础知识/255
   6.4.2　实际操作/256
6.5　刀具长度和半径补偿加工/258
   6.5.1　基础知识/258
   6.5.2　实际操作/260
6.6　钻孔加工及孔加工循环/262
   6.6.1　基础知识/262
   6.6.2　实际操作/263
6.7　螺纹加工及螺纹加工循环/266
   6.7.1　基础知识/266
   6.7.2　实际操作/267
6.8　轮廓零件加工/269
   6.8.1　基础知识/269
   6.8.2　实际操作/270
6.9　复合轮廓零件综合加工/272
   6.9.1　基础知识/272
   6.9.2　实际操作/272
6.10　曲面零件的加工/275
   6.10.1　基础知识/275
   6.10.2　实际操作/276
   ❖拓展与实训/278
   ✹基础训练/278
   ✹技能实训/283

模块7　数控铣/加工中心切削技能强化与提高

☞知识目标/291
☞技能目标/291
☞课时建议/291
☞课堂随笔/291

7.1　铣削加工中子程序的应用/292
7.2　铣削加工中宏程序的应用/294
7.3　内外螺纹的铣削加工/297
7.4　复杂箱体类零件的铣削加工/299
7.5　复杂薄壁类零件的铣削加工/301
7.6　复杂倒角零件的铣削加工/304
7.7　复杂曲面类零件的铣削加工/307
7.8　复杂模具的铣削加工/310
7.9　配合件的铣削加工/312
7.10　综合零件的铣削加工/316
   ❖拓展与实训/319
   ✹基础训练/319
   ✹技能实训/320

参考文献/329

模块 1
数控加工基础知识

知识目标
◆ 掌握常见金属材料、非金属材料的切削性能；
◆ 熟悉常见数控刀具的结构、性能及选用；
◆ 能认识和选用合适的夹具和附具；
◆ 掌握常见工、量、夹具的用法；
◆ 了解冷却液的配置及选用。

技能目标
◆ 根据材料合理选用切削刀具；
◆ 根据零件合理选用夹具；
◆ 根据零件合理选用工具和量具。

课时建议
16 课时

课堂随笔

1.1 常见切削材料知识

机械制造行业中有哪些材料可以切削加工？金属材料的切削加工性能如何？非金属材料的切削加工性能如何？要弄清这些问题，首先要了解材料的知识。

1.1.1 常用金属材料

1. 金属材料的分类

金属是指具有良好导电性和导热性，有一定强度和塑性，并具有光泽的物质，如铝、铁、铜等。而羊毛、橡胶、塑料、陶瓷等则属于非金属材料。金属材料通常分为黑色金属和有色金属两大类：以铁或以它为主而形成的物质称为黑色金属，如钢和生铁。除黑色金属以外的其他金属称为有色金属，如铜、铝、金、银等。

钢和铸铁主要是由铁和碳两种元素组成的合金，其区别在于含碳量的多少，理论上将含碳量在2.11%以下的合金称为钢，以上的称为铸铁。常用的有色金属有铜及其合金、铝及其合金、钛及其合金和轴承合金等。

2. 金属材料的力学性能

金属材料是现代机械制造的基本材料。金属材料的性能包含工艺性能和使用性能两方面。

工艺性能是指金属材料在制造工艺过程中的适应加工的性能，指金属材料对不同加工工艺方法的适应能力。它包括铸造性能、锻造性能、焊接性能和切削加工性能等。

使用性能是指金属材料在使用条件下所表现出来的性能，它包括物理性能、化学性能、力学性能等。金属的物理性能包括密度、熔点、导热性、导电性、热膨胀性和磁性等；金属的化学性能包括耐腐蚀性、抗氧化性和化学稳定性等；金属材料的力学性能是指金属在外力作用时表现出来的性能。力学性能包括强度、塑性、硬度、韧性及疲劳强度等。

(1)强度。金属抵抗塑性变形或断裂的能力称为强度。根据载荷作用方式的不同，强度可分为抗拉强度(σ_b)、抗压强度(σ_{bc})、抗弯强度(σ_{bb})、抗剪强度(τ_b)、抗扭强度(τ_t)五种形式。一般情况下多以抗拉强度作为判别金属强度高低的指标。

材料在拉断前所能承受的最大应力称为抗拉强度，可表示为

$$\sigma_b = F_b / S_0 \tag{1.1}$$

式中　σ_b——抗拉强度，N/mm^2；

　　　F_b——试样承受的最大载荷，N；

　　　S_0——试样原始横截面积，mm^2。

(2)塑性。金属断裂前产生永久变形的能力称为塑性。常用金属材料的塑性用拉伸时最大的相对塑性变形(伸长率和断面收缩率)表示。

①伸长率。试样拉断后，标距的伸长与原始标距的百分比称为伸长率，可表示为

$$\delta = (L_1 - L_0) / L_0 \times 100\% \tag{1.2}$$

式中　δ——伸长率，%；

　　　L_1——试样拉断后的标距，mm；

　　　L_0——试样的原始标距，mm。

②断面收缩率。试样拉断后，缩颈处横截面积的最大缩减量与原始横截面积的百分比称为断面收缩率，可表示为

$$\psi = (S_0 - S_1) / S_0 \times 100\% \tag{1.3}$$

式中　ψ——断面收缩率，%；

　　　S_0——试样的原始横截面积，mm^2；

S_1——试样的拉断处的最小横截面积,mm^2。

(3)硬度。金属材料抵抗局部变形(特别是塑性变形)、压痕或划痕的能力称为硬度。测量金属硬度的方法很多,有压入硬度试验法(如布氏硬度、洛氏硬度和维氏硬度);划痕硬度试验法(如莫氏硬度);回跳硬度试验法(如肖氏硬度)等。生产中常用的是压入硬度试验法。

①布氏硬度。布氏硬度的测定原理是用一定大小的试验力 $F(N)$,把直径为 $D(mm)$ 的淬火钢球压入被测金属表面,保持一定时间后,卸除试验力,根据金属表面压痕的表面积 $A(mm^2)$ 除试验力所得商值,作为硬度的计算指标,其符号为 HB。计算公式为

$$HB = F/A \tag{1.4}$$

压头为淬火钢球时用 HBS 表示;压头为硬质合金时用 HBW 表示。硬度值越高,表示材料越硬。

②洛氏硬度。洛氏硬度的测定也是一种压入硬度试验,但它不是测量压痕面积,而是测量压痕的深度,以深度的大小表示材料的硬度值,其硬度符号用 HR 表示。

洛氏硬度的试验压头采用锥角为 120°的金刚石或直径为 1.588 mm 的钢球。试验力先后两次施加,先加初试验力,然后加主试验力,其硬度可从洛氏硬度机中直接读得。为了用一种试验机测定从软到硬的不同金属材料,采用不同的压头和总试验力,组成几种不同的洛氏硬度标度,常用的有 HRA,HRB,HRC 三种,其中 HRC 应用最为广泛,测定对象为一般淬火钢件。

③维氏硬度。维氏硬度试验原理基本上和布氏硬度试验相同,它是用一个两相对面夹角为 136°的正四棱锥体金刚石压头,以选定的载荷 F 作用下压入被测金属表面,经规定的保持时间后,卸除载荷,测出压痕的对角线长度 d,算出压痕的表面积 A。试验载荷除以压痕表面积所得的商就是维氏硬度值。

(4)韧性。金属材料抵抗冲击载荷作用而不破坏的能力称为韧性。目前,常用一次摆锤冲击弯曲试验来测定金属材料的韧性,即

$$\alpha_k = A_k/S_0 \tag{1.5}$$

式中 α_k——冲击韧度,J/cm^2;

A_k——冲击吸收功,J;

S_0——试样的原始横截面积,cm^2。

(5)疲劳强度。随时间作用周期性变化的应力称为交变应力(也称循环应力)。零件在交变应力作用下,虽然其所承受的应力低于材料的屈服点,但经过较长时间的工作而产生裂纹或突然发生完全断裂的过程称为金属的疲劳。对于黑色金属,一般规定应力循环 10^7 周次而不断裂的最大应力为疲劳极限。有色金属、不锈钢等取 10^8 周次。

3. 铁碳合金

(1)铁碳合金组织。钢和铸铁都是由铁和碳两种基本元素组成的合金。在钢中,铁与碳互相结合的方式有两种:一种是碳溶于铁中形成固溶体;另一种是碳与铁化合形成化合物。此外,还可以形成固溶体和化合物组成的混合物。

在室温下,铁原子的排列构成体心立方晶格。铁在加热到 910 ℃时,原子排列发生变化,体心立方晶格变成面心立方晶格。温度升高到 1 400 ℃,铁由面心立方晶格又转变成体心立方晶格。910 ℃以下具有体心立方晶格的铁称为 α-Fe;910~1 400 ℃ 具有面心立方晶格的铁称为 γ-Fe;而 1 400 ℃以上直到熔化前呈体心立方晶格的铁称为 δ-Fe。

①铁素体。碳溶解在 α-Fe 中形成的间隙固溶体称为铁素体,用符号 F 来表示。碳在 α-Fe 中的溶解度极小,在 727 ℃时,最大溶解量为 0.02%,在室温时,降低为 0.006%。铁素体与纯铁的显微组织基本相同,具有高的塑性和韧性,低的强度和硬度。

②奥氏体。碳溶解在 γ-Fe 中形成的间隙固溶体称为奥氏体,用符号 A 来表示。碳在 γ-Fe 中的最大溶解量为 2.0%,是在 α-Fe 中的 100 倍。奥氏体具有良好的塑性和低的变形抗力,是绝大多数钢在高温进行锻造和轧制时所要求的组织。

③渗碳体。渗碳体是铁与碳形成的化合物,其分子式为 Fe_3C,常用符号 C_{II} 来表示。晶体结构复

杂,与铁的晶格截然不同。渗碳体的硬度很高,塑性很差,是一种硬而脆的组织。

④珠光体。珠光体是铁素体和渗碳体的混合物,用符号P来表示。其力学性能介于铁素体和渗碳体之间。

⑤莱氏体。莱氏体是含碳量为4.3%的合金,在1 148 ℃时从液相中同时结晶出奥氏体和渗碳体的混合物,用符号L_d来表示。在室温下的莱氏体由珠光体和渗碳体组成,这种混合物仍称为莱氏体,符号为L'_d。莱氏体的力学性能和渗碳体相似,硬度很高,塑性很差。

(2)铁碳合金相图。铁碳合金相图如图1.1所示,图中主要特性线的含义见表1.1。

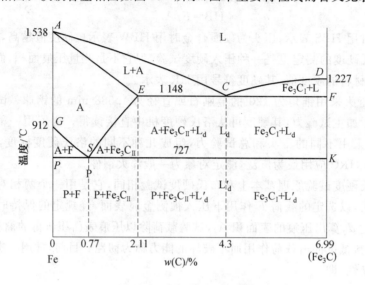

图1.1 铁碳合金相图

表1.1 Fe－Fe_3C相图中的特性线

特性线	含 义
ACD	液相线。此线以上全部为液相,用L表示
AECF	固相线。此线以下为固态区。液相线与固相线之间的区域为液固并存区
GS	常称A_3线。奥氏体冷却到GS线开始析出铁素体
ES	常称A_m线。奥氏体冷却到ES线开始析出渗碳体
ECF	共晶线。L_d⇔A+Fe_3C
PSK	共析线,常称A_1线。奥氏体冷却到此线(727 ℃),同时析出铁素体和渗碳体的混合物(即珠光体)

根据含碳量、组织转变的特点及室温组织,铁碳合金可分为钢及白口铸铁。

①亚共析钢:0.0218%＜[含碳量]＜0.77%。
②共析钢:[含碳量]＝0.77%。
③过共析钢:0.77%＜[含碳量]＜2.11%。
④亚共晶白口铸铁:2.11%≤[含碳量]＜4.3%。
⑤共晶白口铸铁:[含碳量]＝4.3%。
⑥过共晶白口铸铁:4.3%＜[含碳量]＜6.99%。

4.常用碳素钢、合金钢、铸铁、有色金属的性能

(1)钢的分类、编号和用途。钢的分类方法主要有三种:一种是按钢的化学成分分类;一种是按钢的用途分类;一种是按钢的质量分类。

①按化学成分分类。

a.碳素钢。根据含碳量的多少可分为低碳钢(含碳量小于0.25%)、中碳钢(含碳量在0.25%～0.6%范围内)、高碳钢(含碳量在0.6%～1.4%范围内)。

b.合金钢。除铁碳外,为了改善钢的性能,特意加入一种或数种合金元素的钢称为合金钢。习惯上将合金元素总量在3%以下的称低合金钢;在3%～10%之间的称中合金钢;在10%以上的称高合金钢。它们比碳素钢具有较高的强度和韧性或特殊性能,但成本要高些。

②按用途分类。

a.结构钢。这类钢用来制造工程结构(如桥梁、船舶、高压容器等)和机械零件(如轴、齿轮等)。工程用钢一般在轧制或正火状态下使用,很少再进行热处理。机械制造用钢大多数需要进行热处理。根据热处理方法不同,机械制造结构钢又可分为渗碳钢和调质钢。渗碳钢的含碳量在0.25%以下,常需要经过渗碳、淬火和回火等热处理。调质钢的含碳量大多在中碳钢范围内,常需要对它进行调质热处理(淬火加高温回火)。

b.工具钢。工具钢用以制造各种工具,如模具、刀具、量具。这类钢要求硬度比较高(多在HRC55以上),含碳量一般也比较高。

c.特殊性能钢。特殊性能钢是具有特殊物理、化学和力学性能的钢的总称,包括不锈钢、耐热钢、耐磨钢等,一般都含有较多的合金元素。

③按质量分类。

a.普通钢。钢中允许含磷量不大于0.045%,含硫量不大于0.050%。

b.优质钢。钢中磷、硫含量分别不大于0.035%。

c.高级优质钢。钢中磷、硫含量分别不大于0.025%。

d.特级质量钢。含磷量不大于0.025%,含硫量不大于0.015%。

④钢的牌号。

a.碳素结构钢。如Q235—A·F,表示屈服点值235 N/mm² 的A级沸腾钢。

b.优质碳素结构钢。如45,表示平均含碳量为0.45%的优质碳素结构钢。

c.碳素工具钢。如T12A,表示平均含碳量为1.20%的高级优质碳素工具钢。

d.铸造碳钢。如ZG270—500,表示屈服点为270 N/mm²,抗拉强度为500 N/mm² 的铸造碳钢。

e.合金结构钢。分类如下:

低合金结构钢,如16Mn,表示平均含碳量为0.16%,锰含量在1.5%以下。

合金调质钢,如40Cr,表示平均含碳量为0.40%,铬含量在1.5%以下。

合金渗碳钢,如20Cr,表示平均含碳量为0.20%,铬含量在1.5%以下。

合金弹簧钢,如65Mn,表示平均含碳量为0.65%,锰含量在1.5%以下。

合金工具钢分类如下:

低合金工具钢,如9SiCr,多用于铸造丝锥、板牙、铰刀等。

高合金工具钢,如W18Cr4V,多用于较高速切削工具,如车刀、铣刀、钻头等。

特殊性能钢,具有特殊物理、化学、力学性能的钢,如不锈钢、耐热钢和耐磨钢等。

(2)铸铁的分类、编号和用途。铸铁是含碳量大于2.11%的铁碳合金。除碳外,还含有硅、锰元素及磷、硫等杂质。铸铁和钢相比,虽然力学性能较低,但是它具有优良的铸造性能和切削加工性能,生产成本低廉,并具有耐压、耐磨和减振等性能,所以获得广泛的应用。

①根据碳在铸铁中存在的形式分类。

a.白口铸铁。碳以渗碳体形式存在,其断口呈银白色,所以称为白口铸铁。这类铸铁的性能既硬又脆,很难进行切削加工,所以很少直接用来制造机器零件。

b.灰铸铁。碳主要以片状石墨形式存在,其断口呈灰色,所以称为灰铸铁。它具有一定的强度和耐磨、耐压、减振等良好性能,是应用最为广泛的一类铸铁。

c.麻口铸铁。碳大部分以渗碳体的形式存在,少部分以石墨形式存在,其断口呈灰白色相间的麻点,故称麻口铸铁。它是灰铸铁和白口铸铁间的过渡组织,没有应用价值。

②根据铸铁中石墨的形态分类。

a. 灰铸铁。上面已述。

b. 球墨铸铁。铸铁中石墨大部分或全部呈球状。这类铸铁强度高、韧性好。

c. 蠕墨铸铁。铸铁中石墨大部分呈蠕虫状。这类铸铁抗拉强度、耐热冲击性能、耐压性能比灰铸铁有明显改善。

d. 可锻铸铁。铸铁中石墨呈紧密的团絮状,它是用白口铸铁经长期退火后获得的。这类铸铁强度高、韧性好。

(3)常用有色金属的性能分别简述如下。

①铜及其合金。

a. 纯铜。纯铜呈紫红色,又称紫铜。牌号有 T1,T2,T3。

b. 黄铜。黄铜为铜与锌的合金。H90 表示铜平均含量为 90%,锌为 10%。

c. 青铜。除黄铜和白铜(铜和镍的合金)外,所有的铜基合金都称为青铜。

②铝及其合金。

a. 纯铝。常用的工业纯铝牌号有 L1,L2,L3,L4,L5,L6。L1 的杂质含量最少。

b. 铝合金。纯铝的强度很低,加入适量硅、铜、镁、锌、锰等合金元素,形成铝合金。再经过冷变形和热处理,则强度提高。铝合金又可分为变形铝合金(加工铝合金)和铸造铝合金两类。

③钛及钛合金。

钛是银白色的金属,密度小($4.5\ \mathrm{g/cm^3}$),熔点较高($1\ 668\ ℃$)。钛合金的强度、耐热性和塑性都比较好,并可以经热处理强化,广泛用于航空、航天、军事武器和模锻件之中。

5. 常用金属的热处理、特点、应用

(1)热处理的意义。

热处理是将固态金属或合金通过加热、保温及冷却以获得所需要的组织结构与性能的操作工艺。一般机械零件的制造过程为:铸造或锻造—正火或退火—切削加工—淬火—回火—精加工等。其中的退火、正火、淬火和回火等都是热处理的不同方法或工艺。零件经热处理后,使得其性能得到改善和提高,合金元素的作用得以充分发挥。机床中 80% 以上的零件要进行热处理;刀具、量具、模具、轴承等则 100% 需要进行热处理。

(2)钢的热处理分类。

①退火。退火是指将钢件加热到适当温度,保持一定时间,然后缓慢冷却(一般随炉冷却)的热处理工艺。退火又称焖火。

退火的目的:降低钢的硬度,以利于切削加工;细化晶粒,改善组织,改善钢的性能或为以后的热处理做准备;消除钢中的残余内应力,以防止变形和开裂。

②正火。正火是将钢件加热到 A_3 或 A_{cm} 以上 30~50 ℃,经过保温后,从炉中取出置于空气中冷却的热处理工艺。

正火与退火两者的目的基本相同,但正火的冷却速度比退火稍快,故正火钢的组织比较细,它的强度、硬度比退火钢要高。正火也称正常化处理。

退火与正火在某种程度上有相似之处,设计选用时可以从以下三方面考虑:

a. 从切削加工性能考虑。硬度在 HBS160~230 范围内的钢材其切削加工性能最好。硬度过高难以加工,且刀具容易磨损;硬度过低,切削时容易"粘刀",使刀具发热而磨损,且工件表面加工质量不高。因此,低碳钢正火优于退火;而高碳钢正火后硬度过高,宜采用退火。

b. 从使用性能上考虑。如果零件的力学性能要求不高时,可采用正火作为最终热处理。当零件形状复杂时,正火的冷却速度较快,易产生裂纹,则采用退火较好。

c. 从经济性考虑。正火比退火的周期短,成本低,操作方便,故在可能的条件下应优先采用正火处理。

③淬火。淬火是将钢件加热到 A_{c_3} 或 A_{c_1} 以上 30~50 ℃,保温一段时间,然后在水或油中快速冷却

下来,以得到高硬度组织的热处理工艺。

淬火的主要目的是把奥氏体化的工件淬成马氏体,然后与不同回火温度相配合,获得所需的力学性能。淬火钢中马氏体的含量越高,硬度便越大,越耐磨。同时,马氏体的晶格畸变也引起内应力的增加,脆性增大。

④回火。工件淬火后,其性能硬而脆,并存在着由于冷却过快而造成的内应力,往往会引起工件变形或开裂。经回火后,能减小脆性,降低内应力,使淬火组织趋于稳定,使工件获得适当的硬度和满意的综合力学性能。

所谓回火,是指将淬火钢件重新加热至 A_{c_1} 以下的某一温度,保温一段时间,然后置于空气中或水中冷却的热处理工艺。根据回火加热温度的不同,又分为低温、中温和高温回火。淬火钢经回火后的硬度,随回火温度的升高而降低。

a.低温回火(<250 ℃)。低温回火得到的组织是回火马氏体,具有高的硬度(HRC58~64)和高的耐磨性及一定的韧性。低温回火主要用于刀具、量具及要求高硬度耐磨的零件。

b.中温回火(350~500 ℃)。中温回火得到的组织是回火托氏体,具有高的弹性极限、屈服点和适当的韧性,硬度在 HRC40~50。中温回火主要用于弹性零件及热锻零件。

c.高温回火(>500 ℃)。淬火+高温回火称为调质处理。高温回火得到的组织是回火索氏体,具有良好的综合力学性能(足够的强度与高韧性相结合),硬度达 HRC25~40,广泛用于受力构件,如螺栓、连杆、齿轮、曲轴等零件。

(3)钢的表面热处理。在机械设备中,许多零件是在冲击载荷及表面摩擦条件下工作的。这类零件需具有高硬度和高耐磨性,而心部又需要足够的韧性。为满足这些零件的性能要求,需进行表面热处理。常用的表面热处理方法有表面淬火及化学处理两种。

①表面淬火。仅对工件表层进行淬火的工艺称为表面淬火。

a.火焰淬火。用火焰加热零件表面,并用水快速冷却的热处理工艺。淬硬层一般为 2~6 mm,适用于单件小批量生产(中碳钢及合金材料)。

b.感应加热淬火。利用感应电流通过工件所产生的热效应,工件表面受热,并进行快速冷却的淬火工艺。为了得到不同的淬硬层深度,可采用不同频率的电流进行加热。感应加热的特点:加热速度快,淬火质量好,硬度比普通淬火高 HRC2~3,淬硬层深度容易控制;但设备较复杂,适用于大批量生产。

②钢的化学处理。常用的有渗碳和渗氮。

a.钢的渗碳。渗碳的目的是提高钢件表层的含碳量。渗碳后工件经淬火及低温回火,表面获得高硬度,而其内部又具有高的韧性,表层硬度可高达 HRC58~64。

b.钢的渗氮。渗氮的目的是提高零件表面的硬度、耐磨性、耐蚀性及疲劳强度。渗氮后一般深度为 0.1~0.6 mm。

(4)金属的防腐方法。

①钢件的发蓝处理。把钢件放入烧碱(NaOH)和氧化剂溶液中,在 140~150 ℃温度下,保温 1~2 h,在表面生成一层 Fe_3O_4 为主的多孔氧化膜(蓝色或黑色)。这层膜牢固地与金属表面结合,经浸油处理(填充氧化膜中孔隙)后,达到防腐目的。

②镀锌。锌与氧作用生成氧化锌,保护基体钢件不再被腐蚀。

6.切削加工性能的概念及常用金属材料的切削加工性能

(1)金属材料切削加工性能的概念。

金属材料的切削加工性能是指某种金属材料切削加工的难易程度。例如切削铝、铜合金比切削 45 钢轻快得多,切削合金钢要困难一些,切削耐热钢则更困难一些。

良好的切削加工性能是指:刀具的寿命较高或在一定的寿命下允许的切削速度较高;在相同的切削条件下切削力较小;切削温度较低;容易获得较小的表面粗糙度(较高的表面光洁度);容易控制切屑形状或断屑。同一种材料由于加工要求和加工条件不同,其切削加工性能也不相同。例如,切除纯铁的余量比较容易,但要获得较小的表面粗糙度则比较困难,所以精加工时其切削加工性能不好;在普通机床上加工不锈钢工件并不太难,但在自动机床上切削时却难以断屑,则认为其切削加工性能较差。

切削加工性能很难用一个简单的物理量来精确地规定和测量。在实际生产中,通常用刀具寿命 T 为 60 min 时,切削某种材料所允许的最大切削速度 V_{60} 表示。V_{60} 越大,表示该材料的切削加工性能越好。

(2) 改善金属材料切削加工性能的途径。

材料的切削加工性能可以采用一些适当的措施予以改善,采用热处理方法是一重要途径。低碳钢在退火状态下塑性很大,切屑易粘在切削刃上形成刀瘤,工件表面很粗糙,且刀具寿命较短。对低碳钢改用正火处理,适当降低其塑性,增加其硬度,可使精加工表面粗糙度数值减小。对于高碳钢而言,其硬度高,难以进行切削,一般经球化退火来降低硬度,改善加工性能。对于出现白口组织的铸铁,可在 950~1 000 ℃下长时间退火,以降低其硬度,使其变得较易切削。

一般说来,硬度在 HBS160~230 范围内切削加工性能最好。为降低工件表面粗糙度值,可适当提高其硬度值(至 HB250);当硬度大于 HBS300 时,切削加工性能显著下降。调质材料的化学成分也可以改善切削加工性能。例如在钢中添加适量的硫、铅等元素,可使断屑容易,获得较小的表面粗糙度值,并可减小切削力,提高刀具的寿命。

(3) 难加工材料的切削加工性。

当被切削加工材料的硬度和强度很高,特别是高温硬度、强度很高;材料内部含有硬质点;材料塑性特别好;加工硬化严重,或者是材料导热性很差时,都属于难加工材料。生产中常加工的难加工材料有高强度合金钢、高锰钢、不锈钢、高温合金、钛合金、冷硬铸铁以及玻璃钢和陶瓷等。对于各种难加工材料,应分别采取措施改善其切削加工性能。

解决难切削金属材料切削加工问题的途径有如下几种:

①合理选择刀具材料。目前常用的是高温硬度高、强度大、抗磨损能力强和加工工艺性好的超硬高速钢和硬质合金,必要时可以采用立方氮化硼和陶瓷刀具。

②对工件材料进行相应的热处理,调整材料的强度和硬度,改善材料的可加工性,尽可能在最适宜的组织状态下进行切削。

③提高机床—夹具—刀具—工件工艺系统的强度和刚度,选用高功率机床,并要求工件的装夹(定位和夹紧)可靠,在切削过程中要求均匀的进给量,切忌手动进给和中途停顿。

④刀具表面应该仔细研磨,达到尽可能小的粗糙度、摩擦和粘接,减小因冲击造成的崩刃。

⑤合理选择刀具几何参数和切削用量,提高刀齿强度和散热条件。

⑥对断屑、卷屑、排屑和容屑给予足够的重视,以提高刀具的寿命和加工质量。

⑦选用合适的切削液,切削液供给要充足,不要中断。

⑧采用特种加工方法。

1.1.2 常用非金属材料

1. 塑料

(1) 塑料零件的成型。

工业上使用的塑料零件,大多是用注塑方法制成的。但是在以下情况下需要经过切削加工,才能获得更精确、更复杂的零件,满足使用要求。

① 对于以板材、棒材和管材供货的原材料,需经过切断、截料才能成为零件。

② 当产品批量较小,花费大量基本投资进行设计与制造注塑模具和模压模具成本较高时,用切削方法加工零件来代替传统的成形方法较为适宜。在有些情况下,甚至完全用机械加工方法获得塑料零件也是合算的,因为这样可以利用现有的金属切削设备。

③只有用车削、钻削、扩孔、磨孔和攻螺纹等方法进行切削加工,才能达到零件要求的尺寸精度和表

面质量。

④清理塑料坯件的浇口、冒口、飞边、毛刺和注塑成型时产生的伤疤等,只有用机械加工方法才能修复,获得比较理想的表面质量。

塑料制品或制件的机械加工,可分为单刃工具加工和多刃工具加工两大类。单刃工具加工有车、刨、无齿锯加工等。多刃工具加工有剪、铣、冲钻、攻螺纹、有齿锯加工等。

(2) 塑料零件的加工。

切削力是由变形和摩擦产生的,所以切削过程中凡是影响变形和摩擦的因素都会影响切削力。

① 塑料种类的影响。工件材料强度和硬度越高,变形抗力就越大,切削力也越大。若材料的强度、硬度相近时,塑性大者,因为切屑和前刀面摩擦大,因而切削力也大。实验证明,切削塑料的切削力一般为切削钢材切削力的 1/6~1/7。

② 切削用量的影响。背吃刀量 a_P 和进给量 f 加大,都会使切削力增大,但两者的影响程度不同。切削速度 v 对主切削力影响较小。

③ 刀具角度的影响。实际加工中,前角 γ_0 增大,切削力减小。

(3) 塑料的单刃切削。

用单刃刀具加工塑料称塑料的单刃切削,主要有车、刨、刮、无齿锯加工等。刀具的刀杆部分的材料为普通结构钢,而切削部分可用碳素工具钢、合金工具钢、高速钢、硬质合金、陶瓷材料或金刚石等制造。

① 热塑性塑料的单刃加工。常用的热塑性塑料有聚酯树脂、酚醛树脂、氨基树脂和环氧树脂等,它们大多具有类似玻璃和陶瓷的高脆性,切削时常常形成挤裂切屑和单元切屑,在切削时极易产生裂纹和表面凹坑。因此,为避免裂纹和凹坑的出现,希望获得连续的切屑。连续的切屑表现为切屑长度较长、透明且表面无断口,它仅在小进给量、零前角或小的负前角以及中等以上的切削速度下获得。

a. 刀具前角的选择。切削各种塑料的合理前角应根据下述原则来选择:

(a) 首先要保证已加工表面质量。如果被切削的塑料熔点低时,则应采用较大的前角。否则由于前角小,切削区域内的温度高,被切削的材料容易软化,致使已加工表面产生抹糊现象而降低加工质量。

(b) 不同的加工要求时合理前角不同。精加工时,要求刀具刃口锋利,振动小,为此应选择较大的前角。粗加工时,由于切除切屑的截面积较大,产生的切削力相对也大,应选择较小的前角,一般为 0°~10°。

(c) 不同塑料品种的刀具前角应有区别。车削热塑性塑料时,尽管它们的品种不同,但前角变化不大。一般塑料的切削,如要形成不连续切屑,则选择较小的前角。

(d) 成形车刀要选择较小的前角。用成形车刀车削成型塑料工件时,为了防止车刀刃形畸变,必须取较小的前角才能保证加工精度。

(e) 车削热塑性塑料的刀具前角取临界前角值,临界前角值一般为 15°~20°。

b. 后角 α_0 的选择。后角 α_0 的选择原则:

(a) 首先考虑加工表面质量。后角越大,表面质量越好,在其他因素允许的情况下,应尽量选取较大的后角。

(b) 被加工塑料线膨胀系数越大,选用的后角 α_0 应越大,这样可以避免由于加工表面膨胀而与后刀面严重摩擦。

(c) 粗加工时,为了提高刃口强度和散热面积应选用较小的后角,精加工则选用较大的后角。

c. 切削用量的选择。选择合理的切削用量,要考虑被加工材料性质、加工性质(粗加工或精加工)、工件的刚性、刀具材料的性质等。

② 热固性塑料的单刃加工。

车削酚醛、环氧、氨基等热固性塑料时,其工艺过程和基本规律与车削热塑性塑料大致相同。但是热固性塑料有其独特的特性,尤其是有玻璃纤维基材的塑料,其强度近于金属,所以又有些不同于热塑性塑料的车削。

车削热固性塑料可选如下切削用量:进给量 $f<0.05$ mm/r,切削速度 $v>40$ m/min,背吃刀量 $a_P=0.5\sim0.8$ mm;刀具前角 $\gamma_0=0°\sim5°$,主偏角 $k_r\geqslant45°$,后角 $\alpha_0=3°\sim6°$,刀具磨钝标准 $VB=0.2\sim0.3$ mm。车削的经验性数据见表1.2。

表1.2 车削塑料用切削参数参考表

工作材料	刀具材料	前角 $\gamma_0/(°)$	后角 $\alpha_0/(°)$	表面切削速度/(m·min^{-1})	进给量/(mm·r^{-1})	背吃刀量/mm
酚醛或氨基塑料	K类	14	12	100	0.1	1~5
硬质聚氯乙烯	K类	20	10	600	0.2~0.5	1~5
硝化纤维	K类	0	15	200	0.1~0.6	1~5
聚酰胺	P类	0~5	8~15	150~200	0.1~0.2	1~5
聚碳酸酯	K类	0~5	15	150~450	0.3~0.5	1~5
胶纸板	K类	15	8	50~80	0.2~0.4	1~5
胶布板	K类	15	4~8	50~150	0.1~0.6	1~5
	P类	20	6	30~50	0.2~0.3	1~5

车削热固性塑料时,由于切屑和前刀面的接触面积小,正压力也小,摩擦力小,并且为了提高刀具的刃口强度,所以采用的 γ_0 通常要比车削热塑性塑料小些。

后角 α_0 的大小影响加工表面质量和刀具耐用度。后角小时,后刀面对加工表面摩擦大,使已加工表面质量恶化,在切削酚醛胶纸、棉布和玻璃纤维层压塑料时,有起毛的现象;同时,由于加工表面对刀具的磨损大,刀具耐用度也下降。

(4)塑料的钻削。

在塑料的机械加工中,钻削应用广泛,主要用来钻削塑料制品上的螺栓孔、铆钉孔、攻螺纹前的底孔等。钻削塑料用的钻头可分为两种:扁钻和麻花钻。麻花钻应用较广泛,但扁钻也有一定的应用价值。

钻削热塑性塑料很容易引起材料过热。因此,在钻削过程中要迅速地清除切屑,防止切屑黏附在钻头容屑槽上,引起材料过热,造成工件表面熔化。对此问题,可采取两种措施:使用具有小螺旋角和光滑容屑槽的钻头,利于切屑排除;钻削时用手动控制进给,经常退刀排屑。在钻削热塑性塑料时可考虑使用切削液,但要谨慎,以防止工件表面出现应力开裂。钻削热固性塑料时,裂纹往往出现在钻入处或孔边附近,裂纹尺寸不仅受钻削用量的影响,还受钻头形状的影响。钻削用量中,进给量影响最大。钻头参数中,顶角和前角影响最大。因此,应选择小进给量、较低转速、较大顶角、零前角和小螺旋角为宜。

(5)塑料的铣削加工。

可以利用不同的铣刀,对塑料进行各种表面的加工。根据加工表面的不同,可选用以下几类铣刀,圆柱形平面铣刀、端铣刀、盘状铣刀等。

铣削热塑性塑料时,切削速度不小于300 m/min,表面粗糙度值随进给量减小而降低,它与切削深度无关。另外,刀刃越锋利铣削效果越好。在生产中建议采用侧铣法,可避免工件烧伤。

铣刀几何参数的选择如下:

①铣削热塑性塑料时,铣刀的前角应比铣削金属的大些。铣刀的前角应大于6°。

②无论铣削热塑性塑料还是热固性塑料,它们的弹性回复都比金属大。为了提高刀具的寿命和已加工表面质量,后角 α_0 均选择得比切削金属时的后角大,切削塑料时的后角应大于10°。

③有 β 角的铣刀可以改善铣刀的切削性能,因为螺旋角 β 可以同时增加参加工作的齿数,增加切削的平稳性,使得铣刀切削刃锋利并且增大了实际前角。

④切削塑料的铣刀齿背形式有两种,即直线齿背式和折线齿背式。直线齿背刀强度高,制造也简单,多用于粗加工。折线齿背刀强度小,但容屑空间大。

2. 复合材料

复合材料具有高的比强度和比刚度，性能可自由设计，抗腐蚀和抗疲劳能力强，减震性能好。可以制成任意形状的产品，并可综合发挥各组成材料的优点。因此，复合材料取得了飞速发展，应用领域不断拓宽，性能不断优化，加工工艺不断改善，成本不断降低。

目前广泛使用的复合材料，多以树脂或铝合金为基体，用纤维或颗粒增强，具有良好的综合性能。但是复合材料的切削加工有较大难度，这是工业生产中面临的新问题。

复合材料的切削加工通常分为常规加工和特种加工两类方法。常规加工基本上可以采用金属切削加工工艺和装备，也可以在一般木材加工机床上进行，还可以在冲床上进行冲切。由于复合材料的性质与金属不同，因此机械加工时有它的特殊性。在选择机械加工方法时，一般要考虑所加工的复合材料类型。一般说来，常规方法较为简单，工艺也较成熟，不足的是难以加工形状复杂的工件，而且刀具磨损快，加工质量不高和所产生的切削粉末有害人体健康。特种加工有激光束加工、高压水切割、电火花加工、超声波加工、电子束加工和电化学加工等。这些方法独特，具有常规机械加工方法无法比拟的优点，因此是复合材料机械加工的发展方向。

(1) 各种复合材料的机械加工特点。

① 玻璃钢。玻璃钢是玻璃纤维增强热固性树脂基复合材料的俗称，属难切削材料。玻璃钢有酚醛树脂基、环氧树脂基、不饱和聚酯树脂基等。玻璃纤维填料的主要成分是 SiO_2，坚硬耐磨，强度高，耐热，比木粉做填料的塑料可切性差。树脂基体不同，可切削性也不相同。环氧树脂基比酚醛树脂基难切削。试验证明，切削玻璃钢的刀具材料以高速钢磨损最为严重，P 类及 M 类硬质合金磨损也大，以 K 类磨损最小。K 类中又以含钴量最少的 K_{10} 最耐磨损，而用金刚石或立方氮化硼刀具切削加工玻璃钢，可大大提高生产效率。选择刀具几何参数时，对玻璃纤维含量高的玻璃钢板材、模压材料和缠绕材料，使 $\gamma_0=20°\sim25°$；对纤维缠绕材料，使 $\gamma_0=20°\sim30°$。由于玻璃钢回弹性较大，后角要选大值，使 $\alpha_0=8°\sim14°$；副偏角小些，可降低表面粗糙度，精车时为 $6°\sim8°$。加工易脱层、起毛的卷管和纤维缠绕玻璃钢，应采用 $6°\sim15°$ 刃倾角。切削时 $v=40\sim100$ m/min，$f=0.1\sim0.5$ mm/r，$a_P=0.5\sim3.5$ mm，精车时 $a_P=0.05\sim0.2$ mm。

② 热塑性树脂基复合材料。热塑性树脂基复合材料机械加工的基本加工特点是：

a. 加工时加冷却剂，以避免过热，过热会使工件熔化。

b. 采用高速切削。

c. 切削刀具要有足够容量的排屑槽。

d. 采用小的背吃刀量和小的进给量。

e. 车刀应磨成一定的倾角，以尽量减少刀具切削力和推力。

f. 热塑性复合材料钻孔应用麻花钻。

g. 应采用碳化钨或金刚砂刀具，或用特殊的塑料用高速钢刀具。

h. 工件必须适当支承（背部垫实），以避免切削压力造成的分层。

i. 精密机械加工时，要考虑塑性记忆和加工车间的室温。

j. 刀头和刀具要锋利，钝刀具会增加工件上的切削力。

③ 金属基复合材料。金属基复合材料(MMC)的最大特点是成型性能好，一次成型后已能基本满足使用要求。但是随着复合材料应用领域的扩大，特别是 MMC 在工业及宇航领域中的应用，对这种材料的加工和精加工日趋重要。传统的切割、车削、铣削、磨削等工艺一般都可用于 MMC，但是刀具磨损较严重，往往随着增强材料体积分数和尺寸的增大而加剧。且大颗粒或纤维抵抗脱落的能力较强，因而刀具所受应力较强。因此，对于一些单纤维增强的 MMC，往往必须用有金刚石尖或镶嵌有金刚石的刀具。对于短纤维或粒子复合材料，有时也采用碳化钨或高速钢工具。

增强体的强度对刀具的磨损也有影响。一般增强体的强度越高，切削加工就越困难。研究发现，碳化硅晶须增强的铝基复合材料要比其他铝基复合材料难加工。对于多数 MMC，使用锐利的刀具，合适的切削速度,大量的冷却/润滑剂和较大的进刀量,可以得到很好的效果。一般来说,金刚石刀具要比硬质合金及陶瓷刀具好,可更适用于高速车削。反过来,如果使用碳化物刀具,若车削速度低,则刀具寿命长。线锯也可用来割MMC,但一般速度较慢,只能切直线。

由于复合材料与传统材料有着不同的特点,所以复合材料的切削加工与金属材料有着本质的区别,因此不能将从加工传统材料中获得的经验和知识直接应用于复合材料的加工,必须通过新途径对其加工性能进行研究。

(2)复合材料的常规机械加工方法。

①锯切。玻璃纤维增强热固性基体层压板,采用手锯或圆锯切割。

热塑性复合材料采用带锯和圆锯等常用工具时要加冷却剂。石墨/环氧复合材料最好用镶有硬质合金的刀具切割。锯切时控制锯子力度对保证锯面质量至关重要。虽然锯切温度也是一种要控制的因素,但一般影响不大,因锯切时碰到的最高温度一般不会超过环氧树脂的软化温度(182 ℃)。

②钻孔和仿形铣。在复合材料上钻孔或作仿形铣时,一般采用干法。大多数热固性复合材料层合板经钻孔和仿形铣后会产生收缩,因此精加工时要考虑一定的余量,即钻头或仿形铣刀尺寸要略大于孔径尺寸,并用碳化钨或金刚石钻头或仿形铣刀。钻孔时最好用垫板垫好,以免边缘分层和外层撕裂。另外钻头必须保持锋利,必须采用快速除去钻屑和使工件温升最小的工艺。

热塑性复合材料钻孔时,更要避免过热和钻屑的堆积,为此钻头应有特定螺旋角,有宽而光滑的退屑槽,钻头锥尖要用特殊材料制造。一般钻头刃磨后的螺旋角为10°～15°,后角为9°～20°,钻头锥角为60°～120°。采用的钻速不仅与被钻材料有关,而且还与钻孔大小和钻孔深度有关。一般手电钻转速为900 r/min时效果最佳,而固定式风钻则在转速为2 100 r/min和进给量为1.3 mm/s时效果最佳。

③铣削、切割、车削和磨削。聚合物基复合材料用常规普通车床或台式车床就可方便地进行车削、镗削和切割。目前加工刀具常用高速钢、碳化钨和金刚石刀头。采用砂磨或磨削可加工出高精度的聚合物基复合材料零部件。最常用的是粒度为30～240的砂带或鼓式砂轮机。大多数市售商用磨料均可使用,但最好采用合成树脂黏接的碳化硅磨料。热塑性聚合物基复合材料用常规机械打磨时,要加冷却剂,以防磨料阻塞。磨削有两种机械可用,一种是湿法砂带磨床,另一种是干法或湿法研磨盘。使用碳化硅或氧化铝砂轮研磨时不要用流动冷却剂,以防工件变软。

复合材料层合板采用一般工艺就能在标准机床上铣削。黄铜铣刀、高速钢铣刀、碳化钨铣刀和金刚石铣刀均可使用。铣刀后角必须磨成7°～12°,铣削刃要锋利。高速钢铣刀的铣削速度建议采用180～300 m/min,进刀量采用0.05～0.13 mm/r,采用风冷。

热塑性复合材料可以用金属加工车床和铣床加工。高速钢刀具只要保持锋利,就能有效使用。当然采用碳化钨或金刚石刀具效果更好。

金属基复合材料一般用切割、车削、铣削和磨削就可加工。对大多数金属基复合材料而言,获得优良机加工产品的前提是刀具要锋利,切削速度要适当,要供给充足冷却液或润滑剂和进给速度要快。

(3)其他常规机械加工方法。

热固性聚合物基复合材料层合板还可用其他特殊机械(自动螺纹切割机、切齿机、剃齿机、铰孔机、冲床和冲孔机等)进行加工,加工工艺随所用设备而定。

热塑性聚合物基复合材料层合板可以冲切、冲孔、剪切、热割、铰孔、滚光去毛刺、珩磨和抛光。冲切一般用钢模和冲床就可完成。冲孔和剪切在标准金属加工设备上进行,工件可以预热也可以不预热。不过这些方法常会发生缺口、破裂和潜在的分层现象,材料越脆,发生这些现象就越严重。因此必须注意工作温度,必要时可适当对材料预热。热切割技术采用了热导线或火焰加热,以便熔化切割线上的工件材料。热切割进给速度要与材料熔化速度相匹配。珩磨和抛光时要保证工件不会过热。

(4)特种加工方法。

目前已有许多常规和特种加工方法可用于各种类型复合材料的加工。常规机械加工方法简单、方便、工艺较为成熟,但加工质量不高,易损坏工件,刀具磨损快,而且难以加工形状复杂的工件。

复合材料特种加工方法各有特色。激光束加工的特点是切缝小、速度快、能大量节省原材料和可以加工形状复杂的工件。高压水切割的特点是切口质量高、结构完整性好、速度快,特别适宜金属基复合材料的切割。电火花加工的优点是切口质量高、不会产生微裂纹,唯一的不足是工具磨损太快。超声波加工的特点是加工精度高,适宜在硬而脆的材料上打孔和开槽。电子束加工属微量切削加工,其特点是加工精度极高,没有热影响区,适宜在大多数复合材料上打孔、切割和开槽,它的不足是会产生裂纹和界面脱黏开裂。电化学加工的优点是不会损伤工件,适宜于大多数具有均匀导电性复合材料(前提是不吸湿)的开槽、钻孔、切削和复杂孔腔的加工。

不难看出,复合材料特种加工方法具有的优点有:刀具磨损小、加工质量高、能加工复杂形状的工件、容易监控和经济效益高等,这些恰恰是常规机械加工方法的弊病,因此可以认为复合材料特种加工方法是未来复合材料加工的发展方向。

1.2 常见数控刀具知识

1.2.1 刀具材料和性能

1. 刀具性能

刀具材料不仅是影响刀具切削性能的重要因素,而且对刀具耐用度、切削用量、生产率、加工成本等有着重要的影响。因此,在机械加工过程中,不但要熟悉各种刀具材料的种类、性能和用途,还必须能根据不同的工件和加工条件,对刀具材料进行合理的选择。

切削时,刀具在承受较大压力的同时,还与切屑、工件产生剧烈的摩擦,由此而产生较高的切削温度;在加工余量不均匀和切削断续表面时,受到冲击,产生振动。为此,刀具切削部分的材料应具备下列基本性能:

(1)硬度和耐磨性。

刀具材料的硬度必须大于工件材料的硬度,一般情况下,要求其在常温下,硬度在 HRC60 以上。通常,刀具材料的硬度越高,耐磨性也越好,刀具切削部分抗磨损的能力也就越强。耐磨性还取决于材料的化学成分、显微组织。刀具材料组织中硬质点的硬度越高,数量越多,晶粒越细,分布越均匀,则耐磨性越好。此外,刀具材料对工件材料的抗黏附能力越强,耐磨性也越好。

(2)强度和韧性。

由于切削力、冲击和振动等作用,刀具材料必须具有足够的抗弯强度和冲击韧性,以避免刀具材料在切削过程中产生断裂和崩刃。

(3)耐热性与化学稳定性。

耐热性是指刀具材料在高温下保持其硬度、耐磨性、强度和韧性的能力。耐热性越好,则允许的切削速度越高,同时抵抗切削刃塑性变形的能力也越强。

化学稳定性是指刀具材料在高温下不易和工件材料、周围介质发生化学反应的能力。化学稳定性越好,刀具的磨损越慢。

除此之外,刀具材料还应具有良好的工艺性和经济性。如工具钢淬火变形要小,脱碳层要浅及淬透性要好;热轧成形刀具应具有较好的高温塑性等。

2. 常用刀具材料

(1)高速钢。

高速钢是一种加入较多的钨、钼、铬、钒等合金元素的高合金工具钢,有较高的热稳定性,切削温度达 500~650 ℃时仍能进行切削,有较高的强度、韧性、硬度和耐磨性。其制造工艺简单,容易磨成锋利的切削刃,可锻造,这对于一些形状复杂的工具,如钻头、成形刀具、拉刀、齿轮刀具等尤为重要,是制造这些刀具的主要材料。

高速钢的品种繁多,按切削性能可分为普通高速钢和高性能高速钢;按化学成分可分为钨系、钨钼系和钼系高速钢;按制造工艺不同,可分为熔炼高速钢和粉末冶金高速钢。

①普通高速钢。国内外使用最多的普通高速钢是 W6Mo5Cr4V2(M2 钼系)及 W18Cr4V(W18 钨系)钢,含碳量为 0.7%～0.9%,硬度为 HRC63～66,不适于高速和硬材料切削。

新牌号的普通高速钢 W9Mo3Cr4V(W9)是根据我国资源情况研制的含钨量较多、含钼量较少的钨钼钢。其硬度为 HRC65～66.5,有较好硬度和韧性的配合,热塑性、热稳定性都较好,焊接性能、磨削加工性能都较高,磨削效率比 M2 高 20%,表面粗糙度值也小。

②高性能高速钢指在普通高速钢中加入一些合金,如 Co、Al 等,使其耐热性、耐磨性又有进一步提高,热稳定性高。但其综合性能不如普通高速钢,不同牌号只有在各自规定的切削条件下,才能达到良好的加工效果。我国正努力提高高性能高速钢的应用水平,如发展低钴高碳钢 W12Mo3Cr4V3Co5Si、含铝的超硬高速钢 W6MoSCr4V2Al、W10Mo4Cr4V3Al,提高韧性、热塑性、导热性,其硬度达 HRC67～69,可用于制造出口钻头、铰刀、铣刀等。

③粉末冶金高速钢可以避免熔炼法炼钢时产生的碳化物偏析。其强度、韧性比熔炼钢有很大提高。可用于加工超高强度钢、不锈钢、钛合金等难加工材料。用于制造大型拉刀和齿轮刀具,特别是切削时受冲击载荷的刀具效果更好。

(2)硬质合金。硬质合金是由高硬度、高熔点的金属碳化物(如 WC、TiC 等)粉末,以钴(Co)为黏结剂,用粉末冶金方法制成的。硬质合金的硬度、耐磨性、耐热性都很高,硬度可达 HRA89～93,在 800～1 000 ℃还能承担切削,耐用度较高速钢高十几倍,允许采用的切削速度达 100～300 m/min,甚至更高,约为高速钢刀具的 4～10 倍,并能切削一般工具钢刀具不能切削的材料(如淬火钢、玻璃、大理石等)。但其抗弯强度较高速钢低,仅为 0.9～1.5 GPa;冲击韧度差,切削时不能承受大的振动和冲击负荷。

硬质合金以其切削性能优良被广泛用作刀具材料,如车刀、端铣刀以至深孔钻等。用它制成各种形式的刀片,然后将刀片用机械夹紧或用钎焊方式固定在刀具的切削部位上。

常用的硬质合金牌号按其金属碳化物的不同分为三类:钨钴类(国家标准代号为 YG,ISO 标准代号为 K);钨钛钴类(国家标准代号为 YT,ISO 标准代号为 P);钨钛钽(铌)(国家标准代号为 YW,ISO 标准代号为 M)。

按不同加工对象所排出的切屑形状又可分为:P 类——适于加工长切屑的黑色金属(钢),以蓝色为标志。M 类——适于加工长切屑或短切屑的黑色金属和有色金属,以黄色为标志。K 类——适于加工短切屑的黑色金属(铸铁)、有色金属及非金属材料,以红色为标志。

(3)其他刀具材料。

①涂层刀具。涂层刀具是在韧性较好的硬质合金基体或高速钢刀具基体上,涂覆一薄层耐磨性好的难熔金属化合物而获得的。

常用的涂层材料有 TiC,TiN 等。涂层刀具有较高的抗氧化性能和黏结性能,因而有高的耐磨性和抗月牙洼磨损能力,有低的摩擦因数,可降低切削时的切削力及切削温度,可提高刀具的耐用度(硬质合金刀具耐用度提高 1～3 倍,高速钢刀具耐用度提高 2～10 倍)。但其也存在着锋利性、韧性、抗崩刃性差及成本昂贵的缺点。

②陶瓷。陶瓷分纯 Al_2O_3 陶瓷及 Al_2O_3-TiC 混合陶瓷两种,它们有很高的硬度(HRA91～95)和耐磨性;有很高的耐热性,在 1 200 ℃以上还能进行切削,切削速度比硬质合金高 2～5 倍;有很高的化学稳定性,与金属的亲和力小,抗扩散的能力好。但其脆性大,抗弯强度低,冲击韧性差,易崩刃,使其使用范围受到限制。但作为连续切削用的刀具材料,还是很有发展前途的。

③金刚石。金刚石与立方氮化硼称为超硬刀具。金刚石是碳的同素异形体,是目前最硬的物质,显微硬度可达 HV10 000。金刚石刀具有三类:

a.天然单晶金刚石刀具。主要用于有色金属及非金属的精密加工。

b.人造聚晶金刚石。抗冲击强度提高,可选用较大切削用量。聚晶金刚石结晶界面无固定方向,可自由刃磨。

c. 复合金刚石刀片。硬度与耐磨性极高,可加工 HRC65~70 的材料;有很好的导热性,热膨胀系数较低,因此切断时不会产生很大的热变形,有利于精密加工;刃面表面粗糙度值较小,刃面非常锋利,因此能胜任薄层切削,用于超精密加工。

金刚石刀具主要用于有色金属如铝硅合金的精加工、超精加工,高硬度的非金属材料如压缩木材、陶瓷、刚玉、玻璃等的精加工,以及难加工的复合材料的加工。金刚石的耐热温度只有 700~800 ℃,其工作温度不能过高;易与碳亲和,故不宜加工含碳的黑色金属。

④立方氮化硼。立方氮化硼(CBN)是由六方氮化硼(白石墨)在高温高压下转化而成的,是 20 世纪 70 年代发展起来的新型刀具材料。其主要优点如下:

a. 有很高的硬度(HV8 000~9 000)及耐磨性,仅次于金刚石。

b. 有比金刚石高得多的热稳定性,1 400 ℃时不发生氧化,与大多数金属、铁系材料都不起化学作用,因此能高速切削高硬度的钢铁材料及耐热合金,刀具的黏结与扩散磨损较小。

c. 有较好的导热性,与钢的摩擦因数较小。

d. 抗弯强度与断裂韧性介于陶瓷与硬质合金之间。

3. 刀具失效形式

刀具在切削过程中将逐渐产生磨损。当刀具磨损量达到一定程度时,可以明显地发现切削力加大,切削温度上升,切屑颜色改变,甚至产生振动。同时,工件尺寸可能会超出公差范围,已加工表面质量也明显恶化。此时,必须对刀具进行重磨或更换新刀。有时,刀具也可能在切削过程中突然损坏而失效,造成刀具破损。刀具的磨损、破损及其使用寿命(也称耐用度)关系到切削加工的效率、质量和成本,因此它是切削加工中极为重要的问题之一。

(1)刀具磨损的方式。

①前刀面磨损(月牙洼磨损)。在切削速度较高、切削厚度较大的情况下加工塑性金属,当刀具的耐热性和耐磨性稍有不足时,切屑在前刀面上经常会磨出一个月牙洼。在前刀面上相应于产生月牙洼的地方,其切削温度最高,因此磨损也最大,从而形成一个凹窝(月牙洼)。月牙洼和切削刃之间有一条小棱边。在磨损的过程中,月牙洼宽度逐渐扩展。当月牙洼扩展到使棱边变得很窄时,切削刃的强度大为削弱,极易导致崩刃。月牙洼磨损量以其深度用 KT 表示。

②后刀面磨损。由于加工表面和后刀面间存在着强烈的摩擦,在后刀面上毗邻切削刃的地方很快被磨出后角为零的小棱面,这种磨损形式称为后刀面磨损。在切削速度较低、切削厚度较小的情况下切削塑性金属以及加工脆性金属时,一般不产生月牙洼磨损,但都存在着后刀面磨损。

③前刀面和后刀面同时磨损。这是一种兼有上述两种情况的磨损形式。在切削塑性金属时,经常会发生这种磨损。

(2)刀具磨损的原因。

为了减小和控制刀具的磨损,研制新的刀具材料,必须研究刀具磨损的原因和本质。切削过程中的刀具磨损具有下列特点:

①刀具与切屑、工件间的接触表面经常是新鲜表面。

②接触压力非常大,有时超过被切削材料的屈服强度。

③接触表面的温度很高,对于硬质合金刀具可达 800~1 000 ℃,对于高速钢刀具可达 300~600 ℃。

在上述条件下工作,刀具磨损经常是机械的、热的、化学的三种作用的综合结果,可以产生磨料磨损、冷焊磨损(有的文献称为黏结磨损)、扩散磨损和氧化磨损等。

①磨料磨损。切屑、工件的硬度虽然低于刀具的硬度,但其结构中经常含有一些硬度极高的微小的硬质点,能在刀具表面刻划出沟纹,这就是磨料磨损。硬质点有碳化物(如 Fe_3C、TiC、VC 等)、氮化物(如 TiN、Si_3N_4 等)、氧化物(如 SiO_2、Al_2O_3 等)和金属间化合物。

磨料磨损在各种切削速度下都存在,但对低速切削的刀具(如拉刀、板牙等),磨料磨损是磨损的主要原因。这是因为低速切削时,切削温度比较低,由于其他原因产生的磨损尚不显著,因而不是主要的。高速钢刀具的硬度和耐磨性低于硬质合金、陶瓷等,故其磨料磨损所占的比重较大。

②冷焊磨损。切削时,切屑、工件与前、后刀面之间,存在很大的压力和强烈的摩擦,因而它们之间会发生冷焊。由于摩擦副之间有相对运动,冷焊结将产生破裂被一方带走,从而造成冷焊磨损。

一般说来,工件材料或切屑的硬度较刀具材料的硬度低,冷焊结的破裂往往发生在工件或切屑这一方。但由于交变应力、接触疲劳、热应力以及刀具表层结构缺陷等原因,冷焊结的破裂也可能发生在刀具这一方,这时,刀具材料的颗粒被切屑或工件带走,从而造成刀具磨损。

冷焊磨损一般在中等偏低的切削速度下比较严重。研究表明:脆性金属比塑性金属的抗冷焊能力强;相同的金属或晶格类型、晶格间距、电子密度、电化学性质相近的金属,其冷焊倾向大;多相金属比单相金属冷焊倾向小;金属化合物比单相固溶体冷焊倾向小;化学元素周期表中 B 族元素与铁的冷焊倾向小。

在高速钢刀具正常工作的切削速度和硬质合金刀具偏低的切削速度下,正好满足产生冷焊的条件,故此时冷焊磨损所占的比重较大。提高切削速度后,硬质合金刀具冷焊磨损减轻。

③扩散磨损。扩散磨损在高温下产生。切削金属时,切屑、工件与刀具接触过程中,双方的化学元素在固态下相互扩散,改变了材料原来的成分与结构,使刀具表层变得脆弱,从而加剧了刀具的磨损。例如用硬质合金切钢时,从 800 ℃开始,硬质合金中的钴便迅速地扩散到切屑、工件中去,WC 分解为钨和碳后扩散到钢中。因切屑、工件都在高速运动;它们和刀具的表面在接触区保持着扩散元素的浓度梯度,从而使扩散现象持续进行。于是,硬质合金表面发生贫碳、贫钨现象。黏结相 CO 减少,又使硬质合金中硬质相(WC,TiC)的黏结强度降低。切屑、工件中的铁和碳则向硬质合金中扩散,形成新的低硬度、高脆性的复合碳化物。所有这些,都会使刀具磨损加剧。

硬质合金中,钛元素的扩散率远低于钴、钨,TiC 又不易分解,故在切钢时 YT 类合金的抗扩散磨损能力优于 YG 类合金。TiC 基、Ti(C,N)基合金和涂层合金(涂覆 TiC 或 TiN)则更佳;硬质合金中添加钽、铌后形成固熔体(W,Ti,Ta,Nb)C,也不易扩散,从而提高了刀具的耐磨性。

扩散磨损往往与冷焊磨损、磨料磨损同时产生,此时磨损率很高。前刀面上离切削刃有一定距离处的温度最高,该处的扩散作用最强烈,于是在该处形成月牙洼。高速钢刀具的工作温度较低,与切屑、工件之间的扩散作用进行得比较缓慢,故其扩散磨损所占的比例远小于硬质合金刀具。

④氧化磨损。当切削温度达 700～800 ℃时,空气中的氧便与硬质合金中的钴及碳化钨、碳化钛等发生氧化作用,产生较软的氧化物(如 Co_3O_4、CoO、WO_3、TiO_2 等)被切屑或工件擦掉而形成磨损,这称为氧化磨损。氧化磨损与氧化膜的黏附强度有关,黏附强度越低,则磨损越快;反之则可减轻这种磨损。一般空气不易进入刀屑接触区,氧化磨损最容易在主、副切削刃的工作边界处形成,在这里的后刀面(有时在前刀面)上划出较深的沟槽,这是造成"边界磨损"的原因之一。

⑤热电磨损。工件、切屑与刀具由于材料不同,切削时在接触区产生热电势,这种热电势有促进扩散的作用而加速刀具磨损。这种热电势的作用下产生的扩散磨损,称为热电磨损。试验证明,若在刀具工件接触处通以与热电势相反的电动势,可减少热电磨损。

总之,在不同的工件材料、刀具材料和切削条件下,磨损原因和磨损强度是不同的。对于一定的刀具和工件材料,切削温度对刀具磨损具有决定性的影响。高温时扩散和氧化磨损强度高;在中低温时,冷焊磨损占主导地位;磨料磨损则在不同的切削温度下都存在。

(3)磨钝标准。

刀具磨损到一定程度就不能继续使用,否则将降低工件的尺寸精度和已加工表面质量,同时也要增加刀具的消耗和加工成本。那么,刀具磨损到什么程度就不能使用呢?这需要制定一个磨钝标准。

①刀具的磨钝标准。刀具磨损后将影响切削力、切削温度和加工质量,因此必须根据加工情况规定一个最大的允许磨损值,这就是刀具的磨钝标准。一般刀具的后刀面上都有磨损,它对加工精度和切削

力的影响比前刀面磨损显著,同时后刀面磨损量比较容易测量,因此在刀具管理和金属切削的科学研究中多按后刀面磨损尺寸来制定磨钝标准。通常所谓磨钝标准是指后刀面磨损带中间部分平均磨损量允许达到的最大值,以 VB 表示。

制定磨钝标准需考虑被加工对象的特点和加工条件的具体情况。

工艺系统的刚性较差时应规定较小的磨钝标准。因为当后刀面磨损后,切削力将增大,尤以切深抗力 F_p 最为显著。与新磨过的车刀相比,$VB=0.4$ mm 时,F_p 增加 12%～30%;$VB=0.8$ mm 时,F_p 增加 30%～50%。故车削刚性差的工件时,应控制在 $VB=0.3$ mm 左右;而车削刚性好的工件时,磨钝标准可取得大一些。

后刀面磨损后,切削温度升高。加工不同的工件材料,切削温度的升高也不相同。在相同的切削条件下,加工合金钢的切削温度高于碳素钢,加工高温合金及不锈钢的切削温度又高于一般合金钢。在切削难加工材料时,一般应选用较小的磨钝标准;加工一般材料,磨钝标准可以大一些。

加工精度及表面质量要求较高时,应当减小磨钝标准,以确保加工质量。例如在精车时,应控制 VB 在 $0.1\sim0.3$ mm 的范围内。

② 刀具耐用度。

a. 刀具耐用度的定义。刃磨后的刀具自开始切削直到磨损量达到磨钝标准为止的切削时间,称为刀具耐用度,以 T 表示。它是指净切削时间,不包括用于对刀、测量、快进、回程等非切削时间。

刀具耐用度是很重要的数据。在同一条件下切削同一工件材料时,可以用刀具耐用度来比较不同刀具材料的切削性能;同一刀具材料切削各种工件材料,又可以用刀具耐用度来比较工件材料的切削加工性;也可以用刀具耐用度来判断刀具几何参数是否合理。工件材料、刀具材料的性能对刀具耐用度影响最大。在切削用量中,影响刀具耐用度最主要的因素是切削速度,其次是进给量、切削深度。此外,刀具几何参数对刀具耐用度也有重要影响。

b. 切削用量对刀具耐用度的影响。

(a) 切削速度与刀具耐用度的关系。切削速度与刀具耐用度的关系是用实验方法求得的。实验前先选定刀具后刀面的磨钝标准。为了节约材料,同时又要能反映刀具在正常工作情况下的磨损强度,按照 ISO 的规定:当主切削刃参加工作部分的中部磨损均匀时,磨钝标准取 $VB=0.3$ mm;在磨损不均匀时,取 $VB_{max}=0.6$ mm。

(b) 进给量、切削深度与刀具耐用度的关系。切削速度对刀具使用寿命影响最大,其次是进给量,切削深度影响最小。所以在优选切削用量以提高生产率时,其选择先后顺序应为:首先尽量选用大的切削深度 a_p,然后根据加工条件和加工要求选取允许的最大进给量 f,最后才在刀具使用寿命或机床功率所允许的情况下选取最大的切削速度 v_c。

1.2.2 数控车削类刀具知识

1. 特点

数控车床主要用于回转表面的加工,如内外圆柱面、圆锥面、圆弧面、端面、螺纹等的切削加工。车刀针对不同的加工结构和加工方法,设计成不同的刀具类型。车刀按用途分为外圆车刀、端面车刀、内孔车刀、切断刀、切槽刀等多种形式。常用车削刀具种类及用途如图 1.2 所示。

2. 整体车刀、焊接车刀、机械夹式车刀

从车刀的刀体与刀片的连接情况看,可分为整体车刀、焊接车刀和机械夹式车刀(简称机夹车刀)。

(1) 整体车刀主要是整体高速钢车刀,截面为正方形或矩形,使用时可根据不同用途进行刃磨。整体车刀耗用刀具材料较多,一般只用作切槽、切断刀使用。

(2) 焊接车刀是将硬质合金刀片用焊接的方法固定在普通碳钢刀体上。它的优点是结构简单、紧凑、刚性好、使用灵活、制造方便,缺点是由于焊接产生的应力会降低硬质合金刀片的使用性能,有的甚

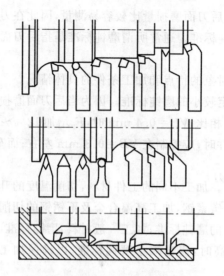

图1.2 常用车削刀具种类及用途

至会产生裂纹。

(3)机夹车刀根据使用情况不同又分为机夹重磨车刀和机夹可转位车刀。可转位车刀的刀片夹固机构应满足夹紧可靠、装卸方便、定位精确等要求。

3. 尖形车刀、圆弧形车刀和成形车刀

数控车削时,从刀具移动轨迹与形成轮廓的关系看,常把车刀分为三类,即尖形车刀、圆弧形车刀和成形车刀。

(1)尖形车刀。

以直线形切削刃为特征的车刀一般称为尖形车刀。这类车刀的刀尖(同时也为其刀位点)由直线形的主、副切削刃构成,例如:刀尖倒棱很小的各种外圆和内孔车刀,左、右端面车刀,切断(车槽)车刀。用这类车刀加工零件时,其零件的轮廓形状主要由一个独立的刀尖或一条直线形主切削刃位移后得到。尖形车刀刀尖作为刀位点,刀尖移动形成零件的曲面轮廓。

(2)圆弧形车刀。

圆弧形车刀是较为特殊的数控加工用车刀,其特征是:构成主切削刃的刀刃形状为一圆度误差或轮廓度误差很小的圆弧;该圆弧刃每点都是圆弧形车刀的刀尖。因此,刀位点不在圆弧上,而在该圆弧的圆心上。

圆弧形车刀特别适宜于车削各种光滑连接(凹形)的成形面。对于某些精度要求较高的凹曲面车削或大外圆弧面的批量车削,以及尖形车刀所不能完成加工的过象限的圆弧面,宜选用圆弧形车刀进行,圆弧形车刀具有宽刃切削(修光)性质,能使精车余量保持均匀而改善切削性能,还能一刀车出跨多个象限的圆弧面。圆弧形车刀圆心作为刀位点,刀位点轨迹与零件的曲面轮廓相距一个圆弧刃半径。

(3)成形车刀。

成形车刀俗称样板车刀,其加工零件的轮廓形状完全由车刀刀刃的形状和尺寸决定。数控车削加工中,常见的成形车刀有小半径圆弧车刀(圆弧半径等于加工轮廓的圆角半径)、非矩形车槽刀和螺纹车刀等。在数控加工中选用成形车刀时,应在工艺准备的文件或加工程序单上进行详细的规格说明。

4. 刀具基本几何参数及选用

(1)车刀的几何形状。

金属切削加工所用的刀具种类繁多、形状各异,但是它们参加切削的部分在几何特征上都有相同之处。外圆车刀的切削部分可作为其他各类刀具切削部分的基本形态,其他各类刀具就其切削部分而言,都可以看成是外圆车刀切削部分的演变。因此,通常以外圆车刀切削部分为例来确定刀具几何参数的有关定义。外圆车刀切削部分包括:

①前刀面。前刀面是刀具上切屑流过的表面。

②后刀面。后刀面是刀具上与工件过渡表面相对的表面。

③副后刀面。副后刀面是刀具上与工件已加工表面相对的表面。

④主切削刃。主切削刃是前刀面与后刀面相交而得到的刃边（或棱边），用于切出工件上的过渡表面，完成主要的金属切除工作。

⑤副切削刃。副切削刃是前刀面与副后刀面相交而得到的刃边，它配合主切削刃完成切削工作，最终形成工件已加工表面。

外圆车刀切削部分的名称和刀具几何角度如图1.3所示。

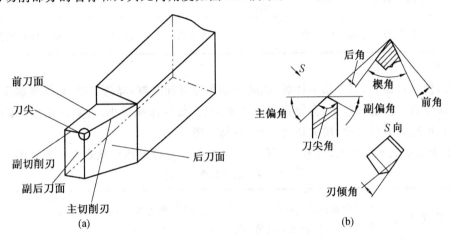

图1.3 外圆车刀切削部分的名称和刀具几何角度

(2)正交平面参考系。

刀具切削部分的几何角度是在刀具静止参考系定义的（即刀具设计、制造、刃磨和测量时几何参数的参考系）。下面介绍刀具静止参考系中常用的正交平面参考系。正交平面参考系如图1.4所示。

①基面。基面是通过切削刃选定点垂直于主运动方向的平面。对车刀，其基面平行于刀具的底面。

②切削平面。切削平面是通过切削刃选定点与主切削刃相切并垂直于基面的平面。

③正交平面。正交平面是通过切削刃选定点并同时垂直于基面和切削平面的平面。

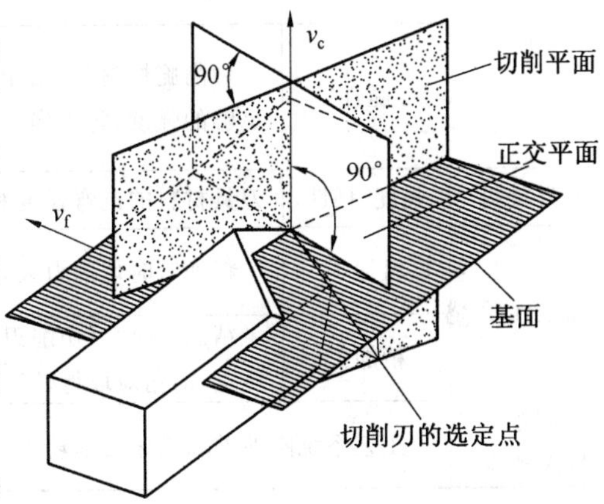

图1.4 正交平面参考系

(3)车刀主要几何参数规定。

选择刀具切削部分的合理几何参数，就是指在保证加工质量的前提下，能满足提高生产率和降低生产成本要求的几何参数。合理选择刀具几何参数是保证加工质量、提高效率、降低成本的有效途径。表1.3为几个主要角度的定义和作用。

表 1.3　几个主要角度的定义和作用

名称	定 义	作 用
前角	前刀面与基面间的夹角	减少切削变形和切屑间摩擦。影响切削力、刀具寿命、切削刃强度，使刃口锋利，利于切下切屑
后角	后刀面与切削平面间的夹角	减少刀具后刀面和过渡表面间摩擦。调整刀具刃口的锋利程度和强度
主偏角	主切削平面与工作平面间夹角	适应系统刚度和零件外形需要；改变刀具散热情况，影响刀具寿命
副偏角	副切削平面与工作平面间夹角	减小副切削刃与工件间的摩擦，影响工件表面粗糙度和刀具散热情况
刃倾角	主切削刃与基面间的夹角	能改变切屑流出的方向，影响刀具强度和刃口锋利性

（4）前角、后角的选用。

前角增大，使刃口锋利，利于切下切屑，能减少切削变形和摩擦，降低切削力、切削温度，减少刀具磨损，改善加工质量等。但前角过大，会导致刀具强度降低、散热体积减小、刀具耐用度下降，容易造成崩刃。减小前角，可提高刀具强度，增大切屑变形，且易断屑。

前角值不能太小也不能太大，应有一个合理的参数值。选择前角可从表 1.4 列出的几个方面考虑。

表 1.4　前角的选择方法

工件材料	强度、硬度	工件材料的强度和硬度越大，产生的切削力越大，切削热越多，宜增强刀具强度，防止崩刃和磨损，采用小前角；反之，前角应大些
	塑性	切削塑性材料时，为减小切削变形，降低切削温度，应选用大的前角
	脆性	切削脆性材料，由于形成崩碎切屑，切削变形小，容易引起冲击振动。为保证刀具具有足够的强度，防止崩刃，应选用较小的前角
刀具材料	强度、韧性	刀具材料的抗弯强度和冲击韧性较低时，应选用较小的前角
加工性质	粗加工	粗加工时切削力大，切削热多，应选用较小的前角提高刀具强度和散热体积
	精加工	精加工时，对切削刃强度要求较低，为使切削刃锋利、减小切削变形和获得较高的表面质量，前角应取得较大些
系统刚性、机床功率		工艺系统刚性差和机床功率较小时，宜选用较大的前角，以减小切削力和振动

后角的主要功用是减小刀具后面与工件的摩擦，减轻刀具磨损。后角减小使刀具后面与工件表面间的摩擦加剧，刀具磨损加大，工件冷硬程度增加，加工表面质量差。

后角增大使摩擦减小，刀具磨损减少，提高了刃口锋利程度。但后角过大会减小刀刃强度和散热能力。

粗加工时以确保刀具强度为主，后角可取较小值；当工艺系统刚性差，易产生振动时，为增强刀具对振动的阻尼作用，宜选用较小的后角。精加工时以保证加工表面质量为主，后角可取较大值。

（5）主偏角、副偏角选用。

调整主偏角可改变总切削力的作用方向，适应系统刚度。如增大主偏角，使背向力（总切削力吃刀方向上的切削分力）减小，可减小振动和加工变形。主偏角减小，刀尖角增大，刀具强度提高，散热性能变好，刀具耐用度提高。还可降低已加工表面残留面积的高度，提高表面质量。

副偏角的功用主要是减小副切削刃和已加工表面的摩擦。使主、副偏角减小，同时刀尖角增大，可以显著减小残留面积高度，降低表面粗糙度值，使散热条件好转，从而提高刀具耐用度。但副偏角过小，会增加副后刀面与工件之间的摩擦,并使径向力增大,易引起振动。同时还应考虑主、副切削刃干涉轮廓的问题。

(6)刃倾角选用。

刃倾角表示刀刃相对基面的倾斜程度,刃倾角主要影响切屑流向和刀尖强度。切削刃刀尖端倾斜向上,刃倾角为正值,切削开始时刀尖与工件先接触,切屑流向待加工表面,可避免缠绕和划伤已加工表面,对精加工和半精加工有利。切削刃刀尖端倾斜向下,刃倾角为负值,切削开始时刀尖后接触工件,切屑流向已加工表面;在粗加工开始,尤其是断续切削时,可避免刀尖受冲击,起保护刀尖的作用,并可改善刀具散热条件。

5.认识可转位车刀

(1)可转位刀具的概念。

可转位刀具是将具有数个切削刃的多边形刀片,用夹紧元件、刀垫,以机械夹固方法,将刀片夹紧在刀体上。当刀片的一个切削刃用钝以后,只要把夹紧元件松开,将刀片转一个角度,换另一个新切削刃并重新夹紧就可以继续使用。当所有切削刃用钝后,换一块新刀片即可继续切削,不需要更换刀体。

可转位刀片与焊接式刀片相比有以下特点:

①刀片成为独立的功能元件,更利于根据加工对象选择各种材料的刀片,刀片材料可采用硬质合金,也可采用陶瓷、多晶立方氮化硼或多晶金刚石,切削性能得到了扩展和提高。

②机械夹固式避免了焊接工艺的影响和限制,避免了硬质合金钎焊时容易产生裂纹的缺点,而且可转位刀具的刀体可重复使用,节约了钢材和制造费用,因此其经济性好。

③由于可转位刀片是标准化和集中生产的,刀片几何参数易于一致,换另一个新切削刃或新的刀片后,切削刃空间位置相对刀体固定不变,省了换刀、对刀等所需的辅助时间,提高了机床的利用率。

④可转位刀具的发展极大地促进了刀具技术的进步,同时可转位刀体的专业化、标准化生产又促进了刀体制造工艺的发展。可转位刀具的应用范围很广,包括各种车刀、铣刀、外表面拉刀、大直径深孔钻和套料钻等。

(2)可转位刀片的型号及表示方法。

可转位刀片是可转位刀具的切削部分,也是可转位刀具最关键的零件。我国硬质合金可转位刀片的国家标准采用的是ISO国际标准,产品型号的表示方法、品种规格、尺寸系列、制造公差以及mm值尺寸的测量方法等,都与ISO标准相同。《切削刀具用可转位刀片型号表示规则》(GB/T 2076—1987)中,可转位刀片的型号由代表一给定意义的字母和数字代号按一定顺序排列组成,共有10个号位。

标准规定:任何一个型号刀片都必须用前7个号位,后3个号位在必要时才使用。不论有无第8、第9两个号位,第10号位都必须用短横线"—"与前面号位隔开,并且其字母不得使用第8、第9两个号位已使用过的7个字母(F,E,T,S,R,L,N),当第8、第9号位为只使用其中一位时,则写在第8号位上,且中间不需空格。第5、第6、第7号位使用不符合标准规定的尺寸代号时,第4号位要用X表示,并需用略图或详细的说明书加以说明。

ISO标准和我国标准规定了可转位车刀型号的含义。下面以外圆车刀为例说明可转位车刀的型号表示方法。下面是外圆可转位车刀的型号表示:

①第1位字母P,表示刀片的夹紧方式。

②第2位字母W,表示可转位刀片的形状。

③第3位字母L,表示可转位车刀的主偏角。

④第4位字母N,表示可转位刀片的后角。

⑤第5位字母R,表示可转位车刀的切削方向。

⑥第6位数字表示刀尖高,表示可转位车刀刀尖对刀杆底基面的高度尺寸。

⑦第7位数字表示可转位车刀的刀体宽度。

⑧第8位数字表示可转位车刀的刀长。

⑨第9位数字表示可转位车刀的刃长。

⑩第10位为精度级别,不加"Q"表示普通级,加"Q"表示精密级。

6. 数控车削工具系统概念

数控工具系统是针对与数控机床配套的刀具必须可快速更换和高效切削而发展起来的。它除了刀具本身外,包括实现刀具快换所必需的定位、夹紧、抓拿及刀具保护等机构,其结构体系如图1.5所示。

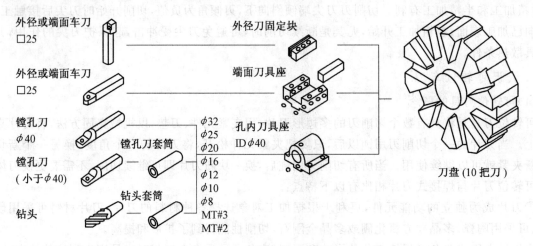

图1.5 数控车削工具系统结构体系

(1)数控车削工具系统的特点。

数控车削工具系统的结构体系与下列因素有关:

①机床刀架形式。由于机床刀架形式不同,刀具与机床刀架之间的刀夹、刀座等也各异。

②刀具形式不同,所需刀夹也不同。例如,定尺寸刀具(如钻头、铰刀等)与非定尺寸刀具(如一般外圆车刀、内孔车刀等)所需刀夹并不相同。

③刀具系统是否需要动力驱动。动力刀夹与非动力刀夹结构也不同。

(2)模块式车削工具系统结构。

模块式车削工具系统一般只有主柄模块和工作模块,较少使用中间模块,以适应车削中心较小的切削区空间,并提高工具的刚性。主柄模块有较多的结构形式。

①根据刀具安装方向的不同,有径向模块和轴向模块。

②根据加工的需要,有装夹车刀的非动力式模块,也有安装钻头、立铣刀并使其回转的动力式模块。

③根据刀具与主轴相对位置的不同,有右切模块和左切模块。

④根据机床换刀方式的不同,有手动换刀模块或自动换刀模块。

(3)数控车床的刀具系统典型形式。

如图1.5所示的数控车床的刀具系统是刀块形式,用凸键定位、螺钉夹紧,定位可靠、夹紧牢固、刚性好,但要手动换装,费时且不能自动松开夹紧。另一种是圆柱柄上铣齿条的结构,可实现自动装卸、自动松开夹紧,换装快捷。图1.6所示为自动装卸模块式车削工具系统。

在车削中心上,开发了许多动力刀具刀柄,如能装钻头、立铣刀、三面刃铣刀、锯片、螺纹铣刀和丝锥等的刀柄,用于工件车削后工件固定,在工件端面或外圆上进行各种加工,或工件做圆周进给时在工件端面或外圆上进行加工。

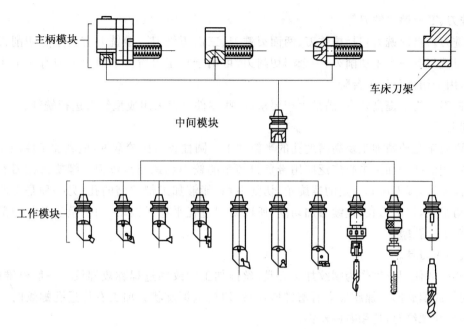

图1.6 自动装卸模块式车削工具系统

1.2.3 数控镗铣类刀具知识

镗铣类数控刀具按加工方式不同可分为钻削刀具、镗削刀具、铣削刀具、螺纹加工刀具、铰削刀具等。

(1)钻削刀具。

钻削是镗铣类数控机床在实心材料上加工出孔的常见方法。钻削还用于扩孔、锪孔。钻头按结构分类有整体式、刀体焊接式、刀刃焊接式、可转位钻头;按柄部形状分类可分为直柄钻头、直柄扁尾钻头、(莫氏)锥柄钻头;按刃沟形状分类有右螺旋钻头、左螺旋钻头、直刃钻头;按刀体截面形状分类有内冷钻头、双刃带钻头、平刃沟钻头;按长度分类有标准钻头、长型钻头、短型钻头;按用途分有中心钻、扩孔钻、锪钻、阶梯钻、导向钻等。

①中心钻。中心钻先在实心工件上加工出中心孔,起到定位和引导钻头的作用。

②麻花钻。麻花钻一般为高速钢材料,制造容易,价格低廉,应用广泛。

③扩孔钻。加工中心应用扩孔钻,加工效率高,质量好。

④锪钻。用于加工沉头孔和端面凸台等。

⑤硬质合金可转位式钻头。用于扩孔,也可加工实心孔,加工效率高,质量好。

⑥加工中心用枪钻。用于长径比在5以上的深孔加工。

(2)镗削刀具。

①单刃镗刀。单刃镗刀是把类似车刀的刀尖装在镗刀杆上而形成的。刀尖在刀杆上的安装位置有两种:刀头垂直镗杆轴线安装,适于加工通孔;刀头倾斜镗杆轴线安装,适于盲孔、台阶孔的加工。

②双刃镗刀。双刃镗刀常用的有定装式、机夹式和浮动式三种。双刃镗刀的好处是径向力得到平衡,工件孔径尺寸由镗刀尺寸保证。浮动镗刀的刀块能在径向浮动,加工时消除了机床、刀具装夹误差及镗杆弯曲等误差,但不能矫正孔直线度误差和孔的位置度误差。

(3)铣削刀具。

①端铣刀。端铣刀主要用于加工平面,但是主偏角为90°的端铣刀还能用于加工浅台阶。端铣刀一般做成可转位式。

②立铣刀。立铣刀使用灵活,有多种加工方式。立铣刀按构成方式可分为整体式、焊接式和可转位式三种;按功能特点可分为通用立铣刀、键槽立铣刀、平面立铣刀、球头立铣刀、圆角立铣刀、多功能立铣

刀、倒角立铣刀、T形槽立铣刀等。

③盘形铣刀。盘形铣刀包括槽铣刀、两面刃铣刀、三面刃铣刀。槽铣刀有一个主切削刃,用于加工浅槽。两面刃铣刀有一个主切削刃、一个副切削刃,可用于加工台阶。三面刃铣刀有一个主切削刃、两个副切削刃,用于切槽及加工台阶。

④成型铣刀。为了提高效率,满足生产要求,有些零件可以采用成型铣刀进行铣削。

(4)铰削刀具。

铰刀主要用于孔的精加工及高精度孔的半精加工。圆柱铰刀比较常见,但其加工性能不是很好,且无法加工有键槽的孔。加工中心广泛应用带负刃倾角的铰刀和螺旋齿铰刀。螺旋齿铰刀有两种,一种是普通螺旋齿铰刀,其刀齿有一定的螺旋角,切削平稳,能够加工带键槽的孔;另一种是螺旋推铰刀,其特点是螺旋角很大,切削刃长,连续参加切削,所以切削过程平稳无振动,切屑呈发条状向前排出,避免了切屑擦伤已加工孔壁。

(5)螺纹加工刀具。

加工中心一般使用丝锥作为螺纹加工刀具,丝锥加工螺纹的过程称攻螺纹。一般丝锥的容槽制成直的,也有的做成螺旋形。螺旋形容屑槽排屑容易,切屑呈螺旋状。加工右旋通孔螺纹时,选用左旋丝锥;加工右旋盲孔螺纹时,选用右旋丝锥。

(6)数控刀柄。

镗铣类数控机床使用的刀具种类繁多,而每种刀具都有特定的结构及使用方法,要想实现刀具在主轴上的固定,必须有一中间装置,该装置必须能够装夹刀具又能在主轴上准确定位。装夹刀具的部分(直接与刀具接触的部分)称工作头,而安装工作头又直接与主轴接触的标准定位部分称刀柄。加工中心一般采用7∶24锥柄,这是因为这种锥柄不自锁,并且与直柄相比有高的定心精度和刚性。刀柄要配上拉钉才能固定在主轴锥孔上,刀柄与拉钉都已标准化,刀柄型号主要有30,40,45,50,60等,刀柄标志代号有JT,BT,ST等,其中JT表示以国际IS07388、美国ANSIB 5.50、德国DIN 69871为标准,BT以日本MAS403BT为标准。JT与BT相应型号的柄部锥度相同,大端直径相同,但锥度长度有所不同。在JT类型中,ISO,ANSI,DIN各标准的锥柄、拉钉螺纹孔尺寸相同,但机械手夹持部分不同,因此要根据不同机床选择相应的刀柄及拉钉。

下面是一些常见刀柄及其用途。

①ER弹簧夹头刀柄。采用ER型卡簧,夹紧力不大,适用于夹持直径在$\phi 6$ mm以下的铣刀。

②强力夹头刀柄。其外形与ER弹簧夹头刀柄相似,但采用KM型卡簧,可以提供较大夹紧力,适用于夹持$\phi 6$ mm以上直径的铣刀进行强力铣削。

③莫氏锥度刀柄。它适用于莫氏锥度刀杆的钻头、铣刀等。

④侧固式刀柄。它采用侧向夹紧,适用于切削力大的加工,但一种尺寸的刀具需对应配备一种刀柄,规格较多。

⑤面铣刀刀柄。与面铣刀刀盘配套使用。

⑥钻夹头刀柄。它有整体式和分离式两种,用于装夹直径在$\phi 13$ mm以下的中心钻、直柄麻花钻等。

⑦锥夹头刀柄。适用于自动攻螺纹时装夹丝锥,一般具有切削力限制功能。

⑧镗刀刀柄。它适用于各种尺寸孔的镗削加工,有单刃、双刃及重切削等类型,在孔加工刀具中占有较大的比重,是孔精加工的主要手段,其性能要求也很高。

⑨增速刀柄。当加工所需的转速超过了机床主轴的最高转速时,可以采用这种刀柄将刀具转速增大4～5倍,扩大机床的加工范围。

⑩中心冷却刀柄。为了改善切削液的冷却效果,特别是在孔加工时,采用这种刀柄可以将切削液从刀具中心喷入切削区域,极大地提高了冷却效果,并有利于排屑。使用这种刀柄,要求机床具有相应的功能。

(7)镗铣类装夹工具系统。

加工中心的工具系统是刀具与加工中心的连接部分,由工作头、刀柄、拉钉、接长杆等组成,起到固定刀具及传递动力的作用,如图 1.7 所示。工具系统是能在主轴和刀库之间交换的相对独立的整体。工具系统的性能往往影响到加工中心的加工效率、质量、刀具的寿命、切削效果。另外,加工中心使用的刀柄、刀具数量繁多,合理地调配工具系统对降低成本也有很大意义。

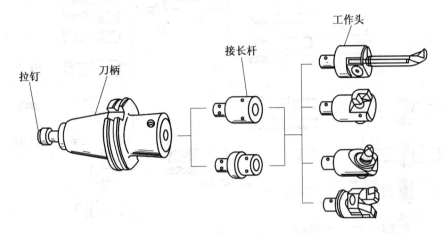

图 1.7 刀具系统组成

加工中心使用的工具系统是指镗铣类工具系统,可分为整体式与模块式两类。

①整体式工具系统把刀柄和工作头做成一体,使用时选用不同品种和规格的刀柄即可,其优点是使用方便、可靠,缺点是刀柄数量多。

②模块式工具系统是指刀柄与工作头分开,做成模块式,然后通过不同的组合而达到使用目的,减少了刀柄的个数。

工具系统内容繁多,一般用图谱来表示,如图 1.8 所示。一般工具如下:

1——弹簧夹头刀柄,靠摩擦力直接或通过弹簧过渡套夹持直柄铣刀、钻头、直柄工作头等。

2——侧面锁紧刀柄,夹持削平直柄铣刀或钻头。

3——小弹簧夹头刀柄,利用小弹簧套夹持直柄刀具,结构小,适于加工窄深槽、夹持小刀具。

4——内键槽刀柄,装夹带有连接键的直柄—锥柄过渡套,从而装夹莫氏锥柄钻头。

5——莫氏锥度刀柄,装夹莫氏锥柄钻头。

6——整体式钻夹头刀柄,装夹直柄钻头。

7——分体式钻夹头刀柄,装夹直柄钻头。

8——攻螺纹刀柄,安装攻螺纹夹头。

9——端铣刀刀柄,安装各种端铣刀。

10——三面刃铣刀刀柄。

11——弹簧套,起到变径及夹紧的作用。

12——直柄小弹簧夹头,安装在弹簧夹头刀柄上,更加灵活,适于加工深型腔。

13——小弹簧套,与小弹簧夹头为锥度配合,由锁紧螺母施加轴向力,使小弹簧套锁紧刀具。

14——钻夹头。

15——丝锥夹头。

16——直柄弹簧夹头。

17——直柄中心钻夹头。

18——直柄—莫氏锥度过渡套。

19——直柄可转位立铣刀。

20——找正器。

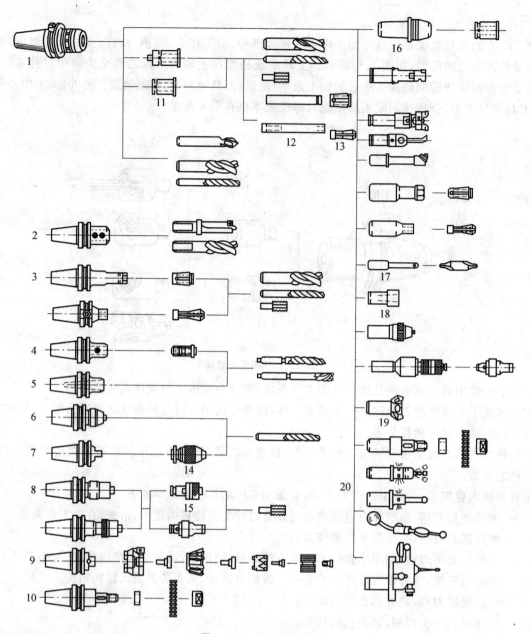

图 1.8 工具系统图谱

1.3 常见夹具辅具知识

1.3.1 夹具知识

现代自动化生产中,数控机床的应用已越来越广泛。数控机床夹具必须适应数控机床的高精度、高效率、多方向同时加工、数字程序控制及单件小批量生产的特点。为此,对数控机床夹具提出了一系列新的要求。

①推行标准化、系列化和通用化。

②发展组合夹具和拼装夹具,降低生产成本。

③提高精度。

④提高夹具的高效自动化水平。

对于镗铣类数控机床来说,通用夹具通常可分为以下几种。

①虎钳类。主要有机用平口虎钳和液压精密虎钳。

②卡盘类。主要有铣床用自定心三爪卡盘和四爪单动卡盘。

除以上通用夹具外,数控机床夹具主要采用拼装夹具、组合夹具、可调夹具和数控夹具。

组合夹具是一种标准化、系列化、通用化程度很高的工艺装备,我国目前已基本普及。组合夹具由一套预先制造好的不同形状、不同规格、不同尺寸的标准元件及部件组装而成。用来钻径向分度孔的组合夹具立体图及其分解图如图1.9所示。

(1)组合夹具的特点。组合夹具一般是为某一工件的某一工序组装的专用夹具,也可以组装成通用可调夹具或成组夹具。组合夹具适用于各类机床。

组合夹具把专用夹具的设计、制造、使用、报废的单向过程变为组装、拆散、清洗入库、再组装的循环过程。可用几小时的组装周期代替几个月的设计制造周期,从而缩短了生产周期;节省了工时和材料,降低了生产成本;还可减少夹具库房面积,有利于生产管理。

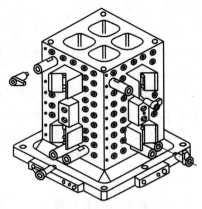

图1.9 孔系组合夹具

组合夹具的元件精度高、耐磨,并且实现了完全互换,元件精度一般为IT6~IT7级。用组合夹具加工的工件,位置精度一般可达IT8~IT9级,若调整得当,可以达到IT7级。

由于组合夹具有很多优点,又特别适用于新产品试制和多品种小批量生产,所以近年来发展迅速,应用较广。组合夹具的主要缺点是体积较大,刚度较差,一次投资多,成本高,这使组合夹具的推广应用受到一定限制。

(2)组合夹具分为槽系和孔系两大类。

①槽系组合夹具。槽系组合夹具的规格为了适应不同工厂、不同产品的需要,分大、中、小型三种规格,由基础件、支撑件、定位键、导向件、夹紧件、紧固件、合件等组成。

②孔系组合夹具。孔系组合夹具的元件用一面两圆柱销定位,如图1.9所示,属允许使用的过定位;其定位精度高,刚性比槽系组合夹具好,组装可靠,体积小,元件的工艺性好,成本低,可用作数控机床夹具。但组装时元件的位置不能随意调节,常用偏心销钉或部分开槽元件进行弥补。

③拼装夹具。拼装夹具是在成组工艺基础上,用标准化、系列化的夹具零部件拼装而成的夹具。它有组合夹具的优点,比组合夹具有更好的精度和刚性,更小的体积和更高的效率,因而较适合柔性加工的要求,常用作数控机床夹具。

1.3.2 车削类夹具

车床的夹具主要是指安装在车床主轴上的夹具,这类夹具和机床主轴相连接并带动工件一起随主轴旋转。车床类夹具主要分成两大类:各种卡盘,适用于盘类零件和短轴类零件加工的夹具;中心孔、顶尖定心定位安装工件的夹具,适用于长度尺寸较大或加工工序较多的轴类零件。数控车削加工要求夹具应具有较高的定位精度和刚性,结构简单、通用性强,便于在机床上安装夹具及迅速装卸工件。

在数控车床加工中,大多数情况是使用工件或毛坯的外圆定位,以下几种夹具就是靠圆周来定位的夹具。

1. 三爪卡盘

三爪卡盘(见图1.10)是最常用的车床通用卡具,其最大的优点是可以自动定心,夹持范围大,装夹速度快,但定心精度存在误差,不适于同轴度要求高的工件的二次装夹。

为了防止车削时因工件变形和振动而影响加工质量,工件在三爪自定心卡盘中装夹时,其悬伸长度不宜过长。如:工件直径≤30 mm,其悬伸长度不应大于直径的3倍;若工件直径>30 mm,其悬伸长度不应大于直径的4倍。同时也可避免工件被车刀顶弯、顶落而造成打刀事故。

卡爪 CNC 车床有两种常用的标准卡盘卡爪,是硬卡爪和软卡爪,当卡爪夹持在未加工面上,如,铸件或粗糙棒料表面,需要大的夹紧力时,使用硬卡爪;通常为保证刚度和耐磨性,硬卡爪要进行热处理,硬度较高。

当需要减小两个或多个零件直径跳动偏差,以及在已加工表面不希望有夹痕时,则应使用软卡爪。软卡爪通常用低碳钢制造,在使用前,为配合被加工工件,要进行镗孔加工。

软卡爪装夹的最大特点是工件虽经多次装夹仍能保持一定的位置精度,大大缩短了工件的装夹校正时间。在车削软卡爪或每次装卸零件时,应注意固定使用同一扳手方孔,夹紧力也要均匀一致,改用其他扳手方孔或改变夹紧力的大小,都会改变卡盘平面螺纹的移动量,从而影响装夹后的定位精度。

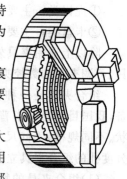

图 1.10 三爪卡盘

2. 液压动力卡盘

三爪卡盘常见的有机械式和液压式两种。液压卡盘动作灵敏、装夹迅速、方便,能实现较大压紧力,提高生产率和减轻劳动强度。但夹持范围变化小,尺寸变化大时需重新调整卡爪位置。自动化程度高的数控车床经常使用液压自定心卡盘,它尤其适用于批量加工。

液压动力卡盘夹紧力的大小可通过调整液压系统的油压进行控制,以适应棒料、盘类零件和薄壁套筒零件的装夹。

3. 可调卡爪式卡盘

可调卡爪式四爪卡盘如图 1.11 所示。每个基体卡座上的卡爪,能单独手动粗、精位置调整。可手动操作分别移动各卡爪,使零件定位、夹紧。加工前,要把工件加工面中心对中到卡盘(主轴)中心。可调卡爪式四爪卡盘要比其他类型的卡盘需要用更多的时间来夹紧和对正零件,因此,对提高生产率来说至关重要的 CNC 车床上很少使用这种卡盘。可调卡爪式四爪卡盘一般用于定位、夹紧不同心或结构对称的零件表面。用四爪卡盘、花盘、角铁(弯板)等装夹不规则偏重工件时,必须加配重。

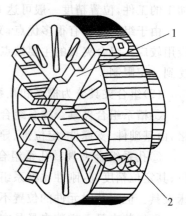

图 1.11 可调卡爪式四爪卡盘
1—卡爪;2—螺母

4. 高速动力卡盘

为了提高数控车床的生产效率,对其主轴提出越来越高的要求,以实现高速甚至超高速切削。现在有的数控车床甚至达到 100 000 r/min。对于这样高的转速,一般的卡盘已不适用,而必须采用高速动力卡盘才能保证安全可靠地进行加工。

随着卡盘的转速提高,由卡爪、滑座和紧固螺钉组成的卡爪组件离心力急剧增大,卡爪对零件的夹紧力下降。试验表明:φ380 mm 的楔式动力卡盘在转速为 2 000 r/min 时,动态夹紧力只有静态的 1/4。高速动力卡盘常增设离心力补偿装置,利用补偿装置的离心力抵消卡爪组件离心力造成的夹紧力损失。另一个方法是减轻卡爪组件质量以减小离心力。

5. 鸡心夹和拨盘

数控机床采用两顶尖装夹时用到的典型夹具如图 1.12 所示。

6. 花盘

花盘是装夹异性车削零件的夹具。

7. 中心架

加工细长轴类零件时,为了防止工件挠度过大,必须具备的夹具为中心架。

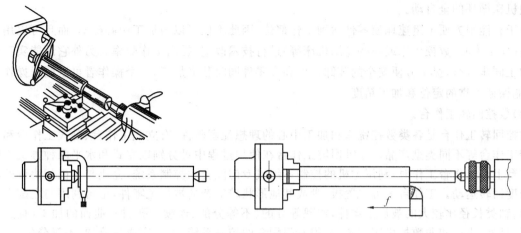

图 1.12 鸡心夹和拨盘

8. 跟刀架

加工细长轴类零件时,为了防止工件挠度过大,必须具备的跟着刀架移动的夹具为跟刀架,如图 1.13 所示。

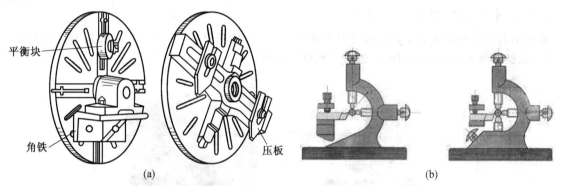

图 1.13 跟刀架

1.3.3 铣削类夹具

数控机床附件是指具备独立的数控系统或利用主机数控系统进行控制的机床附件。随着数控机床的迅速发展,特别是加工中心机床的发展,数控机床附件产品也有了较大的进步。

按数控机床附件的功能,镗铣类数控机床附件分为以下几类:

①数控分度头类,包括数控电动分度头、数控气动分度头。

②数控回转工作台类,包括数控可倾回转工作台和数控立卧回转工作台。

③交换工作台,可分手动交换工作台和自动交换工作台两种。

④其他如插刀座、插刀座架及卸刀座等。

(1)数控分度头。

数控分度头是数控镗铣床和加工中心等机床必备的机床附件,也可以作为半自动镗铣床或其他类型机床的主要附件之一。

分度头与相应 CNC 控制装置或机床本身特有的控制系统连接,依靠气动或液动装置,可自动完成对被加工工件的夹紧、松开和任意角度的圆周分度工作,可立、卧使用。分度头的采用,可以大大提高劳动生产率,并保证零件的加工质量。

(2)自动交换工作台。

自动交换工作台是一种适用于镗铣类加工中心,尤其在柔性制造系统中有广泛应用的机床附件。通过回转 180°使安装待加工零件的交换工作台与在主机上装有已加工零件的工作台进行自动交换,从而实现机床循环的全自动。

由于它能很方便很迅速地使零件达到工作部位，因此不仅可以与加工中心配套，而且可以用它对现有设备（加工中心、数控机床或一些专用机床等）进行技术改造，提高工作效率。另外它还能实现零件装卸与加工同步进行，提供方便安全的装卸条件和多零件同时装夹加工，一个操作者可以同时操作几台机床，并能保证可靠的定位和加工精度。

(3)数控回转工作台。

数控回转工作台是各类数控铣床和加工中心的理想配套附件，有立式工作台、卧式工作台和立卧两用回转工作台等不同类型产品。立卧回转工作台在使用过程中可分别以立式和水平两种方式安装于主机工作台上。工作台工作时，利用主机的控制系统或专门配套的控制系统，完成与主机相协调的各种必须的分度回转运动。工作台上可安置板、盘或其他形状较复杂的被加工零件，也可利用与之配套的尾座安装棒、轴类长径比较大的被加工零件，实现等分的、不等分的、连续的孔、槽、曲面的加工，且达到较高的精度；另外，也可和非数控机床配套，利用专门配套的控制系统，独立完成等分的、不等分的、连续的分度、圆弧面的加工。

1.4 常见工具辅具知识

在数控加工中常见的工具有很多，现对数控车削和数控铣削加工中的常见工具做简单介绍。

1.数控车削加工中常见的工具

数控车削加工中常见的工具有机外对刀仪（见图1.14）、车刀对刀片（见图1.15）、刀具设定仪（见图1.16）。这些工具主要用于车刀的在机对刀和机外对刀。

图 1.14　机外对刀仪

图 1.15　车刀对刀片

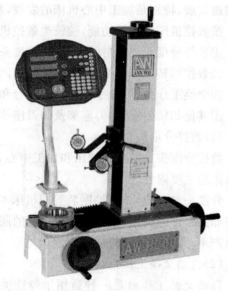

图 1.16　刀具设定仪

模块 1 | 数控加工基础知识

2. 数控铣削加工中的常见工具

数控铣削加工中的常见工具有加工中心光电式寻边器(见图1.17)、Z轴设定器(见图1.18)、机械式寻边器、机内对刀器、机外对刀仪、3D测头、插刀座及插刀座架、卸刀座等。

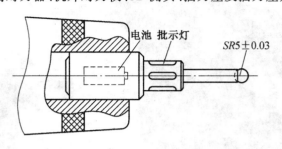
图 1.17 光电式寻边器结构

图 1.18 Z 轴设定器

3. 加工中心常用对刀仪器

(1)量块。一般用于刀具 Z 向标定。

(2)Z 轴设定器。一般用于刀具 Z 向标定。

(3)寻边器。标定刀具 X、Y 向位置。常见寻边器有机械式(见图1.19)和电子式(见图1.20)两种。

图 1.19 机械式寻边器

图 1.20 电子式寻边器

(4)找正器。用于确定圆心。

(5)机内对刀器。用于刀具 X、Y、Z 向标定(见图1.21)。

(6)机外对刀仪。在机床外测量刀具长度、直径和几何角度等,不占机时(见图1.22)。

(7)3D 测头。自动测量刀具 X、Y、Z 向的位置和补偿值(见图1.23)。

图 1.21 机内对刀器

图 1.22 机外对刀仪

图 1.23 3D 测头

4. 插刀座及插刀座架

①插刀座。插刀座是为刀杆在使用中、储存及周转运输过程中确保刀杆柄部的表面不受外力损坏而设计(见图1.24)的。插刀座采用耐油橡胶压制而成,也有的用工程塑料压制而成。

②插刀座架。便于数控刀杆的存放、运送、调换等工作(见图1.24)。型号为 CDC—16、CDC—32 的分别可存放16只、32只插刀座。其外形规格,CDC—16 为 750 mm×520 mm×1 020 mm(长、宽、高),CDC—32 为 990 mm×900 mm×1 090 mm。

③卸刀座。为了方便装卸刀柄上的拉钉和刀具的工具(见图1.25)。

图1.24 插刀座及插刀座架　　　　　　　　　图1.25 卸刀座

1.5 常见量具辅具知识

机械制造中所用量具种类很多,下面介绍常见量具的用法。

1. 量块及使用

(1)简介。量块又称块规,它是机器制造业中控制尺寸的最基本的量具,是从标准长度到零件之间尺寸传递的媒介,是技术测量上长度计量的基准。

长度量块是用耐磨性好、硬度高而不易变形的轴承钢制成矩形截面的长方块。它有上、下两个测量面和四个非测量面。两个测量面是经过精密研磨和抛光加工得很平、很光的平行平面。量块的矩形截面尺寸是:基本尺寸0.5~10 mm的量块,其截面尺寸为30 mm×9 mm;基本尺寸为10~1 000 mm的量块,其截面尺寸为35 mm×9 mm。

量块的工作尺寸不是指两测面之间任何处的距离,因为两测面不是绝对平行的,因此量块的工作尺寸是指中心长度,即量块的一个测量面的中心至另一个测量面相黏合面(其表面质量与量块一致)的垂直距离。在每块量块上,都标记着它的工作尺寸:当量块尺寸等于或大于6 mm时,工作尺寸标记在非工作面上;当量块在6 mm以下时,工作尺寸直接标记在测量面上。

量块的精度,根据它的工作尺寸(即中心长度)的精度和两个测量面的平面平行度的准确程度,分成五个精度级,即00级、0级、1级、2级和3级。0级量块的精度最高,1级量块的精度次之,2级更次之。3级量块的精度最低,一般作为工厂或车间计量站使用的量块,用来检定或校准车间常用的精密量具。

量块是精密的尺寸标准,制造不容易。为了使工作尺寸偏差稍大的量块,仍能作为精密的长度标准使用,可将量块的工作尺寸检定得准确些,在使用时加上量块检定的修正值。这样做,虽在使用时比较麻烦,但它可以将偏差稍大的量块仍作为尺寸的精密标准。

(2)成套量块和量块尺寸的组合。

量块是成套供应的,并每套装成一盒。每盒中有各种不同尺寸的量块,其尺寸编组有一定的规定。在总块数为83块和38块的两盒成套量块中,有时带有四块护块,所以每盒块数成为87块和42块。护块即保护量块,主要是为了减少常用量块的磨损,在使用时可放在量块组的两端,以保护其他量块。

每块量块只有一个工作尺寸。但由于量块的两个测量面做得十分准确而光滑,具有可黏合的特性,即将两块量块的测量面轻轻地推合后,这两块量块就能黏合在一起,不会自己分开,好像一块量块一样。由于量块具有可黏合性,每块量块只有一个工作尺寸的缺点就克服了。利用量块的可黏合性,就可组成各种不同尺寸的量块组,大大扩大了量块的应用。但为了减少误差,希望组成量块组的块数不超过4~5块。

为了使量块组的块数为最小值,在组合时就要根据一定的原则来选取量块尺寸,即首先选择能去除

最小位数的尺寸的量块。例如,若要组成 87.545 mm 的量块组,其量块尺寸的选择方法如下:

    量块组的尺寸　　　　　　　　87.545 mm
    选用的第一块量块尺寸　　　　1.005 mm
    剩下的尺寸　　　　　　　　　86.54 mm
    选用的第二块量块尺寸　　　　1.04 mm
    剩下的尺寸　　　　　　　　　85.5 mm
    选用的第三块量块尺寸　　　　5.5 mm
    剩下的即为第四块尺寸　　　　80 mm

量块是很精密的量具,使用时必须注意以下几点:

①使用前,先在汽油中洗去防锈油,再用清洁的麂皮或软绸擦干净。不要用棉纱头去擦量块的工作面,以免损伤量块的测量面。

②清洗后的量块,不要直接用手去拿,应当用软绸衬起来拿。若必须用手拿量块时,应当把手洗干净,并且要拿在量块的非工作面上。

③把量块放在工作台上时,应使量块的非工作面与台面接触。不要把量块放在蓝图上,因为蓝图表面有残留化学物,会使量块生锈。

④不要使量块的工作面与非工作面进行推合,以免擦伤测量面。

⑤量块使用后,应及时在汽油中清洗干净,用软绸揩干后,涂上防锈油,放在专用的盒子里。若需要经常使用,可在洗净后不涂防锈油,放在干燥缸内保存。绝对不允许将量块长时间黏合在一起,以免由于金属黏结而引起不必要的损伤。

(3)量块附件。

为了扩大量块的应用范围,便于各种测量工作,可采用成套的量块附件。量块附件中,主要的是不同长度的夹持器和各种测量用的量脚,如图 1.26(a)所示。量块组与量块附件装置后,可用作校准量具尺寸(如内径千分尺的校准),测量轴径、孔径、高度和划线等工作,如图 1.26(b)所示。

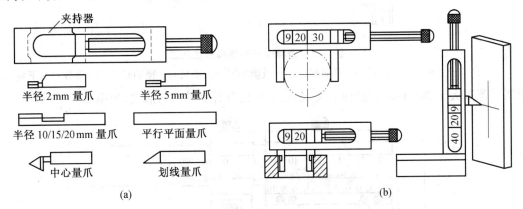

图 1.26　量块的附件及其使用

2.游标卡尺及使用

游标卡尺是一种常用的量具,具有结构简单、使用方便、精度中等和测量的尺寸范围大等特点,可以用它来测量零件的外径、内径、长度、宽度、厚度、深度和孔距等,应用范围很广。

(1)游标卡尺有三种结构形式。

①测量范围为 0～125 mm 的游标卡尺,制成带有刀口形的上下量爪和带有深度尺的形式,如图 1.27 所示。

②测量范围为 0～200 mm 和 0～300 mm 的游标卡尺,可制成带有内外测量面的下量爪和带有刀口形的上量爪的形式,如图 1.28 所示。

③测量范围为 0～200 mm 和 0～300 mm 的游标卡尺,也可制成只带有内外测量面的下量爪的形

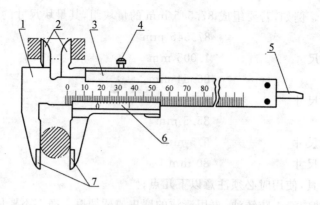

图 1.27 游标卡尺的结构形式之一
1—尺身;2—上量爪;3—尺框;4—紧固螺钉;5—深度尺;6—游标;7—下量爪

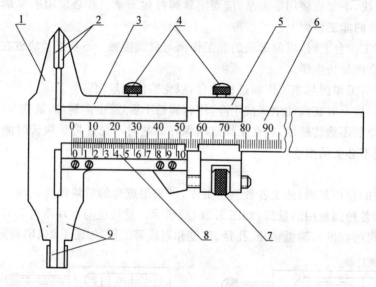

图 1.28 游标卡尺的结构形式之二
1—尺身;2—上量爪;3—尺框;4—紧固螺钉;5—微动装置;6—主尺;7—微动螺母;8—游标;9—下量爪

式。而测量范围大于 300 mm 的游标卡尺,制成这种仅带有下量爪的形式,如图 1.29 所示。

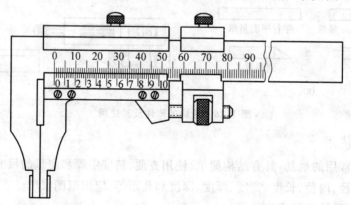

图 1.29 游标卡尺的结构形式之三

(2)游标卡尺的主要部分组成有:

①具有固定量爪的尺身。尺身上有类似钢尺一样的主尺刻度,主尺上的刻线间距为 1 mm。主尺的长度决定于游标卡尺的测量范围。

②具有活动量爪的尺框。尺框上有游标,游标卡尺的游标读数值可制成为 0.1 mm、0.05 mm 和

0.02 mm的三种。

③在0～125 mm的游标卡尺上,还带有测量深度的深度尺。深度尺固定在尺框的背面,能随着尺框在尺身的导向凹槽中移动。测量深度时,应把尺身尾部的端面靠紧在零件的测量基准平面上。

④测量范围等于和大于200 mm的游标卡尺,带有随尺框作微动调整的微动装置。使用时,先用固定螺钉4把微动装置5固定在尺身上,再转动微动螺母7,活动量爪就能随同尺框3作微量的前进或后退。微动装置的作用,是使游标卡尺在测量时用力均匀,便于调整测量压力,减少测量误差。

(3)游标卡尺的读数原理和读数方法。

游标卡尺的读数机构由主尺和游标两部分组成。当活动量爪与固定量爪贴合时,游标上的"0"刻线(简称游标零线)对准主尺上的"0"刻线,此时量爪间的距离为"0",当尺框向右移动到某一位置时,固定量爪与活动量爪之间的距离就是零件的测量尺寸,此时零件尺寸的整数部分,可在游标零线左边的主尺刻线上读出来,而比1 mm小的小数部分,可借助游标读数机构来读出,现以游标读数值为0.1 mm的游标卡尺的读数原理和读数方法为例说明读法(见图1.30)。

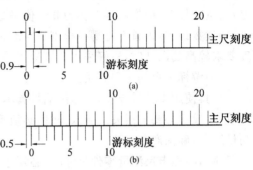

图1.30 游标读数原理

主尺刻线间距(每格)为1 mm,当游标零线与主尺零线对准(两爪合并)时,游标上的第10刻线正好指向等于主尺上的9 mm,而游标上的其他刻线都不会与主尺上任何一条刻线对准。

游标每格间距＝9 mm÷10＝0.9 mm

主尺每格间距与游标每格间距相差＝1 mm－0.9 mm＝0.1 mm

0.1 mm即为此游标卡尺上游标所读出的最小数值,再也不能读出比0.1 mm小的数值。

当游标向右移动0.1 mm时,则游标零线后的第1根刻线与主尺刻线对准。当游标向右移动0.2 mm时,则游标零线后的第2根刻线与主尺刻线对准,以此类推。若游标向右移动0.5 mm,则游标上的第5根刻线与主尺刻线对准。由此可知,游标向右移动不足1 mm的距离,虽不能直接从主尺读出,但可以由游标的某一根刻线与主尺刻线对准时,该游标刻线的次序数乘其读数值而读出其小数值。

另有1种读数值为0.1 mm的游标卡尺,是将游标上的10格对准主尺的19 mm,则游标每格＝19 mm÷10＝1.9 mm,使主尺2格与游标1格相差＝2 mm－1.9 mm＝0.1 mm。这种增大游标间距的方法,其读数原理并未改变,但使游标线条清晰,更容易看准读数。

在游标卡尺上读数时,首先要看游标零线的左边,读出主尺上尺寸的整数是多少毫米,其次是找出游标上第几根刻线与主尺刻线对准,该游标刻线的次序数乘其游标读数值,读出尺寸的小数、整数和小数相加的总值,就是被测零件尺寸的数值。

(4)游标卡尺的测量精度。

测量或检验零件尺寸时,要按照零件尺寸的精度要求,选用相适应的量具。游标卡尺是一种中等精度的量具,它只适用于中等精度尺寸的测量和检验。游标卡尺的示值误差见表1.5。

表1.5 游标卡尺的示值误差　　　mm

游标读数值	示值总误差
0.02	±0.02
0.05	±0.05
0.10	±0.10

游标卡尺的示值误差,就是游标卡尺本身的制造精度造成的误差,即使正确使用,卡尺本身还是会产生误差。例如,用游标读数值为0.02 mm的0～125 mm的游标卡尺(示值误差为±0.02 mm),测量φ50 mm的轴时,若游标卡尺上的读数为φ50.00 mm,实际直径可能是φ50.02 mm,也可能是

ϕ49.98 mm。这不是游标尺的使用方法上有什么问题,而是它本身制造精度所允许产生的误差。因此,若该轴的直径尺寸是IT5级精度的基准轴($\phi 50_{-0.025}^{0}$),则轴的制造公差为0.025 mm,而游标卡尺本身就有着±0.02 mm的示值误差,选用这样的量具去测量,显然是无法保证轴径的精度要求的。如果受条件限制(如受测量位置限制),其他精密量具用不上,必须用游标卡尺测量较精密的零件尺寸时,又该怎么办呢?此时,可以用游标卡尺先测量与被测尺寸相当的块规,消除游标卡尺的示值误差(称为用块规校对游标卡尺)。例如,要测量上述ϕ50 mm的轴时,先测量50 mm的块规,看游标卡尺上的读数是不是正好为50 mm。如果不正好是50 mm,则比50 mm大的或小的数值,就是游标卡尺的实际示值误差,测量零件时,应把此误差作为修正值考虑进去。另外,游标卡尺测量时的松紧程度(即测量压力的大小)和读数误差(即看准是哪一根刻线对准),对测量精度影响也很大。所以,当必须用游标卡尺测量精度要求较高的尺寸时,最好采用和测量相等尺寸的块规相比较的办法。

(5)游标卡尺的使用方法。

量具使用得是否合理,不但影响量具本身的精度,且直接影响零件尺寸的测量精度,甚至发生质量事故,造成不必要的损失。所以,我们必须重视量具的正确使用,对测量技术精益求精,务使获得正确的测量结果,确保产品质量。

使用游标卡尺测量零件尺寸时,必须注意下列几点:

①测量前应把卡尺揩干净,检查卡尺的两个测量面和测量刃口是否平直无损,把两个量爪紧密贴合时,应无明显的间隙,同时游标和主尺的零位刻线要相互对准。这个过程称为校对游标卡尺的零位。

②移动尺框时,活动要自如,不应有过松或过紧,更不能有晃动现象。用固定螺钉固定尺框时,卡尺的读数不应有所改变。在移动尺框时,不要忘记松开固定螺钉,也不宜过松以免掉下。

③当测量零件的外尺寸时,卡尺两测量面的连线应垂直于被测量表面,不能歪斜。测量时,可以轻轻摇动卡尺,放正垂直位置测量。

④用游标卡尺测量零件时,不允许过分地施加压力,所用压力应使两个量爪刚好接触零件表面。如果测量压力过大,不但会使量爪弯曲或磨损,且量爪在压力作用下产生弹性变形,使测量得的尺寸不准确(外尺寸小于实际尺寸,内尺寸大于实际尺寸)。在游标卡尺上读数时,应把卡尺水平拿着,朝着亮光的方向,使人的视线尽可能和卡尺的刻线表面垂直,以免由于视线的歪斜造成读数误差。

⑤为了获得正确的测量结果,可以多测量几次。即在零件的同一截面上的不同方向进行测量。对于较长零件,则应当在全长的各个部位进行测量,务使获得一个比较正确的测量结果。

3. 千分尺及使用

各种千分尺的结构大同小异,常用外径千分尺用于测量或检验零件的外径、凸肩厚度以及板厚或壁厚等(测量孔壁厚度的千分尺,其量面呈球弧形)。千分尺由尺架、测微头、测力装置和制动器等组成。图1.31是测量范围为0～25 mm的外径千分尺。尺架1的一端装着固定测砧2,另一端装着测微头。固定测砧和测微螺杆的测量面上都镶有硬质合金,以提高测量面的使用寿命。尺架的两侧面覆盖着绝热板12,使用千分尺时,手拿在绝热板上,防止人体的热量影响千分尺的测量精度。

(1)千分尺的测微头。如图1.31中的3～9是千分尺的测微头部分。带有刻度的固定刻度套筒5用螺钉固定在螺纹轴套4上,而螺纹轴套又与尺架紧配结合成一体。在固定套筒5的外面有一带刻度的活动微分筒6,它用锥孔通过接头8的外圆锥面再与测微螺杆3相连。测微螺杆3的一端是测量杆,并与螺纹轴套上的内孔定心间隙配合;中间是精度很高的外螺纹,与螺纹轴套4上的内螺纹精密配合,可使测微螺杆自如旋转而其间隙极小;测微螺杆另一端的外圆锥与内圆锥接头8的内圆锥相配,并通过顶端的内螺纹与测力装置10连接。当测力装置的外螺纹旋紧在测微螺杆的内螺纹上时,测力装置就通过垫片9紧压接头8,而接头8上开有轴向槽,有一定的胀缩弹性,能沿着测微螺杆3上的外圆锥胀大,从而使微分筒6与测微螺杆和测力装置结合成一体。当我们用手旋转测力装置10时,就带动测微螺杆3和微分筒6一起旋转,并沿着精密螺纹的螺旋线方向运动,使千分尺两个测量面之间的距离发生变化。

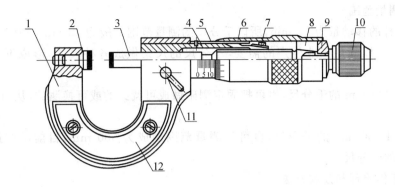

图 1.31　0～25 mm 外径千分尺

1—尺架；2—固定测砧；3—测微螺杆；4—螺纹轴套；5—固定刻度套筒；
6—微分筒；7—调节螺母；8—接头；9—垫片；10—测力装置；11—锁紧螺钉；12—绝热板

（2）千分尺的测力装置。千分尺测力装置的结构如图 1.32 所示，主要依靠一对棘轮 3 和 4 的作用。棘轮 4 与转帽 5 连接成一体，而棘轮 3 可压缩弹簧 2 在轮轴 1 的轴线方向移动，但不能转动。弹簧 2 的弹力是控制测量压力的，螺钉 6 使弹簧压缩到千分尺所规定的测量压力。当手握转帽 5 顺时针旋转测力装置时，若测量压力小于弹簧 2 的弹力，转帽的运动就通过棘轮传给轮轴 1（带动测微螺杆旋转），使千分尺两测量面之间的距离继续缩短，即继续卡紧零件；当测量压力达到或略微超过弹簧的弹力时，棘轮 3 与 4 在其啮合斜面的作用下，压缩弹簧 2，使棘轮 4 沿着棘轮 3 的啮合斜面滑动，转帽的转动就不能带动测微螺杆旋转，同时发出嘎嘎的棘轮跳动声，表示已达到了额定测量压力，从而达到控制测量压力的目的。当转帽逆时针旋转时，棘轮 4 是用垂直面带动棘轮 3，不会产生压缩弹簧的压力，始终能带动测微螺杆退出被测零件。

（3）千分尺的制动器。千分尺的制动器，就是测微螺杆的锁紧装置，其结构如图 1.33 所示。制动轴 3 的圆周上，有一个开着深浅不均的偏心缺口，对着测微螺杆 1。当制动轴以缺口的较深部分对着测量杆时，测量杆 1 就能在轴套 2 内自由活动，当制动轴转过一个角度，以缺口的较浅部分对着测量杆时，测量杆就被制动轴压紧在轴套内不能运动，达到制动的目的。

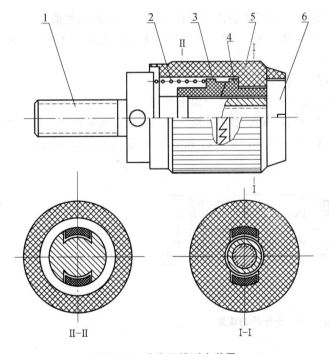

图 1.32　千分尺的测力装置

1—轮轴；2—压缩弹簧；3，4—棘轮；5—转帽；6—螺钉

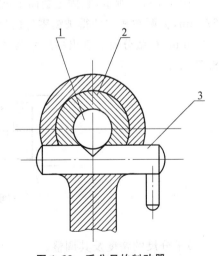

图 1.33　千分尺的制动器

1—测微螺杆；2—轴套；3—制动轴

(4)千分尺的测量范围。

千分尺测微螺杆的移动量为 25 mm,所以千分尺的测量范围一般为 25 mm。为了使千分尺能测量更大范围的长度尺寸,以满足工业生产的需要,千分尺的尺架做成各种尺寸,形成不同测量范围的千分尺。

测量上限大于 300 mm 的千分尺,也可把固定测砧做成可调式的或可换测砧,从而使此千分尺的测量范围为 100 mm。

测量上限大于 1 000 mm 的千分尺,也可将测量范围制成为 500 mm,目前国产最大的千分尺为 2 500～3 000 mm 的千分尺。

(5)千分尺的工作原理和读数方法。

①千分尺的工作原理。

外径千分尺的工作原理是应用螺旋读数机构,它包括一对精密的螺纹——测微螺杆与螺纹轴套,如千分尺结构图 1.31 中的 3 和 4,和一对读数套筒——固定刻度套筒与微分筒。用千分尺测量零件的尺寸,就是把被测零件置于千分尺的两个测量面之间。所以,两测砧面之间的距离就是零件的测量尺寸。当测微螺杆在螺纹轴套中旋转时,由于螺旋线的作用,测量螺杆有轴向移动,使两测砧面之间的距离发生变化。如测微螺杆按顺时针的方向旋转一周,两测砧面之间的距离就缩小一个螺距。同理,若按逆时针方向旋转一周,则两砧面的距离就增大一个螺距。常用千分尺测微螺杆的螺距为 0.5 mm,因此,当测微螺杆顺时针旋转一周时,两测砧面之间的距离就缩小 0.5 mm。当测微螺杆顺时针旋转不到一周时,缩小的距离小于一个螺距,它的具体数值,可从与测微螺杆结成一体的微分筒的圆周刻度上读出。

微分筒的圆周上刻有 50 个等分线,当微分筒转一周时,测微螺杆就推进或后退 0.5 mm,微分筒转过它本身圆周刻度的一小格时,两测砧面之间转动的距离为:0.5÷50=0.01(mm)。由此可知,千分尺上的螺旋读数机构,可以正确地读出 0.01 mm,也就是千分尺的读数值为 0.01 mm。

②千分尺的读数方法。

在千分尺的固定套筒上刻有轴向中线,作为微分筒读数的基准线。另外,为了计算测微螺杆旋转的整数转,在固定套筒中线的两侧,刻有两排刻线,刻线间距均为 1 mm,上下两排相互错开 0.5 mm。

千分尺的具体读数方法可分为三步:

a.读出固定套筒上露出的刻线尺寸,一定要注意不能遗漏应读出的 0.5 mm 的刻线值。

b.读出微分筒上的尺寸,要看清微分筒圆周上哪一格与固定套筒的中线基准对齐,将格数乘 0.01 mm 即得微分筒上的尺寸。

c.将上面两个数相加,即为千分尺上测得尺寸。

如图 1.34(a)所示,在固定套筒上读出的尺寸为 8 mm,微分筒上读出的尺寸为 27(格)×0.01 mm=0.27 mm,上两数相加即得被测零件的尺寸为 8.27 mm;如图 1.34(b)所示,在固定套筒上读出的尺寸为 8.5 mm,在微分筒上读出的尺寸为 27(格)×0.01 mm=0.27 mm,上两数相加即得被测零件的尺寸为 8.77 mm。

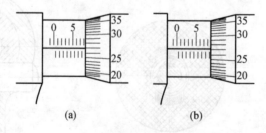

图 1.34 千分尺的读数

(6)千分尺的精度及其调整。

千分尺是一种应用很广的精密量具,按它的制造精度,可分 0 级和 1 级的两种,0 级精度较高,1 级次之。千分尺的制造精度,主要由它的示值误差和测砧面的平面平行度公差的大小来决定,小尺寸千分尺的精度要求见表1.6。从千分尺的精度要求可知,用千分尺测量 IT6~IT10 级精度的零件尺寸较为合适。

表1.6 千分尺的精度要求   mm

测量上限	示值误差		两测量面平行度	
	0级	1级	0级	1级
15;25	±0.002	±0.004	0.001	0.002
50	±0.002	±0.004	0.0012	0.0025
75;100	±0.002	±0.004	0.0015	0.003

千分尺在使用过程中,由于磨损,特别是使用不妥当时,会使其示值误差超差,所以应定期进行检查,进行必要的拆洗或调整,以便保持千分尺的测量精度。

① 校正千分尺的零位。

千分尺如果使用不妥,零位就要走动,使测量结果不正确,容易造成产品质量事故。所以,在使用千分尺的过程中,应当校对千分尺的零位。所谓"校对千分尺的零位",就是把千分尺的两个测砧面揩干净,转动测微螺杆使它们贴合在一起(这是指0~25 mm的千分尺而言,若测量范围大于0~25 mm时,应该在两测砧面间放上校对样棒),检查微分筒圆周上的"0"刻线是否对准固定套筒的中线,微分筒的端面是否正好使固定套筒上的"0"刻线露出来。如果两者位置都是正确的,就认为千分尺的零位是对的,否则就要进行校正,使之对准零位。

如果零位是由于微分筒的轴向位置不对,如微分筒的端部盖住固定套筒上的"0"刻线,或"0"刻线露出太多,0.5的刻线搞错,必须进行校正。此时,可用制动器把测微螺杆锁住,再用千分尺的专用扳手插入测力装置轮轴的小孔内,把测力装置松开(逆时针旋转),微分筒就能进行调整,即轴向移动一点,使固定套筒上的"0"线正好露出来,同时使微分筒的零线对准固定套筒的中线,然后把测力装置旋紧。

如果零位是由于微分筒的零线没有对准固定套筒的中线,也必须进行校正。此时,可用千分尺的专用扳手,插入固定套筒的小孔内,把固定套筒转过一点,使之对准零线。

但当微分筒的零线相差较大时,不应当采用此法调整,而应该采用松开测力装置转动微分筒的方法来校正。

② 调整千分尺的间隙。

千分尺在使用过程中,由于磨损等原因,会使精密螺纹的配合间隙增大,从而使示值误差超差,必须及时进行调整,以便保持千分尺的精度。

要调整精密螺纹的配合间隙,应先用制动器把测微螺杆锁住,再用专用扳手把测力装置松开,拉出微分筒后再进行调整。由图1.31可以看出,在螺纹轴套上,接近精密螺纹一段的壁厚比较薄,且连同螺纹部分一起开有轴向直槽,使螺纹部分具有一定的胀缩弹性。同时,螺纹轴套的圆锥外螺纹上,旋着调节螺母7。当调节螺母往里旋入时,因螺母直径保持不变,就迫使外圆锥螺纹的直径缩小,于是精密螺纹的配合间隙减小。然后,松开制动器进行试转,看螺纹间隙是否合适。间隙过小会使测微螺杆活动不灵活,可把调节螺母松出一点,间隙过大则使测微螺杆有松动,可把调节螺母再旋进一点。直至间隙调整好后,再把微分筒装上,对准零位后把测力装置旋紧。

经过上述调整的千分尺,除必须校对零位外,还应当用量块检定,检验千分尺的五个尺寸的测量精度,确定千分尺的精度等级后,才能移交使用。例如,用5.12;10.24;15.36;21.5;25等五个块规尺寸检定0~25 mm的千分尺,它的示值误差应符合表1.6的要求,否则应继续修理。

(7)千分尺的使用方法。

千分尺使用得是否正确,对保持精密量具的精度和保证产品质量的影响很大,指导人员和实习学生必须重视量具的正确使用,使测量技术精益求精,务使获得正确的测量结果,确保产品质量。

使用千分尺测量零件尺寸时,必须注意下列几点:

①使用前,应把千分尺的两个测砧面揩干净,转动测力装置,使两测砧面接触(若测量上限大于25 mm时,在两测砧面之间放入校对量杆或相应尺寸的量块),接触面上应没有间隙和漏光现象,同时微分筒和固定套筒要对准零位。

②转动测力装置时,微分筒应能自由灵活地沿着固定套筒活动,没有任何轧卡和不灵活的现象。如有活动不灵活的现象,应送计量站及时检修。

③测量前,应把零件的被测量表面揩干净,以免有脏物存在而影响测量精度。绝对不允许用千分尺测量带有研磨剂的表面,以免损伤测量面的精度。用千分尺测量表面粗糙的零件也是错误的,这样易使测砧面过早磨损。

④用千分尺测量零件时,应当手握测力装置的转帽来转动测微螺杆,使测砧表面保持标准的测量压力,即听到嘎嘎的声音,表示压力合适,并可开始读数。要避免因测量压力不等而产生测量误差。

绝对不允许用力旋转微分筒来增加测量压力,使测微螺杆过分压紧零件表面,致使精密螺纹因受力过大而发生变形,损坏千分尺的精度。有时用力旋转微分筒后,虽因微分筒与测微螺杆间的连接不牢固,对精密螺纹的损坏不严重,但是微分筒打滑后,千分尺的零位走动了,就会造成质量事故。

⑤使用千分尺测量零件时,要使测微螺杆与零件被测量的尺寸方向一致。如测量外径时,测微螺杆要与零件的轴线垂直,不要歪斜。测量时,可在旋转测力装置的同时,轻轻地晃动尺架,使测砧面与零件表面接触良好。

⑥用千分尺测量零件时,最好在零件上进行读数,放松后取出千分尺,这样可减少测砧面的磨损。如果必须取下读数时,应用制动器锁紧测微螺杆后,再轻轻滑出零件。把千分尺当卡规使用是错误的,因这样做不但易使测量面过早磨损,甚至会使测微螺杆或尺架发生变形而失去精度。

在读取千分尺上的测量数值时,要特别留心不要读错 0.5 mm。

为了获得正确的测量结果,可在同一位置上再测量一次。尤其是测量圆柱形零件时,应在同一圆周的不同方向测量几次,检查零件外圆有没有圆度误差,再在全长的各个部位测量几次,检查零件外圆有没有圆柱度误差等。

(8)内径千分尺。

内径千分尺如图 1.35 所示,其读数方法与外径千分尺相同。内径千分尺主要用于测量大孔径,为适应不同孔径尺寸的测量,可以接上接长杆(见图 1.35(b))。连接时,只须将保护螺帽 5 旋去,将接长杆的右端(具有内螺纹)旋在千分尺的左端即可。接长杆可以一个接一个地连接起来,测量范围最大可达到 5 000 mm。内径千分尺与接长杆是成套供应的。

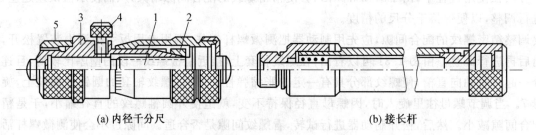

(a)内径千分尺　　　　　　　　　　(b)接长杆

图 1.35　内径千分尺

1—测微螺杆;2—微分筒;3—固定套筒;4—制动螺钉;5—保护螺帽

内径千分尺上没有测力装置,测量压力的大小完全靠手中的感觉。测量时,把它调整到所测量的尺寸后,轻轻放入孔内试测其接触的松紧程度是否合适。一端不动,另一端做左、右、前、后摆动。左右摆动,必须细心地放在被测孔的直径方向,以点接触,即测量孔径的最大尺寸处(最大读数处),要防止如图1.36所示的错误位置。前后摆动应在测量孔径的最小尺寸处(即最小读数处)。按照这两个要求与孔壁轻轻接触,才能读出直径的正确数值。测量时,用力把内径千分尺压过孔径是错误的。这样做不但使测量面过早磨损,且由于细长的测量杆弯曲变形后,既损伤量具精度,又使测量结果不准确。

内径千分尺的示值误差比较大,如测 0～600 mm 的内径千分尺,示值误差就有±(0.01～

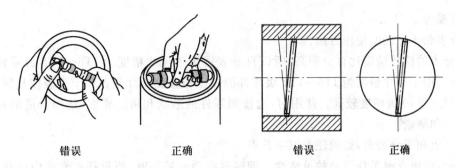

| 错误 | 正确 | 错误 | 正确 |

图 1.36　内径千分尺的使用

0.02)mm。因此,在测量精度较高的内径时,应把内径千分尺调整到测量尺寸后,放在由量块组成的相等尺寸上进行校准,或把测量内尺寸时的松紧程度与测量量块组尺寸时的松紧程度进行比较,克服其示值误差较大的缺点。内径千分尺除可用来测量内径外,也可用来测量槽宽和机体两个内端面之间的距离等内尺寸。

4.百分表

(1)结构。

百分表和千分表都是用来校正零件或夹具的安装位置,检验零件的形状精度或相互位置精度的。它们的结构原理没有什么大的不同,千分表的读数精度比较高,其读数值为 0.001 mm,而百分表的读数值为 0.01 mm。车间里经常使用的是百分表,因此,本节主要是介绍百分表。

百分表的外形如图 1.37 所示。8 为测量杆,6 为指针,表盘 3 上刻有 100 个等分格,其刻度值(即读数值)为 0.01 mm。当指针转一圈时,小指针即转动一小格,转数指示盘 5 的刻度值为 1 mm。用手转动表圈 4 时,表盘也跟着转动,可使指针对准任一刻线。测量杆是沿着套筒 7 上下移动的,套筒可作为安装百分表用。9 是测量头,2 是手提测量杆用的圆头。图 1.38 是百分表的内部结构示意图。带有齿条的测量杆 1 的直线移动,通过齿轮(Z_1、Z_2、Z_3)传动转变为指针 2 的回转运动。齿轮 Z_4 和弹簧 3 使齿轮传动的间隙始终在一个方向,起着稳定指针位置的作用。弹簧 4 用于控制百分表的测量压力。

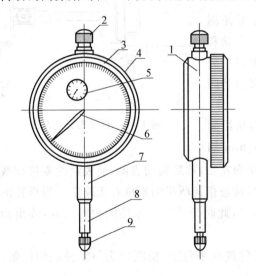

图 1.37　百分表的外形

1,8—测量杆;2—圆头;3—表盘;4—表圈;
5—转数指示盘;6—指针;7—套筒;9—测量头

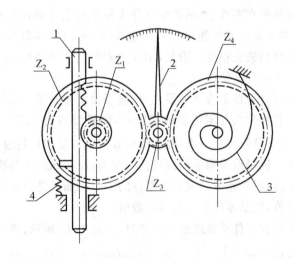

图 1.38　百分表的内部结构

1—测量杆;2—指针;3,4—弹簧

百分表内的齿轮传动机构,使测量杆直线移动 1 mm 时,指针正好回转一圈。由于百分表和千分表的测量杆是做直线移动的,可用来测量长度尺寸,所以它们也是长度测量工具。目前,国产百分表的测量范围(即测量杆的最大移动量)有 0～3 mm,0～5 mm,0～10 mm 的三种。读数值为 0.001 mm 的千分表,测量范围为 0～1 mm。

(2)百分表和千分表的使用方法。

由于千分表的读数精度比百分表高,所以百分表适用于尺寸精度为 IT6～IT8 级零件的校正和检验;千分表则适用于尺寸精度为 IT5～IT7 级零件的校正和检验。百分表和千分表按其制造精度,可分为 0、1 和 2 级三种,0 级精度较高。使用时,应按照零件的形状和精度要求,选用合适的百分表或千分表的精度等级和测量范围。

使用百分表和千分表时,必须注意以下几点:

①使用前,应检查测量杆活动的灵活性。即轻轻推动测量杆时,测量杆在套筒内的移动要灵活,没有任何轧卡现象,且每次放松后,指针能回复到原来的刻度位置。

②使用百分表或千分表时,必须把它固定在可靠的夹持架上,夹持架要安放平稳,以免使测量结果不准确或摔坏百分表,如图 1.39 所示。用夹持百分表的套筒来固定百分表时,夹紧力不要过大,以免因套筒变形而使测量杆活动不灵活。

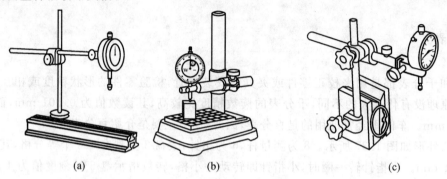

图 1.39 安装在专用夹持架上的百分表

用百分表或千分表测量零件时,测量杆必须垂直于被测量表面,即使测量杆的轴线与被测量尺寸的方向一致,否则将使测量杆活动不灵活或使测量结果不准确(见图 1.40)。

测量时,不要使测量杆的行程超过它的测量范围;不要使测量头突然撞在零件上;不要使百分表和千分表受到剧烈的振动和撞击,也不要把零件强迫推入测量头下,免得损坏百分表和千分表的机件而失去精度。因此,用百分表测量表面粗糙或有显著凹凸不平的零件是错误的。

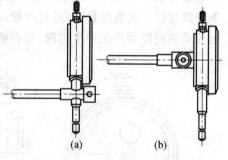

图 1.40 百分表安装方法

用百分表校正或测量零件时,应当使测量杆有一定的初始测力。即在测量头与零件表面接触时,测量杆应有 0.3～1 mm 的压缩量(千分表可小一点,有 0.1 mm 即可),使指针转过半圈左右,然后转动表圈,使表盘的零位刻线对准指针。轻轻地拉动手提测量杆的圆头,拉起和放松几次,检查指针所指的零位有无改变。当指针的零位稳定后,再开始测量或校正零件的工作。如果是校正零件,此时开始改变零件的相对位置,读出指针的偏摆值,就是零件安装的偏差数值。

③检查工件平整度或平行度时,如图 1.41 所示,将工件放在平台上,使测量头与工件表面接触,调整指针使其摆动 $\frac{1}{2}$～$\frac{1}{3}$ 转,然后把刻度盘零位对准指针,跟着慢慢地移动表座或工件,当指针顺时针摆动时,说明工件偏高,反时针摆动,则说明工件偏低。

当进行轴测时,以指针摆动最大数字为读数(最高点),测量孔时,以指针摆动最小数字(最低点)为读数。

检验工件的偏心度时,如果偏心距较小,把被测轴装在两顶尖之间,使百分表的测量头接触在偏心部位上(最高点),用手转动轴,百分表上指示出的最大数字和最小数字(最低点)之差就等于偏心距的实

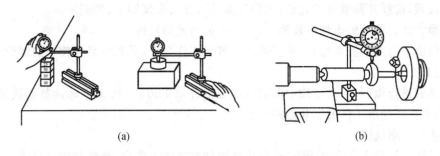

图 1.41 百分表尺寸校正与检验方法

际尺寸。偏心套的偏心距也可用上述方法来测量,但必须将偏心套装在芯轴上进行测量。

偏心距较大的工件,因受到百分表测量范围的限制,不能用上述方法测量。这时可用间接测量偏心距的方法。测量时,把 V 形铁放在平板上,并把工件放在 V 形铁中,转动偏心轴,用百分表测量出偏心轴的最高点,找出最高点后,工件固定不动,如图 1.42(a)所示。再用百分表水平移动,测出偏心轴外圆到基准外圆之间的距离 a,然后用下式计算出偏心距 e:

$$\frac{D}{2} = e + \frac{d}{2} + a$$

$$e = \frac{D}{2} - \frac{d}{2} - a$$

式中　e——偏心距,mm;

　　　D——基准轴外径,mm;

　　　d——偏心轴直径,mm;

　　　a——基准轴外圆到偏心轴外圆之间最小距离,mm。

用上述方法时,必须把基准轴直径和偏心轴直径用百分尺测量出正确的实际尺寸,否则计算时会产生误差。

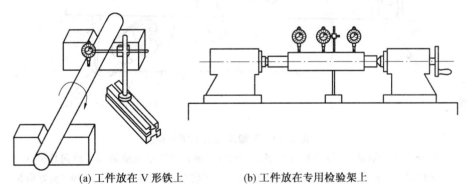

(a) 工件放在 V 形铁上　　(b) 工件放在专用检验架上

图 1.42 轴类零件圆度、圆柱度及跳动

④在使用百分表和千分表的过程中,要严格防止水、油和灰尘渗入表内,测量杆上也不要加油,免得粘有灰尘的油污进入表内,影响表的灵活性。

⑤百分表和千分表不使用时,应使测量杆处于自由状态,以免使表内的弹簧失效(见图 1.42(b))。如百分表架上的内径百分表表盘,不使用时,应拆下来保存。

5. 万能工具显微镜简介

万能工具显微镜是机械制造中使用较为广泛的光学测量仪器。它具有较高的测量精度,可用于长度、角度、复杂轮廓形状零件的精密测量。该仪器有多种可选附件,可用直角坐标系或极坐标系测量,主要测量轴径、孔径、锥度、样板、圆弧半径、凸轮坐标尺寸、空间距、模具、刃具、量具、螺纹和齿轮等。

(1)仪器的结构形式如图 1.43 所示。

(2)测量方法。测量前的准备工作:根据被测件的特征,选用适当的附件安装在仪器上;接通电源;

调节照明灯的位置;选择并调节可变光栏;工件经擦拭后安装在仪器上;调焦距。

①长度测量方法。使用的附件有玻璃工作台、物镜和测角目镜。

a.将测角目镜中角度示值调至 $0°$,将工件放在玻璃工作台上,并观察目镜使被测部位与米字线的中间线大致方向相同。

b.用两个螺钉进行微调,当米字线中间的线瞄准工件第Ⅰ边后,从 x 方向读数器读数,然后移动 x 滑台,将同一条米字线瞄准工件的第Ⅱ边并读数。

c.两次读数差为测量值。

②角度测量法。测量 V 形架的角度 α,使用的附件有玻璃工作台、物镜和测角目镜。

a.将工件置于工作台中间。

b.移动 x、y 方向滑台,使米字线交点落在被测件Ⅰ边上,然后移动米字线使中间线与工件的Ⅰ边对准,从测角目镜中读出角度值。再以同样方法将米字线的同一根刻线与工件Ⅱ边对准并读数。

c.两次读数差为角度 α 的测量值。

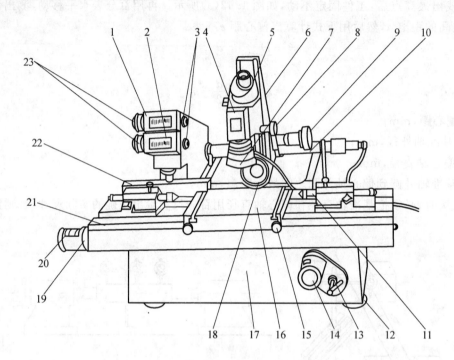

图 1.43　万能工具显微镜结构图

1—x 方向读数器;2—y 方向读数器;3—归零手轮;4—瞄准显微镜;5—双向目镜;6—立柱;7—反射照明器;8—手轮(调焦距);9—手轮(调立臂倾斜角度);10—y 方向滑台;11—顶尖;12—底角螺钉(3 个,调仪器水平);13—制动手柄(向左松开,推、拉手柄,y 滑台前、后移动);14—y 滑台微动手轮;15—玻璃工作台固定螺钉(2 个);16—玻璃工作台;17—底座;18—光栏调整装置;19—x 滑台制动手轮;20—x 滑台微动装置;21—x 方向滑台;22—x 滑台分划尺;23—读数鼓轮

1.6　常见切削液知识

切削液是机械加工行业重要的配套材料,它的质量、品种直接影响机械零部件的加工质量、生产效率、能耗与材耗。正确地选用切削液,可以减少切削过程中的摩擦,提高金属切削的生产率,降低切削力和切削温度,保证被加工材料的加工精度。每种切削液都有各自的优缺点,各有各的用途。因此在加工不同的金属材料时需要选用不同的切削液,这样才能使切削液和刀具有效地结合到金属切削加工中。如何正确地选用、维护管理、合理使用切削液,对于提高刀具使用寿命、加工表面质量和加工精度起着重要的作用。

1. 切削液的作用

(1) 冷却。

切削液浇注在切削区,通过切削热的传导、对流和汽化,使切屑、刀具及工件上的热量散佚,起到冷却作用。由于切削液的冷却作用,可降低切削温度,提高刀具的使用寿命,减少工件、刀具的热膨胀,提高加工精度。

(2) 润滑。

切削液渗透到刀具与切屑、工件表面之间形成润滑膜,于是起到润滑作用。但在切削时上述表面之间互相有很高的压力,且温度很高,因此切削液的渗透是较困难的。切削液的油脂中存在极性分子,该分子的带极性一端吸附于金属表面上,于是形成了刀具与切屑、工件之间的润滑膜,刀具与切屑、工件摩擦副之间的相对运动是在上述分子尾部非极性端之间进行的。在切削时,由于上述摩擦副之间压力增大,温度升高,致使润滑膜变薄,继而产生局部破裂,形成金属凸峰之间接触,与部分接触面仍存在吸附膜而起到润滑作用。在金属切削加工中,大多属于边界润滑。边界润滑一般分为低温低压边界润滑、高温边界润滑、高压边界润滑和高温高压边界润滑。

一般的切削液在 200 ℃ 左右就失去润滑能力,这样的切削液只适用于低温低压边界润滑。高温高压边界润滑也称极压润滑,在极压润滑状态下,切削液中必须加入极压添加剂以维持润滑膜强度。

在边界润滑中,润滑效果的优劣取决于接触面间油膜的性质是物理吸附膜还是化学吸附膜。油性添加剂(动植物油脂)形成物理吸附膜,润滑膜强度低;极压添加剂(如氯化石蜡)形成化学吸附膜,润滑膜强度高。含硫的极压切削液(矿物油加含硫的极压添加剂)在金属切削过程中与金属产生化学反应生成硫化铁——化学吸附膜,该吸附膜在高温下不易破坏,在切削钢时,在 1 000 ℃ 高温下,仍能保持润滑性能。

(3) 清洗与排屑。

浇注切削液以冲走切削过程中产生的细屑和磨粉,使之不黏附于工件、刀具和机床上,防止剐伤已加工表面及机床导轨面。在深孔镗削中,在切削区注入一定压力的切削液起到排屑作用,使切削过程得以顺利进行。

(4) 防锈。

在切削液中加入防锈添加剂,如亚硝酸钠、磷酸三钠等极性很强的化合物,它们与金属表面附着力很强,使金属表面形成保护膜,保护机床和工件不被空气、水分和酸等介质腐蚀,从而起到防锈防蚀的作用。

2. 常用切削液及其选用

切削液的选用原则:切削液的选用必须满足切削性能和使用性能的要求。即应具备良好的润滑、冷却、防锈和清洗性能,在加工过程中能满足工艺要求,减少刀具损耗,降低加工表面粗糙度值,降低功率消耗,提高生产效率。同时应考虑使用的安全性,无刺激性气味及不损坏工人皮肤和良好的环保性能。

粗加工时,刀具磨损慢和加工生产率高,切削液浓度可变低;精加工时,要求加工件具有高精度和较小的表面粗糙度,切削液的浓度可提高。

难加工的材质可选用活性高,含抗磨剂添加剂、极压剂添加剂的切削液;易加工材质则选用普通的切削液即可。切削有色金属时,切削力和切削温度都不高,可选用切削油。

切削合金钢时,如果切削量较小,表面粗糙度要求低,此时需要优异润滑性能的切削液,可选切削油和高浓度切削液。

切削铸铁等材料时,形成大量铁屑,易随切削液到处流动,流入机床之间造成部件损坏,可使用低浓度切削液(冷却清洗功能较好)。切削液也可作为磨削液来用,使用浓度减半。

金属切削加工中的切削液有水溶液和油溶液切削液。

(1) 水溶液切削液。主要有水溶液、乳化液和合成液等,金属切削加工中常用的切削液为水溶液、乳化液和合成液。

①水溶液。水溶液的主要成分是水,加入防锈剂、清洗剂,有时加入油性添加剂以增加润滑性。其冷却性能好,若配成液呈透明状,则便于操作者观察。水溶液被广泛应用于磨削及铝制品加工中。

②乳化液。乳化液是水中加入乳化油搅拌而成的乳白色液体。其中乳化油由矿物油、乳化剂加添加剂配制而成。乳化剂的分子有两个头,一个头亲水基,另一个头亲油基,于是乳化剂可吸附在油水界面上形成坚固的吸附膜,使油均匀地分散在水中,形成稳定的乳化液。

按照乳化油的含量可配制成各种浓度的乳化液。低浓度乳化液主要起冷却作用,用于磨削及粗加工;高浓度乳化液主要起润滑作用,用于精加工。

③合成液。化学合成液是一种较新型的高性能切削液,主要供磨削用,一般用于钢材(特别是铸钢)或铸铁的磨削。因其润滑性能欠佳,故几乎不用于其他切削加工。

(2)油溶液切削液。主要有切削油和极压切削油。

①切削油。切削油的主要成分是矿物油(如机械油、轻柴油、煤油等)、动植物油(如豆油、菜油和猪油等)、动植物混合油。动植物油易变质而较少使用。普通车削、攻螺纹可选用机油,精加工有色金属可选用煤油或煤油与矿物油的混合油,镗孔或深孔精加工可选用煤油或煤油与机油的混合油,精车丝杠时可选用蓖麻油或豆油等。

②极压切削油。在切削油中加入硫、氯和磷极压添加剂,可明显地提高润滑和冷却效果。硫化油在高温时可形成牢固的吸附膜,具有良好的润滑和冷却效果,是一种应用广泛的极压切削油,常用于拉削和齿轮加工中。

3.切削液的维护

根据有关经验,使用切削液应注意以下几点:

(1)换用切削液前,应将水池和管道清洗干净,特别是之前使用的是油性的切削液或皂化液的一定要清洗干净。

(2)配制切削液时,不能使用地下水,因为地下水碱性大,硬度大,含Ca、Mg离子,极易生锈。应选用去离子水。如果使用自来水,则水的硬度通常应小于$400×10^{-6}$,否则需特别加入抗硬水剂。

(3)准确掌握切削液浓度,尽量使用浓度计(折光仪)来控制,不要凭个人经验。

(4)加工结束后,用切削液软管冲洗掉机床表面的切屑和粒渣。打开机床防护门,使机床加工区的潮湿空气散去。

这样做的原理是:在加工过程中,只要切削液不断喷射,涂敷在裸露的金属表面,切削液中的防锈添加剂就可防止机床加工区内的金属表面锈蚀。但当机床停机若干小时后,可能会产生锈蚀。因为在加工时,切削液的水在蒸发,使机床加工区形成了几乎100%的相对湿度。机床一旦关机,温度便开始下降,空气中的水分便冷凝在金属零件表面。由于冷凝水会逐步稀释防锈添加剂,从而使存留于切削液的抗腐蚀性逐渐丧失。所以采取上述措施,非常重要。

(5)定期检测切削液的pH值,定期补充切削液,使浓度满足使用要求。

(6)定期彻底更换清洗机床冷却系统(建议一年一次),减少切削液中细菌生长机会。

拓展与实训

基础训练

一、选择题(每题有四个选项,请选择一个正确的填在括号里)

1. 45钢的45表示含碳量为( )。

A. 0.45%　　　B. 0.045%　　　C. 4.5%　　　D. 45%

2. 图纸中技术要求项目中"热处理:C45"表示(　　)。
  A. 淬火硬度为 HRC45　　　　B. 退火硬度为 HRB450
  C. 正火硬度为 HRC45　　　　D. 调质硬度为 HRC45
3. 在铣削铸铁等脆性材料时,一般(　　)。
  A. 加以冷却为主的切削液　　B. 加以润滑为主的切削液
  C. 不加切削液　　　　　　　D. 加煤油
4. 使用切削液可以减少切削过程中的摩擦,这主要是因为切削液具有(　　)。
  A. 润滑作用　　B. 冷却作用　　C. 防锈作用　　D. 清洗作用
5. 切削铸铁、黄铜等脆性材料时,往往形成不规则的细小颗粒切屑,称为(　　)。
  A. 粒状切屑　　B. 节状切屑　　C. 带状切屑　　D. 崩碎切屑
6. 在加工阶段划分中,保证各主要表面达到图纸所规定的技术要求的是(　　)。
  A. 精加工阶段　B. 光整加工阶段　C. 粗加工阶段　D. 半精加工阶段
7. 铣削加工带有硬皮的毛坯表面时,常选用的铣削方式是(　　)。
  A. 顺铣　　　　B. 逆铣　　　　C. 周铣　　　　D. 端铣
8. 铣削加工时,为了减小工件表面粗糙度 Ra 的值,应该采用(　　)。
  A. 顺铣　　B. 逆铣　　C. 顺铣和逆铣都一样　　D. 依被加工表面材料决定
9. 采用一定结构形式的定位元件限制工件在空间的六个自由度的定位方法为(　　)。
  A. 六点定则　　B. 不完全定位　C. 完全定位　　D. 过定位

二、判断题
(　)1. 通用夹具上工件定位与夹紧费时,生产率低,故主要适用于单件、小批量生产。
(　)2. 在数控机床上加工零件,应尽量选用通用夹具和组合夹具装夹,避免采用专用夹具。
(　)3. 为了防止工件变形,夹紧部位要与支承对应,不能在工件悬空处夹紧。
(　)4. 数控铣床工作台上校正虎钳时,一般用杠杆百分表以其中一个钳口为基准校正与机床 X 或 Y 轴的平行度即可。
(　)5. 在 ISO 标准中,按硬质合金的硬度、抗弯强度等指标,刀片材料大致分为 P、M、K 三大类。
(　)6. 立铣刀的圆柱表面和端面上都有切削刃,所以可以直接垂直进给铣削。
(　)7. YT 类硬质合金中含钴量越多,刀片硬度越高,耐热性越好,但脆性越大。
(　)8. 刀柄的作用是刀具通过刀柄与主轴相连,由刀柄夹持传递速度、扭矩。
(　)9. 在加工软的非铁材料如铝、镁或铜时,为避免产生积屑瘤一般选两螺旋槽的立铣刀。
(　)10. 机械制图图样上所用的单位为 cm。

▶ 技能实训

技能实训1.1　常见的金属材料、非金属材料认识和辨别

1. 实训目的与要求
(1)了解常见金属材料的鉴别方法。
(2)了解常见非金属材料的鉴别方法。
2. 实训设备和材料
(1)实训设备:砂轮机若干台,切割机若干台。
(2)实训材料:不同含碳量的钢材若干段,各种铜合金材料若干段,各种铝合金材料若干段,不同种类非金属材料若干段。

3.实训内容

(1)认识各种含碳量的钢材。

(2)不同含碳量的钢材的火花观察。

(3)掌握不同含碳量的钢材的检验方法和原理。

(3)认识各种非金属材料。

4.实训步骤

(1)切割金属材料和非金属材料,认识断面颜色和形态;

(2)每个实训小组选择一种含碳量的钢材,进行火花实验,观察火花现象,区分含碳量;

(3)观察铜合金、铝合金的断面形态,了解成分;

(4)观察非金属材料的断面,通过外形和断面形态区分材料;

(5)清理实训设备、装置、实训台。

5.实训报告

课后每位同学按要求完成实训报告,内容包括实训中各种材料的特点以及断面形态、火花实验情况。通过相关实验,初步区分材料。

6.实训注意事项

(1)切割材料注意安全,按照操作规程操作;

(2)火花实验要注意砂轮或者切割机的操作。

技能实训1.2 常见工、量具的认识和使用

1.实训目的与要求

(1)了解数控铣削加工中常用量具的结构、功能,掌握各种常用量具的安装、调整和使用方法。

(2)了解中等复杂零件的尺寸和精度的测量技术。

2.实训装置及工量具

(1)实训装置:常见典型零件若干;钳工平台或者机床工作台。

(2)工量具:量块、游标卡尺(见图1.28)、千分尺(见图1.31)、千分表及表座、百分表及表座、常用工具。

3.实训内容

(1)认识各种常用量具,观察常用量具的结构,认识其组成元件,了解它们的功用。

(2)掌握常用量具的调整和测量方法。

(3)掌握典型零件的测量技术。

4.实训步骤

(1)认识并区分几种常用量具的名称及功能;

(2)每个实训小组选择一种常用量具进行拆装,了解该常用量具的结构特征;

(3)观察其余实训组拆装的情况,了解其余常用量具的结构特征;

(4)使用游标卡尺、千分尺等分别完成指定零件的指定部位的精度测量并记录;

(5)清理实训设备、装置、工量具及实训台。

5.实训报告

课后每位同学按要求完成实训报告,内容包括实训中各种量具的结构特点、功用,以及调整方法和测量方法。给定典型零件的指定部位的精度测量。

6. 实训注意事项

(1)量具拆装实训时,按量具结构原理图、量具零件清单检查量具零件数量,并清洗组装;

(2)部分量具不允许用于拆装实训。

技能实训 1.3　夹具的调整与工件装夹

1. 实训目的与要求

(1)了解数控镗铣床典型夹具的结构、功能,掌握各种夹具的安装、调整和使用方法。

(2)了解中等复杂零件的装夹与调整。

2. 实训装置及工量具

(1)实训装置:孔系组合夹具(见图1.44)、三爪卡盘(见图1.45)、四爪卡盘(见图1.46)、平口钳(见图1.47)、压板、百分表及表座、铜榔头、常见机械零件。

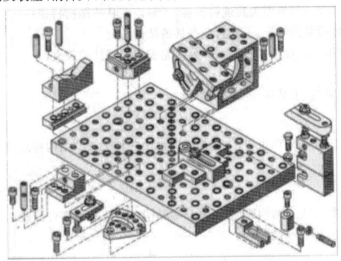

图 1.44　孔系组合夹具

图 1.45　精密三爪卡盘

图 1.46　精密四爪卡盘

(2)工量具:常用工具、量具一套。

3. 实训内容

(1)认识各种典型夹具,观察夹具的结构,认识其组成元件(定位元件、夹紧装置、夹具体等),了解它们的功用。

(2)掌握铣床典型夹具的安装、找正方法;掌握孔系组合夹具的使用方法。

(3)掌握典型零件的装夹与调整。

图 1.47 精密平口钳

4. 实训步骤

(1)认识并区分几种典型夹具的名称及功能；
(2)每个实训小组选择一种典型夹具进行拆装，了解该夹具的结构特征；
(3)观察其余实训组拆装的情况，了解其余夹具的结构特征；
(4)使用卡盘、平口钳和组合夹具装夹工件分别完成指定零件的装夹；
(5)拆卸工件；
(6)清理实训设备、装置、工量具及实训工作台。

5. 实训报告

课后每位同学按要求完成实训报告，内容包括实训中各种夹具的结构特点、功用，以及安装、调整方法和过程。

6. 实训注意事项

(1)夹具拆装实训时，按夹具结构原理图、夹具零件清单检查夹具零件数量；
(2)展示用夹具不允许用于拆装实训。

技能实训 1.4　常见数控刀具的认识及选用

1. 实训目的与要求

(1)了解常见数控车刀、数控铣刀床的结构、功能，掌握各种数控刀具的安装、调整和使用方法。
(2)了解几种刀具的刀片的装夹与调整。

2. 实训装置及工量具

(1)实训装置：各种类型数控车刀一组、各种类型数控铣刀一组、各种类型的刀柄一组、卸刀座一套。
(2)工量具：常用工具、量具一套，车刀测角仪等。

3. 实训内容

(1)认识各种典型数控刀具，观察刀具的结构，认识刀片定位夹紧机构(刀片、螺钉、压板等)，了解它们的功用。
(2)掌握典型数控车刀刀片的安装、找正方法；掌握数控车刀的使用方法。
(3)掌握典型数控铣刀的安装、找正方法；掌握数控铣刀的使用方法。
(4)掌握常见数控刀柄的安装、使用。

4. 实训步骤

(1)认识并区分几种典型数控车刀、数控铣刀的名称及功能；
(2)每个实训小组选择一种典型数控刀具进行拆装，了解该数控刀具的结构特征；
(3)观察其余实训组数控刀具的情况，了解其余数控刀具的结构特征；

(4)使用扳手、卸刀座分别安装刀柄,装卸刀具;
(5)清理实训设备、装置、工量具及实训工作台。

5. 实训报告

课后每位同学按要求完成实训报告,内容包括实训中各种车刀、铣刀的结构特点、功用以及安装、调整方法和过程。

6. 实训注意事项

(1)数控车刀拆装实训时,按车刀结构图、零件清单检查车刀零件数量;并按要求拆装刀具。
(2)数控铣刀拆装实训时,按铣刀结构图、零件清单检查铣刀零件数量;并按要求拆装刀具。
(3)数控刀柄拆装实训时,按刀柄结构图、零件清单检查刀柄零件数量;并按要求拆装刀柄。
(4)使用规定的刀片或配件。安装时使用规定的扳手按规定的扭矩操作。
(5)确认刀片和配件是否安装牢固。避免切削中脱落飞散,引起伤害。
(6)避免刀片或配件安装时拧压过紧造成损伤,不要使用如套管之类的辅助加力工具。
(7)展示用夹具不允许用于拆装实训。

模块 2
数控车削基本技能

知识目标
◆ 理解数控车床的概念与分类类型；
◆ 理解数控车床的类别、结构特点、加工对象、加工特点、主要部件和技术参数；
◆ 数控车床系统参数调整；
◆ 数控系统面板基本操作；
◆ 数控车床对刀技术；
◆ 数控车床基本保养、简单故障分析。

技能目标
◆ 能选择并确定数控车削加工的零件种类范围；
◆ 能分析出给定数控车床的坐标系；
◆ 掌握数控车床系统参数调整的方法；
◆ 能进行数控系统面板基本操作；
◆ 能通过对刀建立工件坐标系；
◆ 能对数控车床进行基本保养，能分析简单故障。

课时建议
16 课时

课堂随笔

2.1 数控车床的认知

2.1.1 数控车床及其类别

数控车床分类方法较多,按主轴布置可分为立式和卧式两种类型。

1. 卧式数控车床

卧式数控车床用于轴向尺寸较大或较小的盘类零件加工。相对于立式数控车床来说,卧式数控车床的结构形式较多、加工功能丰富、使用的面积较广。卧式数控车床按功能来说可分为经济型数控车床、普通型数控车床和车削加工中心。

(1)普通数控车床。

普通数控车床是根据车削加工要求在结构上进行专门设计并配备通用数控系统而形成的数控车床,其数控系统功能强,自动化程度和加工精度也比较高,适用于一般回转类零件的车削加工。这种数控车床加工可以同时控制两个坐标轴,即 X 轴和 Z 轴。普通卧式数控车床如图 2.1 所示。

(2)经济型数控车床。

经济型数控车床采用的是步进电动机和单片机,是通过对普通的车床进给系统改造后形成的简易型数控车床,成本较低,但是自动化程度和功能都比较差,加工精度也不高,适用于要求不太高的回转类零件的车削加工。经济型卧式数控车床如图 2.2 所示。

图 2.1　普通卧式数控车床

图 2.2　经济型卧式数控车床

(3)车削加工中心。

在普通数控车床的基础上,增加了 C 轴和动力头,更高级的机床还带有刀库,可控制 X、Z 和 C(旋转轴)三个坐标轴,联动控制可以是 X/Z、Z/C 或 X/C。数控车削加工中心如图 2.3 所示。

技术提示:
　　数控车削中心由于增加了 C 轴和铣削动力头,故加工功能大为增强,除可进行一般车削外,还可进行径向和轴向铣削、曲面铣削、中心线不在零件回转中心的孔和径向孔的钻削等加工。

2. 立式数控车床

立式数控车床用于回转直径较大的盘类零件的车削加工,大型立式数控车床的工作台直径可达 8 m 左右,常见的立式数控车床如图 2.4 所示。

图 2.3　数控车削加工中心

图 2.4　立式数控车床

2.1.2　数控车床的典型组成

典型的全功能数控车床主要组成部分有 CNC 控制、床身、主轴箱、进给运动装置、卡盘与卡爪、刀架、尾座、液压和润滑系统、电源控制箱以及其他设置。下面以典型的全功能卧式数控车床为例，简单介绍数控车床的组成。

1. CNC 控制系统

现代数控车削控制系统中，除了具有一般的直线、圆弧插补功能外，还具有同步运行螺纹切削功能，外圆、端面、螺纹切削固定循环功能，用户宏程序功能。另外，还有一些提高加工精度的功能，如恒线速度控制功能，刀具形状、刀具磨损和刀尖半径补偿功能，存储型螺距误差补偿功能，刀具路径模拟功能等。FANUC 数控车削系统以其高质量、低成本、高性能、较全的功能等特点，市场占有率远远超过其他的数控系统。人机交互装置包括显示器和控制器面板，允许操作员方便、直观地访问 CNC 程序和机床信息。通过 CNC 控制器屏幕，操作员可以浏览 CNC 程序、活动代码、刀具偏置和工件偏置、机床位置、报警信息、错误消息、主轴转速（RPM）及功率。控制器面板上控制开关、按键、按钮有利于操作员对机床的手动操控。

2. 床身、底座与防护罩

（1）床身固定在机床底座上，是机床的基本支承件，在床身上安装着车床的各主要部件。床身的作用是支撑各主要部件并使它们在工作时保持准确的相对位置。

（2）底座是车床的基础，用于支承机床的各部件，联结电气柜，支撑防护罩和安装排屑装置。

（3）防护罩安装在机床底座上，用于加工时保护操作者的安全和保护环境的清洁。

3. 主轴箱（床头箱）

主轴箱固定在床身最左边，在数控操作面板之后。主轴箱中的主轴上通过卡盘等夹具装夹工件。主轴箱的功能是支承主轴并传动主轴，使主轴带动工件按照规定的转速旋转，以实现机床的主运动。

数控车床的主传动与进给传动采用了各自独立的伺服电机，主轴电机驱动主轴，主运动传动链简单、可靠。由于采用了高性能的主传动及主轴部件，CNC 车床主运动具有传递功率大、刚度高、抗震性好及热变形小的优点。全功能 CNC 车床主轴实现无级变速控制，具有恒线速度、同步运行等控制功能。

4. 卡盘

卡盘是数控车削加工时夹紧工件的重要附件，对一般回转类零件可采用普通卡盘；对零件被夹持部位不是圆柱形的零件，则需要采用四爪卡盘或专用卡盘，四个卡爪卡盘装夹工件时，通常要手动找正工件，各卡爪可以单独控制，分别实现夹紧和松开，适用于不规则零件的夹持。

卡盘有普通卡盘、液压卡盘和可编程液压卡盘。采用了液压卡盘的数控车床，夹紧力调整方便可靠，同时也降低了操作工人的劳动强度。

5. 刀架

刀架是数控车床的重要部件,在刀架上可安装各种刀具,加工时可自动换刀。其结构直接影响机床的切削性能和工作效率。刀架分排刀式刀架和转塔式刀架两种。

(1)排刀式刀架。

排刀式刀架主要用于小型数控车床,适用于短轴或套类零件加工。

(2)转塔式刀架。

转塔式刀架分为立式和卧式两种,是数控车床最常用的一种典型换刀刀架,根据加工要求可设计成四方、六方或圆盘式刀架,相应地安装4把、6把或更多的刀具,可通过指令实现自动换刀动作。回转刀架上的工位数越多,加工的工艺范围越大,但同时刀位之间的夹角越小,则在加工过程中刀具与工件的干涉可能性越大。常见的转塔式刀架如图2.5所示。

(a) 立式转塔式刀架　　　　　　　(b) 卧式转塔式刀架

图 2.5　转塔式刀架

> **技术提示:**
> 数控车床刀架上安装铣削动力头(可安装钻、铣刀),可大大扩展数控车床的加工能力。

6. 刀架滑板

刀架滑板由纵向(Z向)滑板和横向(X向)滑板组成。纵向滑板安装在床身导轨上,沿床身实现纵向(Z向)运动,实现沿长度方向移动刀具来控制工件的长度;横向滑板安装在纵向滑板上,沿纵向滑板上的导轨实现横向(X向)运动,改变工件的直径。刀架滑板的作用是实现安装在其上的刀具在加工中实现纵向进给和横向进给运动。

7. 尾座

对轴向尺寸和径向尺寸比值较大的零件,需要采用安装在尾座上的活顶尖对零件尾端进行支承,才能保证对零件进行正确的加工。尾座有普通尾座、液压尾座和可编程液压尾座。顶尖是单独的部件,它要锁紧到尾座轴中。

8. 液压、润滑与切削液系统

机床液压传动系统实现机床上的一些辅助运动,主要是实现机床主轴的变速、尾座套筒的移动及工件自动夹紧机构的动作。机床润滑系统为机床运动部件间提供润滑和冷却。机床切削液系统为机床在加工中提供充足的切削液,满足切削加工的要求。

9. 电气控制系统

机床的电气控制系统主要由数控系统(包括数控装置、伺服系统及可编程控制器)、机床的强电气控制系统组成。机床电气控制系统完成对机床的自动控制。

10. 其他设置

其他设置随着机床功能强弱的不同,机床对下述部件配备情况有增有减。

(1)自动棒料进给器。自动棒料进给器可自动推进长棒料从卡爪伸出规定的长度。此配置用于减少将工件材料装卡到卡盘时的操作时间。棒料进给器的目的是在CNC加工循环结束时快速、自动地装卡棒料。

(2)零件接收器。零件接收器的功能是当零件被切断后快速接收到它,以避免损坏零件、刀具和(或)机床部件。此配置一般配备在自动棒料进给类型的车床。

(3)第二刀架。主刀架和第二刀架均彼此独立地工作,可以同时切削两个零件,以减少循环时间。

(4)对刀器。对刀器是机床上的一个传感装置,可自动标记设置中的每一把刀具。操作员可根据需要手动将刀具沿X轴和Z轴方向移动到对刀器并与其接触,控制器会自动在偏置存储内存中记录此距离值。这种装置可以减少机床设置时间,提高所加工零件的质量。

(5)动力刀头。此配置进行主动切削,配合主机完成铣、钻、镗等各种复杂工序,动力刀头安装在动力转塔刀架。如图2.6所示为工件随主轴准停定位后,车削中心的动力刀具对工件直径方向铣平面和键槽、钻径向孔以及动力刀具轴向加工工件的示意图。

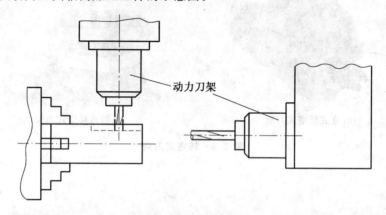

图2.6 数控车床的动力刀架

(6)切屑传送带。切屑传送带用于将加工工件时产生的金属切屑从CNC车床的工作区运走。可减少清理和维护CNC车床工作区的时间。

2.1.3 数控车床的结构特点

1.与传统车床的典型区别

(1)轻拖动。刀架移动采用滚珠丝杠副,摩擦小,移动轻便。丝杠两端的支承是专用轴承,其压力角比普通轴承大,在出厂时便选配好;数控车床的润滑部分采用油雾自动润滑,这些措施都使数控车床移动轻便。

(2)主轴可无级调速。如今的绝大多数数控车床采用直流或交流主轴控制单元来驱动主轴,按控制指令可令主轴作无级变速,主轴之间不必用多级齿轮副来进行变速。因此,床头箱内的结构比传统车床要简单得多。

(3)刚度大。为了与数控系统的高精度相匹配,数控机床的刚性也高,以便适应高精度加工。

(4)导轨性能高。由于数控机床的价格较高、控制系统的寿命较长,所以数控车床的滑动导轨也要求耐磨性好。数控车床一般采用镶钢导轨,这样机床精度保持的时间就比较长,其使用寿命也可延长许多。

(5)刀具自动交换、自动进给。数控车床都采用了自动回转刀架,在加工过程中可自动换刀,自动进给,连续完成多道工序的加工。

2.床身结构

数控车床的布局形式与普通车床基本一致,但数控车床刀架和导轨的布局形式直接影响着数控车床的使用性能及机床结构和外观。另外,数控车床上都设有封闭的防护装置。

数控车床的床身与导轨结构布局如图 2.7 所示,主要有 4 种布局形式,如图 2.7(a)所示为平床身,图 2.7(b)所示为斜床身,图 2.7(c)所示为平床身斜导轨,图 2.7(d)所示为立床身。

(1)水平床身。数控车床水平床身配上水平放置的刀架可提高刀架的运动精度,一般可用于大型数控车床或小型精密数控车床的布局,但床身下部空间小,排屑困难。

(2)水平床身配置倾斜导轨,并配置倾斜式导轨防护罩。这种布局形式一方面有水平床身工艺性好的特点,另一方面机床宽度方向的尺寸较水平配置导轨的小,且排屑方便。

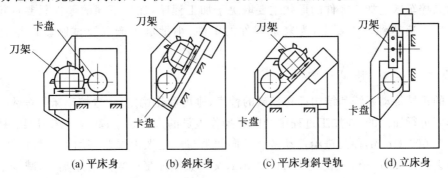

图 2.7 数控车床的床身与导轨结构布局

(3)倾斜床身。斜床身其导轨倾斜的角度分别为 30°、45°、60°、75°和 90°(立床身),若倾斜角度小,排屑不便;若倾斜角度大,导轨的导向性差,受力情况也差。导轨倾斜角度还会直接影响机床外形尺寸高度与宽度的比例。综合考虑,中小规格的数控车床床身倾斜度以 60°为宜。

2.1.4 数控车床的加工对象

数控车床主要用于对各种回转表面进行车削加工,主要加工对象如图 2.8 所示。数控车床的加工工艺类型主要包括车外圆、车端面、车成形回转面、车高精度的曲面、钻中心孔、钻孔、镗孔、铰孔、切槽、车螺纹、滚花、车锥面、攻螺纹。

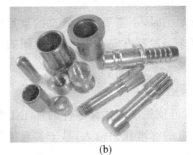

图 2.8 数控车床的主要加工对象

> **技术提示:**
> 借助于标准夹具(如四爪单动卡盘)或专用夹具,在数控车床上还可完成非回转体零件上的回转表面加工;车削中心还能进行铣削、钻削以及加工多边形零件。

按被加工表面不同,数控车床所用刀具分外圆车刀、端面车刀、镗孔刀、螺纹车刀、切断刀等不同类型。此外,恰当地选择和使用夹具,不仅可以可靠地保证加工质量,提高生产率,还可有效地拓展车削加工工艺范围。数控车床加工零件的尺寸精度可达 IT5~IT6,表面粗糙度 Ra 可达 $1.6~\mu m$ 以下。

2.1.5 数控车床的加工特点

1. 适应性强

适应性强是数控车床最突出的优点,最适宜单件小批量和具有复杂型面的工件的加工,这也是其得以迅速发展的主要原因。在普通车床上加工不同的零件,一般需要调整车床和附件,使车床适应加工零件的要求。而数控车床上加工零件的形状主要取决于加工程序,加工不同的零件只要重新编制或修改加工程序就可以迅速达到加工要求,为复杂零件的单件、小批量生产以及试制新产品提供了极大的方便。

2. 零件加工精度高、质量稳定

数控车床的机械传动系统和结构都有较高的精度、刚度和热稳定性;数控车床是按数字形式给出的指令来控制车床进行加工的,在加工过程中消除了操作人员的人为误差;数控车床刀架的移动当量普遍达到了 0.01~0.000 1 mm,而且进给传动链的反向间隙与丝杠螺距误差等均可由数控装置进行补偿,加工精度由过去的±0.01 mm 提高到±0.005 mm;又因数控加工中采用工序集中,减少了多次装夹对加工精度的影响,提高了同一批次零件尺寸的一致性,产品质量稳定。

3. 生产效率高

由于数控车床的主轴转速和进给速度的变化范围大,每一道工序加工时可以选用最佳切削速度和进给速度,使切削参数优化,减少了切削加工时间。此外,数控车床加工一般采用通用或组合夹具,加工过程中能自动换刀;刀具磨损后能进行刀具补偿,减少了辅助调整时间。

4. 可实现繁复回转曲面加工

普通车床难以实现或无法实现的曲线和曲面的运动轨迹,如数学曲线等回转曲面,数控车床则可轻松实现。

5. 改善劳动条件

数控车床进行加工时,不需要进行繁重的重复性手工操作。因此,能大大减轻操作者的劳动强度与紧张程度。数控机床一般都有安全罩,实现封闭式生产,这样既能减少安全事故的发生,又能改善劳动条件和劳动环境。

6. 利于生产管理

数控车床加工,可预先准确估计零件的加工工时,所使用的刀具、夹具、量具可进行规范化管理。加工程序是用数字信息的标准代码输入,易于实现加工信息的标准化。

7. 初始投资较大

初始投资较大是由于数控机床设备费用高,首次加工准备周期较长,维修成本高等因素造成。

8. 维修要求高

数控机床是技术密集型的机电一体化典型产品,需要维修人员既懂机械,又懂微电子维修方面的知识,同时还要配备较好的维修装备。

2.1.6 数控车床型号及技术参数

1. 数控车床型号

根据《金属切削机床型号编制的方法》(GB/T 15375—94)规定,我国数控机床均用汉语拼音字母和数字按一定规律组合进行编号,以表示机床的类型和主要规格。例如数控车床编号为 CK6136 的含义如图 2.9 所示。

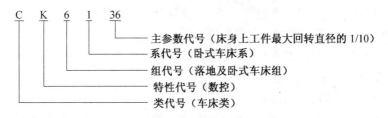

图 2.9 CK6136 中各字母与数字含义

2．数控车床的技术参数

数控车床的技术参数反映了车床的性能和使用范围，主要技术参数有最大回转直径、最大车削直径、最大车削长度、主轴转速范围等。

2.2 数控车床的安全操作

无论何种数控机床操作，都有相应的安全操作规程，它既是保证操作人员安全操作的重要措施之一，也是保证设备安全、产品质量等的重要措施。CNC 机床是速度极高且功率强大的机床，操作者必须熟悉机床性能和机床操作使用手册，并经过有关培训。在各种情况下，都应严格遵守所有的安全规则，严格按机床和系统的使用说明书要求正确、合理地操作机床。下面分类列出了建议的安全规则，要求操作者在操作 CNC 机床或进入车间工作区之前仔细阅读和理解这些规则。

2.2.1 数控车床文明生产和数控车工职业守则

1．数控车床的文明生产

(1)工作服、鞋、帽等应经常保持整洁。

(2)正确使用机床和做好机床设备的维护保养工作，使设备经常处于完好状态。

(3)图样、工艺卡片安放位置应便于阅读，并注意保持清洁和完整。

(4)工具、刃具和量具都要按现代工厂对定置管理的要求，做到分类定置和分格存放，使用时要求做到重的放下面，轻的放上面。不常用的放里面，常用的放在随手可取的方便处。应按工具箱内的定置图示位置存放，每班工作结束应整理清点一次。

(5)精加工零件应用工位器具存放，使加工面隔开，以防止相互磕碰而损伤表面。精加工表面完工后，应适当涂油以防锈蚀。

2．数控车工职业守则

(1)遵守法律、法规和有关规定。

(2)爱岗敬业，忠于职守，具有高度的责任心。

(3)努力钻研业务，刻苦学习，勤于思考，善于观察。

(4)工作认真负责，严于律己，吃苦耐劳，团结合作。

(5)遵守操作规程，坚持安全生产。

(6)着装整洁，符合规定，爱护设备及工具、夹具、刀具、量具。

(7)严格执行工作程序、工作规范、工艺文件。

(8)保持工作环境清洁有序，文明生产。

2.2.2 数控车床安全操作规程

1．注意人身安全

(1)在指定区域，要随时戴给予安全认证的、配有侧罩的眼镜。

(2)操作重型刀具和设备时，要穿安全鞋。

(3)当灰尘超出职业安全与卫生条例的规范时,应戴合格的口罩。
(4)当操作机床或在机床附近站立时,应罩住长发。
(5)当操作机床或在机床附近站立时,不要佩戴首饰或穿宽松服装。
(6)要站立,不要倚靠在机床某处。
(7)避免皮肤与切削液或切削油接触。
(8)吃药(处方药或非处方药)后,在药物起作用期间严禁操作任何机床或设备。
(9)受伤后要及时报告,并及时治疗。

2. 注意机床和刀具操作安全

(1)开机前应对机床进行全面细致的检查,确认无误后方可操作。
(2)机床通电后,检查各开关、按钮和键是否正常、灵活,机床有无异常现象。
(3)检查电压、气压、油压是否正常,有手动润滑的部位要先进行手动润滑。
(4)对于操作面板中有"零点"(机床原点)按钮的机床,加工前应将各坐标轴手动回零。
(5)程序输入后,应认真核对,确保无误,其中包括对代码、指令、地址、数值、正负号、小数点及语法的查对。
(6)未装工件以前,空运行一次程序,看程序能否顺利执行,刀具长度的选取和夹具的安装是否合理,有无超程现象。
(7)检查各刀头的安装方向及各刀具旋转方向是否合乎程序要求,查看各刀杆前后部位的形状和尺寸是否合乎程序要求。
(8)手摇进给和手动连续进给操作时,必须检查各种开关所选择的位置是否正确,弄清正、负方向,认准按键,然后再进行操作。
(9)在确认工件夹紧后才能启动机床,严禁工件转动时测量、触摸工件。
(10)操作中出现工件跳动、震动、异常声音、夹具松动等异常情况时必须立即停机处理。
(11)自动加工过程中,不允许打开机床防护门。
(12)加工镁合金工件时,应戴防护面罩,注意及时清理加工中产生的切屑。
(13)操作结束后,要做好机床卫生清扫工作,擦净导轨面上的切削液,并涂防锈油,以防止导轨生锈。
(14)依次关闭机床操作面板上的电源开关和总电源开关。

3. 养成良好的安全操作意识

每一台CNC机床均提供操作员手册,其中包括操作指令和安全规则,提供了标准的安全措施,大多数CNC机床还提供警告标志,对可能发生的危险向操作员提出警告。在任何情况下,必须具体分析每一台CNC机床加工状况,以便在操作CNC机床之前确定要考虑的每一项安全因素与措施。

如果操作员对任何操作有疑问或不熟悉,应与专业人员联系,机床发生事故时,操作者要注意保留现场,以利于分析问题,查找事故原因。认真填写数控机床的工作日志,做好交接工作,不得随意更改数控系统内部的制造厂设定的参数,并及时做好备份。

2.3 数控系统的操作与参数调整

2.3.1 数控系统概述

数控系统是一种配有专用操作系统的计算机控制系统,包括硬件和软件两大部分,软、硬件结合,实现对机床加工运动的控制。数控系统的作用是接收由加工程序等送来的各种信息,并经处理后,向驱动机构发出执行命令。

数控系统硬件通常由计算机基本系统部分及与之相联系的各功能模块组成。数控软件是以程序为中心的信息组合(存储程序),是用于对机床加工运动实时控制的操作系统。

1. 数控系统硬件体系结构

现代数控系统按模块化设计方法构造。模块化设计方法是将控制系统按功能划分成若干种具有独立功能的单元模块,并配上相应的驱动软件。数控系统主要分为主控制模块、电源模块、主轴模块、进给轴伺服模块等。不同的功能模块插入控制单元母板上,组成一个完整的控制系统。

2. 数控系统软件的功能结构

CNC 装置由软件和硬件组成,硬件为软件的运行提供了支持环境,软件(Software)是相对于硬件而言的。计算机软件指各类程序和文档资料的总和,计算机硬件系统又称为"裸机"。计算机只有硬件是不能工作的,必须配置软件才能够使用。软件的完善和丰富程度,在很大程度上决定了计算机硬件系统能否充分发挥其应有的作用。

CNC 的软件是为实现 CNC 系统各项功能而编制的专用软件,又称系统软件,分为管理软件和控制软件两大部分。如图 2.10 所示,管理软件由零件程序的输入/输出程序、显示程序和诊断程序等组成。控制软件由译码程序、刀具补偿程序、速度控制程序、插补运算程序和位置控制程序等组成。

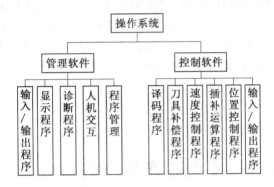

图 2.10 CNC 的软件构成

2.3.2 常见的数控系统

1. 我国常见的数控系统

数控系统是数控机床的核心,机床厂家根据功能、性能需要以及经济指标等来配置不同的数控系统,不同的数控系统,其指令代码也有所差别,编程时需要根据相应系统的编程规范进行编程。

常见的国外数控系统有日本的 FANUC(法拉克)、MITSUBISHI(三菱)、MAZAK(马扎克),德国的 SIEMENS(西门子),西班牙的 FAGOR(法格)。

目前我国已能批量生产和供应各类数控系统,如华中数控、航天数控、北京凯恩帝数控、华兴数控、广州数控、大森数控等十几个国产数控系统,均已很成熟,大多数都掌握了 3～5 轴联动、螺距误差补偿、图形显示和高精度伺服系统等多项关键技术,基本上能满足全国各机床厂的生产需要。

技术提示:

不同的数控系统,完成同一种加工,所编制的代码格式是不完全相同的,甚至有时候会差别很大。但掌握一种系统的编程后,转而使用其他系统,会非常容易上手。

在我国,配置 FANUC 系统的数控车床占有率非常高,配置 SIEMENS 和华中数控系统控制模块的也占有一席之地,多数经济型数控车床配置的是国产数控系统。华中世纪星数控系统不同版本及操作面板如图 2.11 所示。

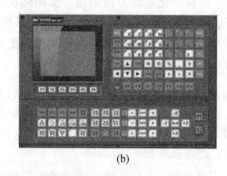

(a)　　　　　　　　　　　(b)

图 2.11　不同型号的华中世纪星数控车床系统和操作面板

2. FANUC 系统概述

FANUC 系统是日本富士通公司的产品。FANUC 系统进入中国市场有非常悠久的历史,有多种型号的产品在使用,使用较为广泛的产品有 FANUC 0,FANUC 16,FANUC 18,FANUC 21 等。在这些型号中,使用最为广泛的是 FANUC 0 系列。FANUC 系统在设计中大量采用模块化结构。这种结构易于拆装,各个控制板高度集成,使可靠性有很大提高,而且便于维修、更换。FANUC 0i－MA 数控系统与 FANUC 伺服电动机 α 系列和 FANUC 伺服电动机 β 系列相连。α 系列主要用于驱动主轴、伺服轴,而 β 系列主要用于换刀机械手和刀库的驱动。FANUC 系统性能稳定,操作界面友好,系统各系列总体结构非常类似,具有基本统一的操作界面。

2.3.3　FANUC 0 数控车床系统的 MDI 键盘功能说明

图 2.12 为 FANUC 0 数控系统大连车床厂 MDI 键盘和操作面板。图中上部左侧为显示界面区域,上部右侧为 MDI 键盘区,下部为功能按钮操作面板区域。

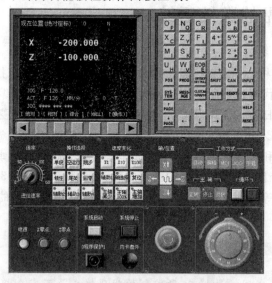

图 2.12　FANUC 0 数控系统大连车床厂 MDI 键盘和操作面板

MDI 键盘用于程序编辑、参数输入等功能。MDI 键盘上各个键的功能列于表 2.1。

表 2.1 FANUC 0 数控车床系统 MDI 键盘功能说明

MDI 软键	功能
PAGE↑ PAGE↓	软键 PAGE↑ 实现左侧显示器中显示内容的向上翻页；软键 PAGE↓ 实现左侧显示器显示内容的向下翻页
↑ ← ↓ →	移动显示器中的光标位置。软键 ↑ 实现光标的向上移动；软键 ↓ 实现光标的向下移动；软键 ← 实现光标的向左移动；软键 → 实现光标的向右移动
O/P N/Q G/R X/U Y/V Z/W M/I S/J T/K F/L H/D EOB/E	实现字符的输入，按下 SHIFT 键后再按下字符键，将输入右下角的字符。例如：按下 O/P 将在显示器的光标所处位置输入"O"字符，按下软键 SHIFT 后再按下 O/P 将在光标所处位置处输入 P 字符；软键中的"EOB"将输入";"号，表示换行结束
7/A 8/↑ 9/C 4/← 5/~ 6/SP 1/, 2/↓ 3/) -/+ 0/* ./ /	实现字符的输入，例如：按下软键 5/~ 将在光标所在位置输入"5"字符，按下软键 SHIFT 后再按下 5/~ 将在光标所在位置处输入"]"
POS	在显示器中显示坐标值
PROG	显示器将进入程序编辑和显示界面
OFFSET SETTING	显示器将进入参数补偿显示界面
SYSTEM	本软件不支持
MESSAGE	本软件不支持
CUSTOM GRAPH	在自动运行状态下将数控显示切换至轨迹模式
SHIFT	输入字符切换键
CAN	删除单个字符
INPUT	将数据域中的数据输入到指定的区域
ALTER	字符替换
INSERT	将输入域中的内容输入到指定区域
DELETE	删除一段字符

续表 2.1

MDI 软键	功能
HELP	帮助信息
RESET	机床复位

2.3.4 机床坐标界面操作

按下 MDI 键盘区域的 POS 进入坐标位置界面。分别按下显示区下侧沿的菜单软键[绝对]、[相对]、[综合],可调出对应的显示界面,分别对应相对坐标、绝对坐标和综合坐标,如图 2.13 所示。

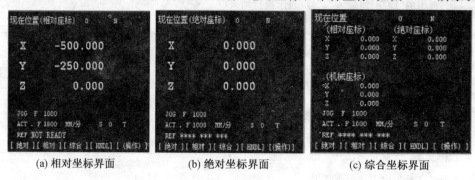

(a) 相对坐标界面　　　　(b) 绝对坐标界面　　　　(c) 综合坐标界面

图 2.13　FANUC 0 数控车床系统的机床坐标界面

2.3.5 程序管理操作

按下 POS 进入程序管理界面,按下菜单软键[LIB],将列出系统中所有的程序,如图 2.14(a)所示,在所列出的程序列表中选择某一程序名,按下 PROG 将显示该程序,如图 2.14(b)所示。

1.调出已有数控程序

将工作方式置于 EDIT 挡或 AUTO 挡,在 MDI 键盘上按 PROG 键,进入编辑页面,键入字母"O";按数字键键入搜索的号码:XXXX;(搜索号码为数控程序目录中显示的程序号)按光标移动键 ↓ 开始搜索。找到后,"OXXXX"显示在屏幕右上角程序号位置,NC 程序显示在屏幕上。

(a) 显示程序列表　　　　　　　　(b) 显示当前程序

图 2.14　FANUC 0 数控车床系统的程序管理

2. 删除一个数控程序

将工作方式置于 EDIT 挡,在 MDI 键盘上按 PROG 键,进入编辑页面,键入字母"O";按数字键键入要删除的程序的号码:XXXX;按 DELETE 键,程序即被删除。

3. 新建一个 NC 程序

将工作方式置于 EDIT 挡,在 MDI 键盘上按 PROG 键,进入编辑页面,键入字母"O";按数字键键入程序号。按 INSERT 键,若所输入的程序号已存在,将此程序设置为当前程序,否则新建此程序。

注:MDI 键盘上的数字/字母键,第一次按下时输入的是字母,以后再按下时均为数字。若要再次输入字母,须先将输入域中已有的内容显示在显示器界面上(按 INSERT 键,可将输入域中的内容显示在显示器界面上)。

4. 删除全部数控程序

将工作方式置于 EDIT 挡,在 MDI 键盘上按 PROG 键,进入编辑页面,键入字母"O-9999";按 DELETE 键。

2.3.6 FANUC 0 数控车床系统程序编辑

将工作方式置于 EDIT 挡,在 MDI 键盘上按 PROG 键,进入编辑页面,选定了一个数控程序后,此程序显示在显示器界面上,可对数控程序进行编辑操作。

1. 移动光标

软键 PAGE↑ 实现左侧显示器中显示内容的向上翻页;软键 PAGE↓ 实现左侧显示器显示内容的向下翻页。按 ↓ 或 ↑ 移动光标。

2. 插入字符

先将光标移到所需位置,按下 MDI 键盘上的数字/字母键,将代码输入到输入域中,按 INSERT 键,把输入域的内容插入到光标所在代码后面。

3. 删除输入域中的数据

按 CAN 键用于删除输入域中的数据。

4. 删除字符

先将光标移到所需删除字符的位置,按 DELETE 键,删除光标所在的代码。

5. 查找

输入需要搜索的字母或代码;按光标移动键 ↓,开始从当前数控程序中光标所在位置向后搜索。(代码可以是一个字母或一个完整的代码。例如:"N0010","M"等。)如果此数控程序中有所搜索的代码,则光标停留在找到的代码处;如果此数控程序中光标所在位置后没有所搜索的代码,则光标停留在原处。

6. 替换

先将光标移到所需替换字符的位置,将替换成的字符通过 MDI 键盘输入到输入域中,按 ALTER 键,把输入域的内容替代光标所在的代码。

2.3.7 FANUC 0 数控车床系统的参数调整

1. G54～G59 数控车床用户坐标系参数设置

在 MDI 键盘上按下 [OFFSET SETTING] 键,按菜单软键[坐标系],进入坐标系参数设定界面,输入"0x"(01 表示 G54,02 表示 G55,以此类推),按菜单软键[NO 检索]显示,光标停留在选定的坐标系参数设定区域,如图 2.15(a)所示。关于如何通过对刀建立坐标系后文有详述。

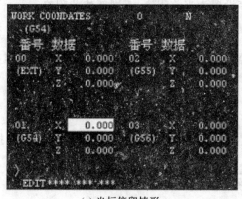 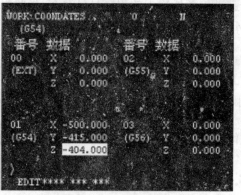

(a) 光标停留情形　　　　　　　　(b) 数据输入后的情形

图 2.15　FANUC 0 数控车床系统的坐标系参数输入

也可以用方位键 [←][→][↑][↓] 选择所需的坐标系和坐标轴。利用 MDI 键盘输入通过对刀得到的工件坐标原点在机床坐标系中的坐标值。设通过对刀得到的工件坐标原点在机床坐标系中的坐标值(如-500,-415,-404),则首先将光标移到 G54 坐标系 X 的位置,在 MDI 键盘上输入"-500.00",按菜单软键[输入]或按 [INPUT],参数输入到指定区域。按 [CAN] 键可逐个字符删除输入域中的字符。按下 [↓],将光标移到 Y 的位置,输入"-415.00",按菜单软键[输入]或按 [INPUT],参数输入到指定区域。同样可以输入 Z 坐标值。此时显示界面如图 2.15(b)所示。

如果按软键"+输入",键入的数值将和原有的数值相加以后输入。

2. 数控车床刀具补偿参数

车床的刀具补偿包括刀具的磨损补偿参数和形状补偿参数,两者之和构成车刀偏置量补偿参数。

(1) 输入磨损量补偿参数。

刀具使用一段时间后磨损,会使产品尺寸产生误差,因此需要对刀具设定磨损量补偿。步骤如下:

在 MDI 键盘上按下 [OFFSET SETTING] 键,进入磨损补偿参数设定界面,如图 2.16 所示。用方位键 [↑][↓] 选择所需的番号,并用 [←][→] 确定所需补偿的值。按下数字键,输入补偿值到输入域。按菜单软键[输入]或按 [INPUT],参数输入到指定区域。按 [CAN] 键逐字删除输入域中的字符。

(2) 输入形状补偿参数。

在 MDI 键盘上按下 [←][→] 键,进入形状补偿参数设定界面,如图 2.17 所示。方位键 [↑][↓] 选择所需的番号,并用 [←][→] 确定所需补偿的值。按下数字键,输入补偿值到输入域。按菜单软键[输入]或按 [INPUT],参数输入到指定区域。按 [CAN] 键逐字删除输入域中的字符。输入刀尖半径和方位号:分别把光标移到 R 和 T,按数字键输入半径或方位号,按菜单软键[输入]。

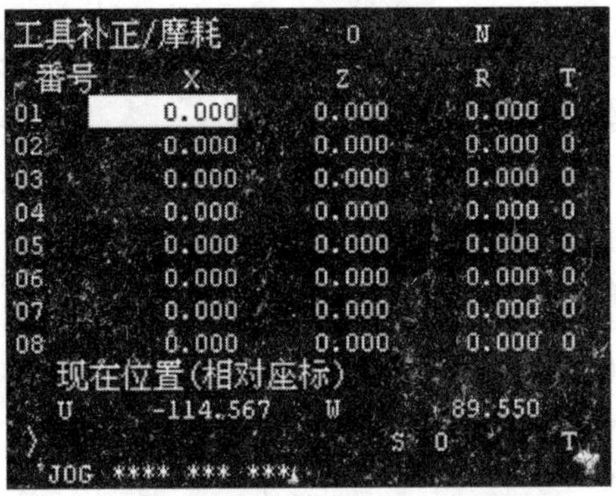

图 2.16　FANUC 0 输入磨损补偿参数 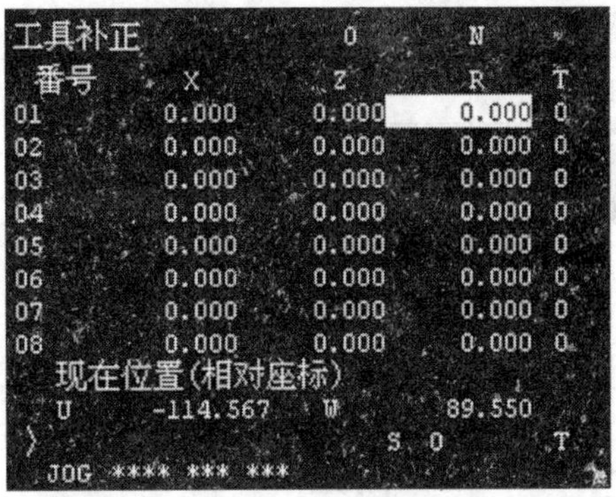　　　　图 2.17　FANUC 0 输入形状补偿参数

2.4　数控车床的面板操作

2.4.1　FANUC 数控车床操作面板功能说明

机床控制面板主要由急停、操作模式开关、主轴转速倍率调整开关、进给速度倍率调整开关、快速移动倍率开关以及主轴负载荷表、各种指示灯、各种辅助功能选项开关和手轮等组成。通过对各种功能键简单操作,直接控制机床的动作及加工过程。不同机床操作面板的各开关的位置结构各不相同,但功能及操作方法大同小异。图 2.18 为 FANUC 0i Mate TC 数控系统大连机床厂车床操作面板,其功能说明见表 2.1。不同厂家不同版本的数控系统配备的操作面板稍有不同,但大同小异。

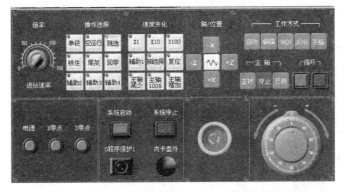

图 2.18　FANUC 0i Mate TC 大连机床厂车床面板

表 2.1　FANUC 0i Mate TC 大连机床厂车床面板功能说明

按钮	名称	功能说明
工作方式选择 	自动	模式选择旋钮指向该位置,系统进入自动加工模式
	编辑	模式选择旋钮指向该位置,则系统进入程序编辑状态,用于直接通过操作面板输入数控程序和编辑程序
自动 编辑 MDI JOG 手摇	MDI	模式选择旋钮指向该位置,系统进入 MDI 模式,手动输入并执行指令
	JOG	模式选择旋钮指向该位置,则系统进入手动模式,手动连续移动机床
	手摇	模式选择旋钮指向该位置,则系统处于手轮/手动点动模式
	系统启动	按此按钮,系统总电源开
	系统停止	按此按钮,系统总电源关
	程序保护	暂不支持

续表 2.1

按钮	名称	功能说明
	内卡盘外	暂不支持
	单段	此按钮被按下后,运行程序时每次执行一条数控指令
	空运行	系统进入空运行模式
	跳选	此按钮被按下后,数控程序中的注释符号"/"有效
	锁住	按此按钮后,机床锁住无法移动
	尾架	暂不支持
	回零	按此按钮,系统进入回零模式
	辅助2 辅助3 辅助4	暂不支持
	点动/手摇倍率	按此按钮,可以选择点动/手摇步进倍率
		暂不支持
	轴选择	在手轮模式下,按此按钮可以选择进给轴
	复位	按此按钮,可进行机床复位
	主轴减少	主轴减速
	主轴 100%	按下此按钮后主轴转速恢复至 100%
	主轴增加	主轴升速
	正转	控制主轴正转
	停止	控制主轴停止转动
	反转	控制主轴反转
	系统启动	程序运行开始,系统处于"自动运行"或"MDI"位置时按下有效,其余模式下使用无效
	系统停止	程序运行暂停,在程序运行过程中,按下此按钮运行暂停。按"循环启动"恢复运行
	X 负方向按钮	手动方式下,按下该按钮主轴向 X 轴负方向移动
	X 正方向按钮	手动方式下,按下该按钮主轴将向 X 正方向移动
	Z 负方向按钮	手动方式下,按下该按钮主轴向 Z 轴负方向移动

续表 2.1

按钮	名称	功能说明
	Z 正方向按钮	手动方式下，按下该按钮主轴将向 Z 正方向移动
	快速按钮	按下该按钮系统进入手动快速按钮
	手轮	在手轮模式下，转动手轮可精确移到刀具
	进给速率	调节主轴运行时的进给速度倍率
	急停按钮	按下急停按钮，使机床移动立即停止，并且所有的输出如主轴的转动等都会关闭

2.4.2 数控车床开机操作

按下操作面板上的控制系统开关按钮，使电源灯变亮。检查急停按钮是否松开至状态，若未松开，按下急停按钮，将其松开。

2.4.3 数控车床回参考点（回零）操作

在工作方式处按下按钮进入手动方式，再按下按钮上的灯亮起，进入回零状态。

按下按钮，此时 X 轴将回零，显示器上的 X 坐标变为"600.000"；再按下按钮，可以将 Z 轴回零，此时回原点灯亮起。

2.4.4 手动操作

1.手动/连续方式

按下机床面板上的"JOG"按钮，机床进入手动操作模式。分别按下按钮，控制机床的移动方向和坐标轴。按下，控制主轴的转动和停止。

注：刀具切削零件时，主轴需转动。加工过程中刀具与零件发生非正常碰撞后（非正常碰撞包括车刀的刀柄与零件发生碰撞、铣刀与夹具发生碰撞等），系统弹出警告对话框，同时主轴自动停止转动，调整到适当位置，继续加工时需再次按下或按钮，使主轴重新转动。

2.手动脉冲方式

在手动/连续方式或在对刀时，需精确调节机床时，可用手动脉冲方式调节机床。按下操作面板上的"手摇"旋钮，系统进入手动脉冲方式。此外，通过倍率按钮选择不同的脉冲步长。按

下 [-X] 或 [+X] 将设置手轮的进给轴为 X 轴,按下 [+Z] 或 [-Z] 将设置手轮进给轴为 Z 轴。旋转手轮 [⊙] 精确控制机床的移动。按 [正转 停止 反转],控制主轴的转动和停止。

3. 手动/点动方式

在手动/连续方式或在对刀,需精确调节机床时,可用手动脉冲方式调节机床。按下操作面板上的模式选择旋钮,系统进入手动脉冲方式。此外,通过倍率按钮 [X1] [X10] [X100] 选择不同的点动步长。

按下 [-X], [+X], [+Z] 或 [-Z],将实现手动/点动精确控制机床的移动。按 [正转 停止 反转],控制主轴的转动和停止。

2.4.5 自动加工方式

1. 自动/连续方式

(1)自动加工流程。检查机床是否回零,若未回零,先将机床回零。自行编写一段程序。按下操作面板上的"自动"按钮 [自动],系统进入自动运行状态。按下操作面板上的循环启动按钮 [□],程序开始自动执行。

(2)中断运行。数控程序在运行过程中可根据需要暂停、急停和重新运行。数控程序在运行时,按循环保持按钮 [□],程序停止执行;再按下循环启动按钮 [□],程序从暂停位置开始执行。

数控程序在运行时,按下"急停"按钮 [⊙],数控程序中断运行,继续运行时,先将急停按钮松开,再按"循环启动"按钮 [□],余下的数控程序从中断行开始作为一个独立的程序执行。

2. 自动/单段方式

检查机床是否回零。若未回零,先将机床回零,再导入数控程序或自行编写一段程序。按下操作面板上的"自动"按钮 [自动],系统进入自动运行状态。按下操作面板上的"单段"按钮 [单段],指示灯变亮。按下操作面板上的"循环启动"按钮 [□],程序开始执行。

注:自动/单段方式执行每一行程序均需按下一次"循环启动"按钮 [□];可以通过"进给速率"旋钮 [◉] 来调节主轴移动的速度;按 [RESET] 键可将程序重置。

3. 检查运行轨迹

程序导入后,可检查运行轨迹。按下操作面板上的"自动"按钮 [自动],系统进入自动运行状态。按下 MDI 键盘上的 [PROG] 按钮,按下数字/字母键,输入"Ox"(x 为所需要检查运行轨迹的数控程序号),按 [↓] 开始搜索,找到后,程序显示在显示器界面上。按 [CUSTOM GRAPH] 按钮,进入检查运行轨迹模式,按下操作面板上的"循环启动"按钮 [□],即可观察数控程序的运行轨迹,此时也可通过"视图"菜单中的动态旋转、动态放缩、动态平移等方式对三维运行轨迹进行全方位的动态观察。

2.5 数控车床的刀具装夹与对刀

2.5.1 数控车床的刀具装夹

从结构上看,车刀可分为整体式车刀、焊接式车刀和机械夹固定式车刀。整体式车刀主要是整体式高速钢车刀,它具有抗弯强度高,冲击韧性好,制造简单,刃磨方便,以及刃口锋利等优点;焊接式车刀是将硬质合金刀片用焊接的方法固定在刀体上,经刃磨而成;机械夹固定式车刀可分为机械夹固定式可重磨车刀和机械夹固定式不重磨车刀。数控车床应尽可能使用机夹刀。由于机夹刀在安装时一般不采用垫片调整刀尖高度,所以刀尖高度的精度在制造时就得到了保证。另外,对于长径比较大的内径刀杆,应具有良好的抗震结构。

2.5.2 数控车床坐标系

1. 右手直角笛卡儿坐标系

对数控机床中的坐标系和运动方向的命名,ISO 标准和我国 JB3052－82 部颁标准都统一规定采用标准的右手笛卡儿直角坐标系,一个直线进给运动或一个圆周进给运动定义一个坐标轴。

标准中规定直线进给运动用右手直角笛卡儿坐标系 X,Y,Z 表示,常称基本坐标轴。围绕 X,Y,Z 轴旋转的轴用 A,B,C 表示,称为旋转坐标轴。各坐标轴的相互关系用右手定则决定,如图 2.19 所示。

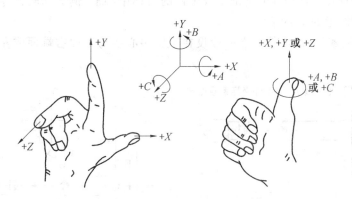

图 2.19 右手直角笛卡儿坐标系

图 2.19 中大拇指的指向为 X 轴的正方向,食指指向为 Y 轴的正方向,中指指向为 Z 轴的正方向。根据右手螺旋定则,如图 2.19 右部所示,以大拇指指向＋X、＋Y、＋Z 方向,则食指中指等的指向是对应轴的旋转轴＋A、＋B、＋C 的正方向。

2. 机床坐标系

机床坐标系是机床固有的坐标系,机床坐标系的原点称为机床原点或机床零点。在机床经过设计、制造和调整后这个原点便被确定下来,是固定点。数控装置上电时并不知道机床零点,为了正确建立机床坐标系,通常在每个坐标轴的移动范围内设置一个机床参考点(测量起点),机床启动时通常要进行自动或手动回参考点以建立机床坐标系。数控车床的机床原点和机床参考点的关系如图 2.20 所示。

3. 回参考点操作(回零操作)

机床参考点可以与机床零点重合,也可以不重合,通过参数指定机床参考点到机床零点的距离。机床参考点与机床零点不重合的机床,开机后必须进行回参考点操作即"回零操作",回到了参考点位置数控系统进行"反推计算",从而知道了该坐标轴的零点位置,找到所有坐标轴的参考点,CNC 就建立起了机床坐标系。

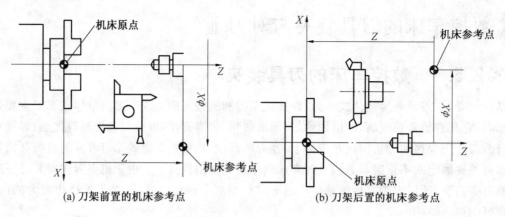

(a) 刀架前置的机床参考点　　　　　(b) 刀架后置的机床参考点

图 2.20　机床原点和机床参考点的关系

4. 数控车床工件坐标系原点设置

工件坐标系是编程人员在编程时使用的,由编程人员以工件图纸上的某一固定点为原点所建立的坐标系,编程尺寸都按工件坐标系中的尺寸确定。为保证编程与机床加工的一致性,工件坐标系也应该是右手笛卡儿坐标系,而且工件装夹到机床上时,应使工件坐标系与机床坐标系的坐标轴方向保持一致。

工件坐标系的原点称为工件原点或编程原点。工件原点在工件上的位置可以任意选择,为了有利于编程,工件原点最好选在工件图样的基准上或工件的对称中心上,例如回转体零件的端面中心、非回转体零件的角边、对称图形的中心等。

在数控车床上加工零件时,工件原点一般设在主轴中心线与工件右端面或左端面的交点处,如图 2.21 所示。

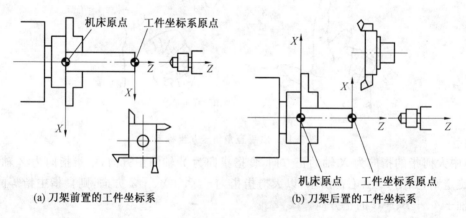

(a) 刀架前置的工件坐标系　　　　　(b) 刀架后置的工件坐标系

图 2.21　数控车床工件坐标系原点设置

5. 刀位点

刀位点是刀具上的一个基准点,刀位点相对运动的轨迹即加工路线,也称编程轨迹。

刀具相对工件的进给运动中,工件轮廓的形成往往是由刀具特征点直接决定的,如外圆车刀的刀尖点的位置决定工件的直径,端面车刀的刀尖点的位置决定工件的被加工端面的轴向位置,钻削时,刀具的刀尖中心点代表刀具钻入工件的深度,圆弧形车刀的圆弧刃的圆心距加工轮廓总是一个刀具半径值,用这些点可表示刀具实际加工时的具体位置。选择刀具的这些点作为代表刀具车削加工运动的特征点,称为刀具刀位点。

如图 2.22 所示为一些常见车刀的刀位点。其中如图 2.22(a),(b),(f)所示刀具刀位点并不在刀具上,而是刀具外的一个点,我们可称之为假想的刀尖,其位置是由对刀方法和刀具特点决定的。

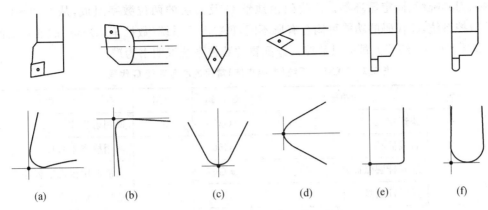

图 2.22 数控车床常见车刀的刀位点

2.5.3 数控车床对刀操作的实质——建立工件坐标系

编程时,尺寸都按工件坐标系中的尺寸确定,不必考虑工件在机床上的安装位置和安装精度,但在加工时需要确定机床坐标系、工件坐标系、刀具起点三者的位置才能加工。数控车削加工中,需要通过对刀来解决。

工件装夹在机床上后,可通过对刀操作来建立工件坐标系,以方便编程与加工。所谓对刀,就是确定工件坐标系与机床坐标系的相互位置关系,对刀的实质是建立工件坐标系,如图 2.23 所示。

图 2.23 机床坐标系与工件坐标系图

在加工时,工件随夹具在机床上安装后,测量工件坐标系原点(编程原点)与机床原点之间的距离关系,将这个距离数据(工件原点偏置值)输入到数控系统中,在加工时工件原点偏置值就可以自动加到机床坐标系上,从而建立工件坐标系,使数控系统可按工件坐标系来确定加工坐标值。

2.5.4 对刀方法

自动对刀是通过刀尖检测系统实现的,刀尖以设定的速度向接触式传感器接近,当刀尖与传感器接触并发出声、光信号,数控系统立即记下该瞬间的坐标值,并自动修正刀具补偿值。接触式数控车床对刀仪如图 2.24 所示。对刀仪的使用,减少了机床的辅助时间,同时降低了返工和废品率。

试切法对刀是一种基本的手动对刀方法,对刀模式为"手动试切→手动测量→机床坐标参数输入调整",此种方法需占用较多的机床辅助时间。在此以 Z 向对刀为例说明对刀方法:刀具安装后,先移动刀具手动切削工件右端面,再沿 X 向退刀,将右端面与加工原点距离 N(此时距离为 0)输入数控系统,即完成这把刀具 Z 向对刀过程。具体对刀方法,请参见后文对刀实训。

图 2.24 接触式数控车床对刀仪

2.6 准备功能

2.6.1 数控车床的准备功能

准备功能指令又称 G 代码指令,是使数控机床准备好某种运动方式的指令。如快速定位、直线插补、圆弧插补、刀具补偿、固定循环等。G 代码由地址 G 及其后的两位数字组成,从 G00~G99 共 100 种。不同的数控系统,G 代码的功能可能会有所不同,FANUC 系统(数控车床)常用的准备功能 G 代码见表 2.2。具体操作时,编程人员应以数控机床配置的数控系统说明书为准。

表 2.2 FANUC 系统(数控车床)常用的准备功能 G 代码

G 代码	分组	功能	G 代码	分组	功能
★G00	01	快速定位	G65	00	调用宏程序
G01		直线插补	G66	12	调用模态宏程序
G02		顺时针圆弧插补	★G67		取消调用模态宏程序
G03		逆时针圆弧插补	G70	00	精加工复合循环
G04	00	暂停	G71		外圆粗加工复合循环
G20	06	英制输入	G72		端面粗加工复合循环
★G21		公制输入	G73		固定形状粗加工复合循环
G28	00	返回参考点	G74		端面钻孔复合循环
G29		从参考点返回	G75		外圆切槽复合循环
G32	01	螺纹切削	G76		切削螺纹复合循环
★G40	07	取消刀尖半径补偿	G90	01	内外圆切削单—固定循环
G41		刀尖半径左补偿	G92		螺纹切削单—固定循环
G42		刀尖半径右补偿	G94		端面切削单—固定循环
G50	00	功能 1:设定工件坐标系 功能 2:限制主轴最高转速	G96	02	主轴恒线速控制
★G54	14	选择工件坐标系 1	★G97		取消主轴恒线速控制
G55		选择工件坐标系 2	G98	05	刀具每分钟进给量
G56		选择工件坐标系 3	★G99		刀具每转进给量
G57		选择工件坐标系 4			
G58		选择工件坐标系 5			
G59		选择工件坐标系 6			

注:①00 组别的 G 代码为非模态,其他组别均为模态 G 代码。
②标有★的代码为数控系统通电后的默认状态。
③在同一个程序段(一行)中,可以同时书写数个不同组的 G 代码。当在同一个程序段中,指令了几个同一组的 G 代码时,则最后指令的 G 代码有效。

2.6.2 FANUC 数控系统加工程序的一般格式

1. 程序名

数控程序名有两种形式:一种是英文字母 O 和 1~4 位正整数组成;另一种是由英文字母开头,字母数字混合组成的。FANUC 数控系统是英文字母 O 和 1~4 位正整数组成的。

2. 程序主体

程序主体是由若干个程序段组成的。每个程序段占一行,每行为一个"基本动作"。

3. 程序结束指令

程序结束指令可以用 M02 或 M30。即该指令一般要求单独占一行。

4.程序结束符

程序开始符、结束符是同一个字符,ISO 代码中是%,EIA 代码中是 EP,多数数控系统中在建立新程序时会自动加入,书写时要单独占一行。

加工程序的一般格式举例:

O1000;   // 程序名
N10 G99;
N20 M03 S3000 T0202;
N30 G00 X50.0 Z2.0 F0.3;   // 程序主体
⋮
N300 M30;
%   // 程序结束符

2.7 辅助功能

辅助功能字又称 M 功能,主要用于数控机床开关量的控制,表示一些机床辅助动作的指令,用地址码 M 和后面的两位数字表示,有 M00~M99 共 100 种。

M 功能常常有两种状态的选择模式,比如"开"和"关"、"进"和"出"、"向前"和"向后"、"进"和"退"、"调用"和"结束"、"夹紧"和"松开"等相对立的辅助功能是占大多数的。FANUC 系统常用的辅助功能代码见表 2.3。

表 2.3 FANUC 系统常用的辅助功能代码

M 功能字	含 义	M 功能字	含 义
M00	程序停止	M06	换刀
M01	计划停止	M07	2 号冷却液开
M02	程序停止	M08	1 号冷却液开
M03	主轴顺时针旋转	M09	冷却液关
M04	主轴逆时针旋转	M30	程序停止并返回开始处
M05	主轴旋转停止	M98	调用子程序
		M99	返回主程序

1. M00、M01、M02、M30

在 FANUC 数控系统中,执行 M00,M01,M02,M30 指令加工程序将停止,按"CYCLE START(循环启动)"键加工程序将执行。

(1) M00——程序暂停。

当执行了 M00 指令之后,完成编有 M00 指令的程序段中的其他指令后,主轴停止,进给停止,冷却液关断,程序停止,此时可执行某一手动操作,如数车工件调头、手动变速、数铣的手动换刀等,重新按"循环启动"按钮,机床将继续执行下一程序段。

(2) M01——计划停止(或称选择性停止)。

当执行到这一条程序时,以后还执行下一条程序与否,取决于操作人员事先是否按了面板上计划停止按钮,如果没按,那么这一代码就无效,继续执行下一段程序。所以采用这种方法是给操作者一个机会,可以对关键尺寸或项目进行检查,这样,在程序编制过程中就留下这样一个环节,如果不需要的话,只要不按计划停止按钮即可。

(3) M02——加工程序结束。

M02 是程序中最后一段,它使主轴、进给、冷却液都停下来,并使数控系统处于复位状态。注意

M00、M01、M02三组代码在应用中有如下不同。

M00及M01都是在程序执行的中间停下来,当然还没执行完程序,而M00是肯定要停,要重新启动才能继续下去;M01是不一定停,看操作者是否有这方面的要求;而M02是肯定停下且让机床处于复位状态。

(4)M30——指令程序结束并返回。

M30指令与M02有类似的作用,但M30可以使程序返回到开始状态。

2. M03、M04和M05

M03、M04分别是主轴正转、反转。对数控车床,从尾座往主轴方向看过去,顺时针是主轴正转,逆时针为反转,如图2.25所示。

M05是主轴停,指令表示在执行完所在程序段的其他指令之后停止主轴。

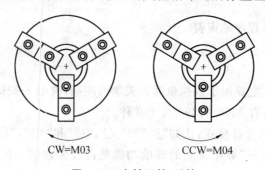

图2.25 主轴正转、反转

3. M07、M08和M09

M07、M08指令用来打开冷却液。M09指令用来关闭冷却液。

4. M98和M99

M98指令用来调用子程序。M99指令是使子程序结束,返回主程序。

2.8 刀具功能

刀具功能字由地址符T和若干位数字组成,故又称T功能或T指令,主要用来指定加工所用的刀具。字母T及其后面的数字代表要选择的刀具号,一般都是用2位数或4位数表示。在四方刀架上标有1、2、3、4共四个刀位号,在一个程序加工中最多可装四把刀。

编程格式:T××(或T××××)   例:T0303表示选用3号刀及3号刀具补偿值。

该指令主要用于设置刀具几何位置补偿来确定工件坐标系,注意:

(1)刀具号与刀架上的刀位号一致。

(2)刀具号和刀具补偿号可以不相同,如T0103,此时T01号刀的刀具补偿值必须写在刀具偏置画面中的#3号刀补位置上。

(3)在编程时,在一个程序段中只指令一个刀具代码。

(4)在调用刀具时,首先要使刀架回到参考点或远离工件,避免在换刀时使刀具碰撞工件而损坏刀具和工件。在编程时,也不要将换刀指令和移动指令编在同一程序段中,因两种指令会同时动作,有可能使刀具碰到工件而造成事故。

技术提示:

数控车床对好刀具后,如果不通过T指令选取相应刀具,即使所用刀具在当前位置,该刀具对应的工件坐标系也是不生效的。换言之,要想让刀具对应的工件坐标系生效,必须通过T指令选一下该刀具。

2.9 其他功能

2.9.1 坐标尺寸字

1. 坐标尺寸字功能及种类

坐标尺寸字给定机床在各种坐标轴上的移动方向、目标位置或位移量,由尺寸地址符和带正、负号的数字组成,尺寸地址符较多,主要有以下几种:

① X,Y,Z 表示坐标轴坐标符号,与数学坐标标注习惯相似,U,V,W 分别为 X,Y,Z 三个坐标轴的增量数值符号。

② A,B,C 表示角度坐标,回转轴的转动坐标字表达如"$B30.45$","30.45"是回转角度,单位为度。

③ I,J,K 在圆弧插补中,用来表示圆心坐标位置。

④ R 在圆弧插补中指定圆弧半径。

2. 坐标尺寸字尺寸的公制或英制单位

在程序中,应明确程序每个坐标尺寸字的尺寸数值的单位,G21 设定程序中坐标尺寸字尺寸数值的单位是公制,如"mm";G20 设定程序中坐标尺寸字尺寸数值的单位是英制单位,如"in"。G20,G21 为同组 G 代码,都是模态的。同一程序中,不应让 G20,G21 指令任意"切换"。同一程序中混合使用公制和英制单位的指令将导致错误结果。

例如,从公制到英制的转换的程序为:

G21;(初始单位选择公制)

G00 X60.0;(系统接收的 X 值为 60 mm)

G20;

执行 G20 后,前面的值 60 mm 变为 6.0 in,而实际变换应是 60 mm=2.362047 in。所以千万不要在同一程序中混合使用公制和英制。

3. 尺寸坐标的绝对和增量模式

尺寸必须有一指定的基准测量点,控制系统需要更多的信息来表达尺寸值的测量起点。编程中有以下两种参考:

① 以工件上同一个基准点作为参考——称为绝对输入的零点。

② 以工件上的从线段起始的点作为参考——称为增量输入零点。

如图 2.26 所示,点 B 从公共点(原点)开始测量得到的是绝对尺寸($X30,Z-15$)。点 B 相对线段 AB 的起点 A 开始测量,得到的是增量尺寸($W-15,U10$)。

FANUC 数控车削系统规定,当尺寸地址符为 X,Z 时,为绝对尺寸模式;当尺寸地址符为 U,W 时,为增量尺寸模式。

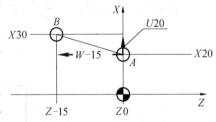

图 2.26 绝对和增量尺寸坐标

2.9.2 进给速率 F 功能指令

进给功能字的地址符是 F,又称为 F 功能或 F 指令,用于指定切削的进给速度。对于车床,F 可分为每分钟进给和主轴每转进给两种,对于其他数控机床,一般只用每分钟进给。F 指令在螺纹切削程序段中常用来指令螺纹的导程。

1. G98 模式——分进给

G98 代码指令每分钟的位移(单位为 mm/min),执行 G98 代码后,此状态能持续保持下去,直到被 G99 状态取代。例如,G98 F100 表示进给量为 100 mm/min。

2. G99 模式——转进给

G99 代码指令每转位移(单位为 mm/r),数控车床开机后默认的状态是 G99 状态。例如,G99 F0.2 表示进给量为 0.2 mm/r。

2.9.3 主轴转速 S 功能指令

1. 恒定转速控制

主轴转速功能字,由地址码 S 和若干位数字组成,故又称 S 功能或 S 指令。FANUC 车削系统规定在准备功能 G97 状态下,S 后面的数字直接指定主轴的每分钟的恒定转速,单位为 r/min。

格式:G97 S__;

但让主轴真正能转动起来还需配合主轴正反转指令 M03/M04。例如,"G97 S600 M03"表示主轴转速为 600 r/min,且为正转。

2. 恒线速度控制

S 后面的数字还可指定切削线速度,单位为 m/min。用 G96 来指定恒线速度状态。

格式:G96 S__;

线速度和转速之间的关系为

$$v = \pi D n / 1\,000 \qquad n = 1\,000 v / (\pi D)$$

式中 D——切削部位的直径,mm;

v——切削线速度,m/min;

n——主轴转速,r/min。

例如,"G96 S150"表示恒定线速状态下,刀具刀位点相当于工件表面保持在 150 m/min。

对图 2.27 所示的零件,机床为保持 A,B,C 各点的线速度都为 150 m/min,则各点在加工时的主轴转速将分别自动调整为如下情况。

A 点:$n/(\text{r} \cdot \text{min}^{-1}) = \dfrac{1\,000}{\pi} \times 150 \div 40 \approx 318 \times 150 / 40 = 1\,193$

B 点:$n/(\text{r} \cdot \text{min}^{-1}) = \dfrac{1\,000}{\pi} \times 150 \div 60 \approx 318 \times 150 / 60 = 795$

C 点:$n/(\text{r} \cdot \text{min}^{-1}) = \dfrac{1\,000}{\pi} \times 150 \div 70 \approx 318 \times 150 / 70 = 682$

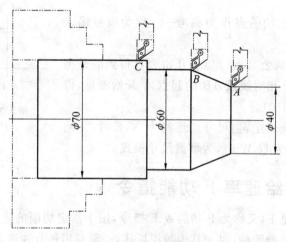

图 2.27 线速度控制

3. 最高转速限制

格式:G50 S__;其中,S 后面的数字表示的是最高转速,单位为 r/min。例如,"G50 S3000"表示最高转速限制为 3 000 r/min。

2.9.4 顺序号 N 功能

顺序号又称程序段号或程序段序号。顺序号位于每一行的程序段之首,由顺序号字 N 和后续数字组成。顺序号字 N 是地址符,后续数字一般为 1~4 位的正整数。

数控加工中的顺序号实际上是程序段的名称,与程序执行的先后次序无关。数控系统不是按顺序号的次序来执行程序,而是按照程序段编写时的排列顺序逐段执行。

顺序号的作用:对程序的校对和检索修改;作为条件转向的目标,即作为转向目的程序段的名称。有顺序号的程序段可以进行复归操作,这是指加工可以从程序的中间开始,或回到程序中断处开始。

一般使用方法:编程时将第一程序段冠以 N10,以后以间隔 10 递增的方法设置顺序号,这样,在调试程序时,如果需要在 N10 和 N20 之间插入程序段时,就可以使用 N11、N12 等。

> **技术提示:**
> N 顺序号并非必需的,可以只在需要的程序行加上顺序号。

2.10 数控车床的保养、维护与常见故障处理

2.10.1 数控车床的日常保养、维护方法

(1)每天做好各导轨面的清洁润滑,有自动润滑系统的机床要定期检查、清洗自动润滑系统,检查油量,及时添加润滑油,检查油泵是否正常工作。

(2)每天检查主轴箱自动润滑系统工作是否正常,定期更换主轴箱润滑油。

(3)注意检查电器柜中冷却风扇是否工作正常,风道过滤网有无堵塞,清洗黏附的尘土。

(4)注意检查冷却系统,检查液面高度,及时添加油或水,油、水脏时要更换清洗。

(5)注意检查主轴驱动皮带,调整松紧程度。

(6)注意检查导轨镶条松紧程度,调节间隙。

(7)注意检查机床液压系统油箱油泵有无异常噪声,工作油面高度是否合适,压力表指示是否正常,管路及各接头有无泄漏。

(8)注意检查导轨、机床防护罩是否齐全有效。

(9)注意检查各运动部件的机械精度,减少形状和位置偏差。

(10)每天下班做好机床清扫卫生,清扫铁屑,擦静导轨部位的冷却液,防止导轨生锈。

(11)注意数控系统备用电池是否需要更换,一般三年左右更换一次。

2.10.2 车间环境维护

(1)数控机床要避免光的照射和其他热辐射,避免潮湿和粉尘场所,避免有腐蚀性气体。

(2)立即清除地面上的切屑,清除溅落的液体、油和油脂,保持地面和走廊清洁。

(3)如果有烟雾或异味要及时报告。

(4)关机后及时清洁机床工作台,经常润滑机床导轨,防止导轨生锈,做好保养工作。

2.10.3 常见故障及处理

数控车床是一种技术含量高且较复杂的机电一体化设备,其故障发生的原因一般都较复杂,给数控

车床的故障诊断与排除带来不少困难。为了便于故障分析和处理,数控车床的故障大体上可以分为以下几类。

1. 主机故障和电气故障

一般说来,机械故障比较直观,易于排除,电气故障相对而言比较复杂。电气方面的故障按部位基本可分为电气部分故障、伺服放大及位置检测部分故障、计算机部分故障及主轴控制部分故障。至于编程引起的故障,大多是由于考虑不周或输入失误造成的,只需按提示修改即可。

(1)主机故障。数控车床的主机部分主要包括机械、润滑、冷却、排屑、液压、气动与防护等装置。常见的主机故障有因机械安装、调试及操作使用不当等原因引起的机械传动故障与导轨运动摩擦过大故障。故障表现为传动噪声大,加工精度差,运行阻力大。

(2)电气故障。

①机床本体上的电气故障。此种故障首先可利用机床自诊断功能的报警号提示,查阅梯形图或检查I/O接口信号状态,根据机床维修说明书所提供的图纸、资料、排故流程图、调整方法,并结合工作人员的经验检查。

②伺服放大及检测部分故障。此种故障可利用计算机自诊断功能的报警号,计算机及伺服放大驱动板上的各信息状态指示灯,故障报警指示灯,参阅维修说明书上介绍的关键测试点的波形、电压值,计算机、伺服放大板有关参数设定,短路销的设置及其相关电位器的调整,功能兼容板或备板的替换等方法来作出诊断和故障排除。

③计算机部分故障。此种故障主要利用计算机自诊断功能的报警号,计算机主板上的信息状态指示灯,各关键测试点的波形、电压值,各有关电位器的调整,各短路销的设置,有关机床参数值的设定,专用诊断组件,并参考计算机控制系统维修手册、电气图等加以诊断及排除。

④交流主轴控制系统故障。交流主轴控制系统发生故障时,应首先了解操作者是否有过不符合操作规程的意外操作,电源电压是否出现过瞬间异常,进行外观检查是否有短路器跳闸、熔丝断开等直观易查的故障。如果没有,再确认是属于有报警显示类故障,还是无报警显示类故障,根据具体情况而定。

2. 系统故障和随机故障

(1)系统故障。此故障是指只要满足一定的条件,机床或数控系统就必然出现的故障。如网络电压过高或过低,系统就会产生电压过高报警或电压过低报警;切削用量安排得不合适,就会产生过载报警等。

(2)随机故障。此类故障是指在同样条件下,只偶尔出现一次或两次的故障,要想人为地再使其出现同样的故障则是不太容易的,有时很长时间也难再遇到一次。这类故障的诊断和排除都是很困难的。一般情况下,这类故障往往与机械结构的局部松动、错位,数控系统中部分组件工作特性的漂移,与机床电气组件可靠性下降等有关。

3. 显示故障和无显示故障

以故障产生时有无自诊断显示来区分这两类故障。

(1)有报警显示故障。现在的数控系统都有较丰富的自诊断功能,可显示出百余种的报警信号。其中,大部分是CNC系统自身的故障报警,有的是数控机床制造厂利用操作者信息,将机床的故障也显示在显示器上,根据报警信号能比较容易地找到故障和排除故障。但是,这里讲的是比较容易的情况。有很多情况是虽然有报警显示,但并不是报警的真正原因。

(2)无报警显示故障。数控机床产生的故障还有一种情况,那就是无任何报警显示,但机床却是在不正常状态,往往是机床停在某一位置上不能正常工作,甚至连手动操作都失灵。维修人员只能根据故障产生前后的现象来分析判断,排除这类故障是比较困难的。

4. 破坏性故障和非破坏性故障

以故障产生时有无破坏性而将故障分为破坏性故障和非破坏性故障。

(1)破坏性故障。此类故障的产生会对机床和操作者造成侵害,导致机床损坏或人身伤害,如飞车、超程运动、部件碰撞等。这些破坏性故障往往是人为造成的。破坏性故障产生之后,维修人员在进行故障诊断时,绝不允许重现故障。

(2)非破坏性故障。大多数的故障属于此类故障,这种故障往往通过"清零"即可消除。

5.数控系统常见故障及处理(表2.4)

表2.4 数控系统常见故障及处理

故障部位	故障现象	故障原因
数控系统	数控系统不能接通电源	电源指示灯不亮:输入单元熔断器烧断 输入单元报警灯亮:支流工作电压、电路的负载有断路
	数控系统电源接通后显示器无灰度或无任何画面	与显示器单元有关的电缆连接不良;显示器单元输入电压不正常;显示器单元本身故障;显示器接口印刷线路板或主控制线路板故障无视频输入信号
	显示器无显示,机床不能动作	主控制印刷线路板或存储系统控制软件的ROM板不良
	显示器无显示,机床仍能正常工作	显示部分或显示器控制部分有故障
	机床不能正常返回基准点	脉冲编码器连接电缆断线 返回基准点时的机床位置距离距基准点太近
	机床返回基准点时,停止位置与基准点位置不一致	产生随机偏差:屏蔽地接触不良或脉冲编码器的信号电缆与电源电缆靠得太近,脉冲编码器不良 产生微小误差:电缆或连接器接触不良
	返回机床基准点时,数控系统显示器出现"NOT READY"但显示器画面却无报警显示	返回基准点用的减速开关失灵
	运行中,电源突然切断,显示器出现"NOT READY"	可编程控制器有故障
	手摇脉冲发生器不能工作	显示器显示变化:机床处于锁住状态或伺服系统有故障;显示器显示无变化:手摇脉冲发生器接口不良
	数控系统的MDI方式、MEMORY方式无效,但显示器画面却无报警显示	操作面板和数控柜的连接发生故障
直流主轴控制系统	主轴不转	印刷线路板太脏; 触发脉冲电路故障; 机床未给出主轴旋转信号; 连接线路故障
	主轴转速不正常	印刷线路板中的误差放大器电路故障;印刷线路D/A变换器或测速发电机故障;速度指令给定错误
	主轴电动机振动或噪声太大	系统电源缺相或相序不对;主轴控制单元的电源频率设定开关错误;控制单元的增益电路或电流反馈回路调整不当的;电动机轴承故障;主轴电动机和主轴间联轴器调整不当;主轴齿轮啮合不好;主轴负荷太大
	发生过流报警	电流极限设定错误;同步脉冲紊乱;主轴电机电枢线圈层间短路
	速度偏差过大	负荷太大;电流零信号没有输出;主轴被制动
交流伺服电动机	电动机过热	负荷太大;电动机冷却系统故障;电动机与控制单元之间连接不良

续表2.4

故障部位	故障现象	故障原因
交流伺服电动机	交流输入电路保险烧断	交流电源侧的阻抗太高;电源整流桥损坏;控制单元的印刷线路板故障;逆变器用的晶体管模块损坏;交流电源输入处的浪涌吸收器损坏
	再生回路用的保险烧断	主轴电机的加速或减速频率太高
	主轴电动机异常振动和噪声	减速时可能再生回路故障;恒速时产生检查反馈电压,根据情况进一步处理
	电动机速度超过额定值	设定错误;所用软件不对;印刷线路板故障
	主轴电动机不转或达不到正常速度	速度指令不正常;如有报警按报警内容处理;主轴定向控制用的传感器安装不良
进给驱动系统	机床失控(飞车)	检测器发生故障;电机和检测器连接不良;主控制线路板或伺服单元线路板不良
	机床振动	振动周期与进给速度成正比例;电机、检测器不良或系统插补精度差,检测增益太高;振动周期大致固定:位置控制系统参数设定错误或速度控制单元的印刷线路板不良
	机床过冲	快速移动时间常数设定太小或速度控制单元上的速度环增益设定太低
	机床快速移动时有振动和冲击	伺服电机内测速发电机电刷接触不良
	电压报警	输入电源电压过高或过低
	大电流报警	速度控制单元上的功率驱动元件内部短路
	过载报警	机械负荷不正常;速度控制单元上电机电流限制设定太小;伺服电机的永久磁铁脱落
	速度反馈断线报警	伺服电机的速度或位置反馈不良或连接器不良;伺服单元的印刷线路板设定错误,将脉冲编码器设定为测速发电机
	伺服单元断路切断报警	速度控制单元的环路增益设定过高;位置控制或速度控制部分的电压过高或过低引起振荡;速度控制单元加速或减速频率太高;电机去磁引起过大的激磁电流

拓展与实训

基础训练

一、选择题(每题有四个选项,请选择一个正确的填在括号里)

1.职业道德的形式因( )而异。
 A.内容　　　　　B.范围　　　　　C.行业　　　　　D.行为
2.良好的人际关系体现出企业良好的( )。
 A.企业文化　　　B.凝聚力　　　　C.竞争力　　　　D.管理和技术水平
3.测绘零件,不能用来测量直径尺寸的工具是( )。
 A.游标卡尺　　　B.内、外径千分尺　C.内、外卡钳　　D.量角器
4.下列螺纹参数中,( )在标注时,允许不标注。
 A.细牙螺纹的螺距　　　　　　　　B.双线螺纹的导程

C. 右旋螺纹　　　　　　　　　　　　D. 旋合长度短
5. 直接选用加工表面的（　　）作为定位基准称为基准重合原则。
A. 精基准　　　B. 粗基准　　　C. 工艺基准　　　D. 工序基准
6. 数控车床的开机操作步骤应该是（　　）。
A. 开电源,开急停开关,开 CNC 系统电源
B. 开电源,开 CNC 系统电源,开急停开关
C. 开 CNC 系统电源,开电源,开急停开关
D. 以上都不对
7. 以下（　　）指令,在使用时应按下面板"暂停"开关,才能实现程序暂停。
A. M01　　　　B. M00　　　　C. M02　　　　D. M06
8. 机床照明灯应选（　　）V 供电。
A. 220　　　　B. 110　　　　C. 36　　　　D. 80
9. 若程序中主轴转速为 S1000,当主轴转速修调开关打在 80 时,主轴实际转速为（　　）。
A. 800　　　　B. S8000　　　C. S80　　　　D. S1000
10. CNC 系统中的 PLC 是（　　）。
A. 可编程序逻辑控制器　　　　　　B. 显示器
C. 多微处理器　　　　　　　　　　D. 环形分配器

二、判断题

（　）1. G 代码可以分为模态 G 代码和非模态 G 代码。
（　）2. M 代码可以分为前作用 M 代码和后作用 M 代码。
（　）3. 不同的数控机床可能选用不同的数控系统,但数控加工程序指令都是相同的。
（　）4. 车削中心必须配备动力刀架。
（　）5. 数控车床的特点是 X 轴进给 1 mm,零件的直径变化 2 mm。
（　）6. 只有采用 CNC 技术的机床才叫数控机床。
（　）7. 不同数控车床有不同的运动方式,但无论何种形式,编程时都认为刀具相对于工件运动。
（　）8. 车床的进给方式分每分钟进给和每转进给两种。
（　）9. 数控车床加工过程中可以根据需要改变主轴速度和进给速度。
（　）10. 机床参考点在机床上是一个浮动的点。

技能实训

技能实训 2.1　数控车床的结构认识与拆装

1. 识别典型数控车床主要组成

认识数控车床的各组成部分,观察机床的布局,如现场可能,记录数控车床的典型部件拆装过程与方法,以及用到的工具;现场识别典型数控车床主要组成,包括以下几个部分。
①计算机数字控制系统:包括输入装置、监视器等。
②主运动系统及主轴部件:使刀具（或工件）产生主切削运动。
③进给运动系统:使工件（或刀具）产生进给运动并实现定位。
④基础件:床身、导轨等。
⑤辅助装置:卡盘、刀架、尾座。
⑥其他辅助装置:如液压、气动、润滑、切削液等系统装置。
⑦强电控制柜:机床强电控制的各种电气元器件。

2. 典型全功能 CNC 车床技术规格参数识读

(1)识读卧式车床主要技术参数。

(2)数控车床主要技术参数识读要点,数控机床的主要技术参数可分成尺寸参数、接口参数、运动参数、动力参数、精度参数、其他参数几个方面来认识。

①尺寸参数。包括最大回转直径、最大加工直径、最大加工长度。影响到加工工件的尺寸范围、大小、质量,影响到编程范围及刀具、工件、机床之间的干涉。

②接口参数。包括主轴通孔直径、刀架刀位数、刀具安装尺寸、工具孔直径、尾座套筒直径、行程、锥孔尺寸等,影响到工件、刀具安装及加工适应性和效率。

③运动参数。包括各坐标行程、主轴转速范围、各坐标快速进给速度、切削进给速度范围,影响到加工性能及编程参数。

④动力参数。包括主轴电机功率、伺服电机额定转矩,影响到切削负荷。

⑤精度参数。包括定位精度和重复定位精度,影响到加工精度及其一致性。

⑥其他参数。包括外形尺寸、质量,影响到使用环境。

3. 检测与评价(表 2.5)

表 2.5　检测与评价

序号	检测项目	检测内容及要求	检测	评价
1	基本知识	数控车床组成部分 数控车床功能认识		
2	实践操作	识别数控车床主要组成 识别车床主要技术参数		
3	安全文明	安全操作 设备维护保养		
	综合评价			

技能实训 2.2　参观数控实训基地,明确安全规程

1. 实训内容

(1)了解数控实训课的教学特点,树立信念,在教师的指导下完成好每一次实训任务。

(2)了解文明生产和安全操作技术知识。

(3)了解本校的实训状况。

(4)学习安全操作规程,培养安全意识。

(5)提高执行纪律的自觉性,养成文明操作的好习惯。

2. 机床安全操作规程现场实践

安全操作规程是保证操作人员安全、设备安全、产品质量等的重要措施。

①人身安全规程现场演示及实践。

②机床和刀具操作安全规程现场演示及实践。

③加工时的安全规程现场演示及实践。

④车间环境安全规程现场演示及实践。

3. 总结

总结上述的学习内容:机床操作应按安全操作规程。它是保证操作人员安全、设备安全、产品质量等的重要措施。同学们可把数控车削加工过程与数控加工安全操作实践联系起来学习,更容易理解安全操作要点。

技能实训 2.3　数控面板的操作——开关机、回参考点与手动操作练习

1. 数控车床开机操作

数控机床的开机和关机看起来是一件非常简单的任务,但是很多潜在的故障都有可能在这个过程中发生。例如,在高温高湿的气候环境中,应检查电气柜中是否有结露的现象。如果发现有结露的迹象,绝对不能打开数控机床的主电源。

开机前准备工作如下:机床通电前,先检查电压、气压、油压是否符合工作要求;已完成开机前的准备工作后方可合上电源总开关。

(1)开机顺序操作。开机时应严格按机床说明书中的开机顺序进行操作,一般顺序如下:

①首先合上机床总电源开关,再开稳压器、气源等辅助设备电源开关;

②打开车床控制柜总电源,将机床电气柜开关旋钮转到"ON",此时,可听到电气柜冷却风扇运转的声音;

③接通 NC 电源,按下操作面板上通电按钮"NC 通电",操作面板上电源指示灯亮,等待显示器屏幕位置画面显示,并可听到机床液压泵启动的声音,在位置画面显示前不要动任何按键、按钮;

④将紧急停止按钮右旋弹出。

(2)开机后的检查工作。机床通电之后,操作者应做好以下检查工作:

①检查冷却风扇是否启动,液压系统是否启动;

②检查操作面板上各指示灯是否正常,各按钮、开关是否正确;

③观察显示屏上是否有报警显示,若有,则应及时处理;

④观察液压装置的压力表指示是否在正常的范围内;

⑤回转刀架是否可靠夹紧,刀具是否有损伤。

2. 数控车床回参考点操作

一般情况下,开机后必须先进行回机床参考点(回零),建立机床坐标系。回零操作过程如下:

①将模式选择开关选到回零方式上;

②选择快速移动倍率开关到合适倍率上;

③选择回参考点的轴和方向,按"+X"或"+Z"键回参考点;

④正确的回零结果为面板上该轴回零指示灯亮,或按"POS"键,屏幕显示该向坐标的零坐标值。

3. 手动操作

(1)JOG(手动)方式操作。

①按下 JOG 方式键。单击坐标轴方向键,使坐标轴发生运动。持续按住坐标轴键不放,坐标轴就会按照设定数据中规定的速度运行。刀架的移动速度可以通过"进给速度修调开关"旋钮进行调节。

②同时按住坐标轴方向键和快速运行键,可使刀架沿该轴快速移动。

(2)增量进给方式操作。

①按下"JOG"键之外的其他方式选择键后,系统处于增量进给运行方式。

②增量值共有 4 个挡位:1,10,100,1 000。单位为 0.001 mm,例:选择×100,表示每按一次坐标轴方向键,刀架移动 0.1 mm。

③按下坐标轴方向键,坐标轴以选择的步进增量运行。

④重新按手动 JOG 键,可以去除增量方式。

(3)手轮方式。按下工作方式下的手摇键,即可实现手轮操作,按钮拨到 X 位置,摇动手轮,刀架即可在 X 方向上移动,按钮拨到 Z 位置,摇动手轮,刀架即可在 Z 方向上移动,按×1,×10,×100 可改变刀架移动的速度。

> **技术提示：**
> 刀架超出机床限定行程位置的解决方法：
> ①用手动进给操作按钮或手动脉冲发生器将刀架沿负方向移动；
> ②按 RESET 键使 ALARM 消失；
> ③重新回机械原点。

(4)主轴操作。在 MDI 状态下已完成主轴转速设置的情况下，在手动、手摇、增量方式下，按正转键，主轴即正转，按停止键，主轴即停止，按反转键，主轴即反转。按主轴增加或主轴减少按钮可改变主轴的转速。

(5)冷却液操作。在手动、手摇、增量方式下，按绿色键则冷却液开，按红色键则冷却液关。

(6)手动换刀。在手动、手摇、增量方式下，按机床操作面板上的手动换刀键可实现换刀。

4.数控车床关机操作

工件加工完成后，清理现场，再按与开机相反的顺序依次关闭电源，关机以后必须等待 5 min 以上才可以进行再次开机，没有特殊情况不得随意频繁进行开机或关机操作。

对于数控机床关电的一般要求是必须断开伺服驱动系统的使能信号后，才能关闭主电源。大多数数控机床都是利用急停操作来断开伺服驱动器的使能信号。先急停，再断主电源的方法是保险的安全关电方法。

使用数控机床时，一定要参阅机床厂提供的技术资料，了解机床对关电的要求。

(1)关机前的准备工作。停止数控车床前，操作者应做好以下检查工作：
①检查循环情况。控制面板上循环启动的指示灯 LED 熄灭，循环启动应在停止状态。
②检查可移动部件。车床的所有可移动部件都应处于停止状态。
③检查外部设备。如有外部输入/输出设备，应全部关闭。

(2)关机。关机过程一般为：急停关→操作面板电源关→机床电气柜电源关→总电源关。

5.检测与评价(表 2.6)

表 2.6　检测与评价

序号	检测项目	检测内容及要求	检测	评价
1	基本知识	数控机床加工过程； 数控加工安全操作		
2	实践操作	数控车削加工过程观察； 数控加工安全操作实践； 开机、回参考点、关机操作		
3	安全文明	安全操作； 设备维护保养		
	综合评价			

技能实训 2.4　数控系统的参数输入与调整练习

1.机床坐标界面操作

按下 MDI 键盘区域的 进入坐标位置界面。分别按下显示区下侧沿的菜单软键[绝对]、[相对]、[综合]，调出对应相对坐标、绝对坐标和综合坐标。

2. 程序管理操作

按下 POS 进入程序管理界面,按下菜单软键[LIB],列出系统中所有的程序,在所列出的程序列表中选择某一程序名,按下 PROG 显示程序。

(1)调出已有数控程序。将工作方式置于 EDIT 挡或 AUTO 挡,在 MDI 键盘上按 PROG 键,进入编辑页面,键入字母"O";按数字键键入搜索的号码:XXXX(搜索号码为数控程序目录中显示的程序号);按光标移动键 ↓ 开始搜索。找到后,"OXXXX"显示在屏幕右上角程序号位置,NC 程序显示在屏幕上。

(2)删除一个数控程序。将工作方式置于 EDIT 挡,在 MDI 键盘上按 PROG 键,进入编辑页面,键入字母"O";按数字键键入要删除的程序的号码:XXXX;按 DELETE 键,程序即被删除。

(3)新建一个 NC 程序。将工作方式置于 EDIT 挡,在 MDI 键盘上按 PROG 键,进入编辑页面,键入字母"O";按数字键键入程序号。按 INSERT 键,若所输入的程序号已存在,将此程序设置为当前程序,否则新建此程序。

3. 数控车床系统程序编辑

将工作方式置于 EDIT 挡,在 MDI 键盘上按 PROG 键,进入编辑页面,选定了一个数控程序后,此程序显示在显示器界面上,可对数控程序进行编辑操作。

(1)移动光标。软键 PAGE↑ 实现左侧显示器中显示内容的向上翻页;软键 PAGE↓ 实现左侧显示器显示内容的向下翻页。按 ↓ 或 ↑ 移动光标。

(2)插入字符。先将光标移到所需位置,按下 MDI 键盘上的数字/字母键,将代码输入到输入域中,按 INSERT 键,把输入域的内容插入到光标所在代码后面。

(3)删除输入域中的数据。按 CAN 键用于删除输入域中的数据。

(4)删除字符。先将光标移到所需删除字符的位置,按 DELETE 键,删除光标所在的代码。

(5)查找。输入需要搜索的字母或代码;按光标移动键 ↓,开始在当前数控程序中光标所在位置向后搜索。

(6)替换。先将光标移到所需替换字符的位置,将替换成的字符通过 MDI 键盘输入到输入域中,按 ALTER 键,把输入域的内容替代光标所在的代码。

4. FANUC 0 数控车床系统的参数调整

(1)G54～G59 数控车床用户坐标系参数设置。在 MDI 键盘上按下 OFFSET SETTING 键,按菜单软键[坐标系],进入坐标系参数设定界面,输入"0x"(01 表示 G54,02 表示 G55,以此类推),按菜单软键[NO 检索],光标停留在选定的坐标系参数设定区域,也可以用方位键 ← → ↑ ↓ 选择所需的坐标系和坐标轴。利用 MDI 键盘输入通过对刀所得到的工件坐标原点在机床坐标系中的坐标值。

(2)数控车床刀具补偿参数。车床的刀具补偿包括刀具的磨损量补偿参数和形状补偿参数,两者之和构成车刀偏置量补偿参数。分别练习输入磨损量补偿参数和输入形状补偿参数。

5. 综合练习

(1)程序的调用。例:调用已有的程序 O0100。

①将方式开关选为编辑"EDIT"状态。

②按 PRGRM 键出现 PROGRAM 画面。

③输入程序号 O0100。

④按 CURSOR 键的↓键,即可出现 O0100 程序。

(2)字的修改。例:将 Z10 改为 Z15。

①将光标移到 Z10 的位置。

②输入改变后的字 Z15。

③按 ALTER 键,即可更替。

(3)字的删除。例:G00 G99 X30 S300 M03 T0101 F0.1;删除其中的字 X30。

①将光标移到该行的 X30 位置。

②按 DELETE 键,即删除了 X30 字,光标将自动到 S300 位置。

(4)程序段的删除。输入如下程序:

O0100;

N10 T0101;

N20 S400 M03;

N30 G00 X30 Z2;删除这个程序段

N40 G98 G01 X26.5 Z0 F50;

①将光标移到要删除的程序段的第一个字 N30 的位置。

②按 EOB 键。

③按 DELETE 键,即可删除整个程序段。

(5)插入字。例:首先输入 G00 G99 X30 S300 M03 T0101 F0.1,在此语句中加入 G40,改为下面表式:

G00 G40 G99 X30 S300 M03 T0101 F0.1

①将光标移到要插入字的前一个字的位置(G00)。

②输入要插入的字(G40);③按 INSERT 键,出现

G00 G40 G99 X30 S300 M03 T0101 F0.1

(6)程序的删除。例:删除程序 O0100。

①将方式选择开关选择"EDIT"状态。

②按 PROG 键。

③输入要删除的程序号(O0100)。

④确认是不是要删除的程序。

⑤按 DELETE 键,该程序即被删除。

6.检测与评价(表 2.7)

表 2.7 检测与评价

序号	检测项目	检测内容及要求	检测	评价
1	基本知识	数控系统组成; 数控系统控制功能		
2	实践操作	CRT/MDI 键盘认识; 机床控制面板认识		
3	安全文明	安全操作; 设备维护保养		
	综合评价			

技能实训2.5　数控车刀安装与对刀操作练习

任务:如图2.28所示,设定棒料Z向距右端面中心5 mm处为工件零点,在数控车床上安装工件,在刀架上安装刀具并对刀,最后验证对刀的正确性。

工具:数控机床、棒料、外圆车刀、卡尺或千分尺。

1.工件的装夹

(1)FANUC 0i Mate系列数控车床使用三爪自动定心卡盘,对于圆棒料,装夹时工件要水平放置,右手拿工件,左手拧紧卡盘扳手。

(2)工件的伸出长度一般比被加工件大10 mm左右。

(3)对于一次装夹不能满足形位公差的零件,要采用鸡心夹头夹持工件并用两顶尖顶紧装夹。

(4)工件经校正后夹紧,工件找正工作随即完成。

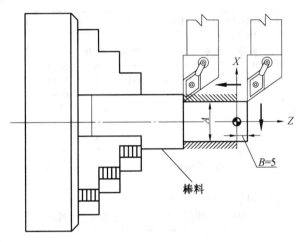

图2.28　对刀操作示意图

2.刀具的安装

刀具安装在数控车床的刀架上。FANUC 0i Mate TB型数控车床采用的是四方刀架,用螺钉将车刀压紧在刀架上,同时可以装四把刀,在程序加工中进行自动换刀实现连续加工。将加工零件的刀具依次装夹到相应的刀具号上,操作如下:

(1)在实际生产中,应根据加工工艺路线分析,选定被加工零件所用的刀具号,按加工工艺的顺序安装,此实训可以只装一把刀具。

(2)选定1号刀位,装上第一把刀,注意刀尖的高度要与对刀点重合。

(3)手动操作控制面板上的刀架旋转按钮,然后依次将加工零件的刀具装夹到相应的刀位上。四方刀架的刀具安装方式如图2.29所示。

图中回转方向为刀具换刀时的刀架正旋转方向。刀架中心点为刀架基准点F,它的坐标是相对车床坐标系确定的。

3.基于零点偏置的对刀方法

当刀具与工件安装后,工件零点、刀位点就有了确定的位置,回参考点后,机床明确了起始位置,然后就可以操作机床,测量工件坐标与机床坐标间的差别,即对刀测量。

基于零点偏置原理的对刀方法如下(选择工件距右端面中心5 mm处为工件零点):

①工件形状如上所示,手动切削工件右端面。

②沿X轴移动刀具但不改变Z坐标,然后停止主轴。

③如图2.29所示,测量右端面A和编程的工件坐标系原点之间的距离B,比如,B=5。

④按MDI键盘中的"OFFSET SETTING"功能键,按软键"零点偏置",显示如图2.30所示的零点

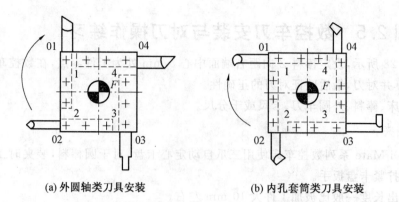

(a) 外圆轴类刀具安装　　　(b) 内孔套筒类刀具安装

图 2.29　刀架旋转方向及装刀示意图

偏置画面。

WORK COONDATES　　0　　N
(G54)

番号	数据		番号	数据	
00	X	0.000	02	X	0.000
(EXT)	Y	0.000	(G55)	Y	0.000
	Z	0.000		Z	0.000
01	X	-334.160	02	X	0.000
(G54)	Y		(G55)	Y	0.000
	Z	-734.910	(G56)	Z	0.000

〉^
回零　**** ***　***
[NO 检索] [测量]　[　　]　[+ 输入]　[输入]

图 2.30　零点偏置(工件坐标系)画面

⑤将光标定位在所需设定的工件原点偏置上,如移动到 G54 坐标系组。

⑥按下所需设定偏置的轴的地址键(本例中为 Z 轴)。

⑦输入测量值“Z5.00”,然后按下“测量”软键。

⑧手动切削外圆表面。

⑨沿 Z 轴移动刀具,但不改变 X 坐标,然后主轴停止。

⑩测量外圆表面的直径 A,输入试切后测量的工件外圆尺寸,如“X51.020”,按“测量”软键,然后系统自动计算出 X 向工件零点偏置值。

在刀补设定后可使用 MDI 操作方式验证刀补的正确性,通过 T 功能指令选取对应刀具后,还应执行 G54/G55 等选取坐标系指令,才可令所建立的坐标系生效。

4.基于长度补偿的对刀操作

基于长度补偿原理的对刀方法如下(选择工件右端面中心为工件零点):

①选择刀具(如 T01),并手动操作试切削工件外圆后,测量当前外圆尺寸(如小 51.020)。

②按 MDI 键盘中的“OFFSET SETTING”键,按软键“补正形状”,显示刀具几何尺寸形状偏置参数表,如图 2.31 所示为补正/形状(长度)补偿画面。

③移动光标至指定的刀补号,输入试切后测量的工件外圆尺寸,如“X51.020”,按“测量”软键,然后系统自动计算出 X 向刀具相对工件零点的几何尺寸偏移值(可称为刀补值)。

④试切端面后输入“Z0”,按“测量”软键后得出 Z 向刀具相对工件零点的几何尺寸偏移值。

⑤同理,设定其他刀具的刀补参数。

⑥在刀补设定后可使用 MDI 操作方式验证刀补的正确性。

```
工具补正              O    N
番号    X        Z        R      T
01   -334.160  -734.910  0.000   0
02    0.000    0.000    0.000   0
03    0.000    0.000    0.000   0
04    0.000    0.000    0.000   0
05    0.000    0.000    0.000   0
06    0.000    0.000    0.000   0
07    0.000    0.000    0.000   0
08    0.000    0.000    0.000   0
现在位置（相对坐标）
U   600.000    W    1 010.000
)                       S  0      T
REF ****  ***  ***
[NO 检索][测量][C.输入][+输入][输入]
```

图 2.31 补正/形状(长度)补偿画面

上述对刀测量刀补值的实质是从刀架处于回零位置开始测量刀位点到工件零点的距离，只不过系统提供了自动的算术计算和自动填写补偿值的功能罢了，如图 2.32 所示为长度补偿或几何尺寸偏移的取值。

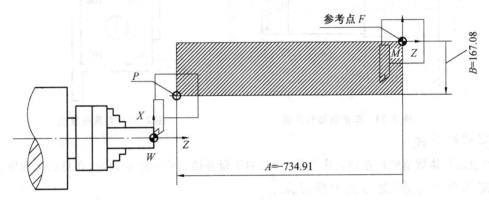

图 2.32 长度补偿示意图

5. 检测与评价(表 2.8)

表 2.8 检测与评价

序号	检测项目	检测内容及要求	检测	评价
1	基本知识	坐标系的用途； 坐标系的规定； 机床工件坐标系的建立； 长度补偿零点偏置的应用		
2	实践操作	基于零点偏置的对刀操作； 基于长度补偿的对刀操作		
3	安全文明	安全操作； 设备维护保养		
	综合评价			

技能实训 2.6 简单外圆面、端面车削练习

如图 2.33 所示工件，毛坯为 $\phi 45$ mm×120 mm 棒材，材料为 45 钢，要求分别完成：
(1)手动车削端面、外圆。
(2)对好刀具，按照本实训提供的程序进行简单的数控车削端面、外圆。

1. 确定工艺方案及加工路线

(1)对短轴类零件,轴心线为工艺基准,根据零件图样要求、毛坯情况,用三爪自定心卡盘夹持 φ45 外圆,使工件伸出卡盘 80 mm,一次装夹完成粗精加工。

(2)工步顺序如下:

①粗车端面及 φ40 mm 外圆,留 1 mm 精车余量。

②精车 φ40 mm 外圆到尺寸。

2. 选择机床设备

根据零件图样要求,选用经济型数控车床即可达到要求。故可选用 FANUC 系统的 CKA6150D 型数控卧式车床。

3. 选择刀具

根据加工要求,选用两把刀具,T01 为 90°粗车刀,T03 为 90°精车刀,如图 2.34 所示。同时把两把刀在自动换刀刀架上安装好。

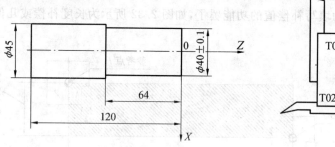

图 2.33 车削端面和外圆

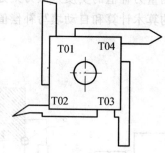

图 2.34 刀具布置图

4. 确定切削用量

切削用量的具体数值应根据该机床性能、相关的手册并结合实际经验确定,详见加工程序。

5. 确定工件坐标系、对刀点和换刀点

确定以工件右端面与轴心线的交点 O 为工件原点,建立 XOZ 工件坐标系。

采用手动试切对刀方法,分别将两把刀都对好刀,将刀偏值输入到相应的刀具参数中,操作与前面介绍的数控车床对刀方法相同,把点 O 作为对刀点。换刀点设置在工件坐标系下 X55、Z20 处。

6. 编写程序

以 FANUC 系统的 CAK6150D 车床为例,按该机床规定的指令代码和程序段格式,将加工零件的全部工艺过程编写成程序清单。该工件的加工程序见表 2.9:O1234。

表 2.9 程序清单

N0010	M03 S600;	N0090	T0303
N0020	T0101;	N0100	G00 X40.0 Z1.0;
N0030	G00 X46.0 Z0;	N0110	S900;
N0040	G01 X0 Z0 F0.15;	N0120	G01 X40.0 Z−64.0 F0.15;
N0050	G00 X0 Z1.0;	N0130	G00 X50.0 Z100.0;
N0060	G00 X41.0;	N0140	M05;
N0070	G01 X41.0 Z−64.0 F0.3;	N0150	M30;
N0080	G00 X50.0 Z100.0;		

7. 手动控制数控车床加工

操作步骤如下:

(1)机床上电。
(2)回参考点。
(3)装夹零件毛坯。
(4)利用 MDI 模式,输入换刀指令,选取相应刀具,同时输入指令让主轴转动。
(5)用 JOG 模式,移动刀具靠近工件,改换成手轮模式,设置合适的倍率,摇动手轮进行车削。

8. 输入程序自动运行加工

操作步骤如下:
(1)机床上电。
(2)回参考点。
(3)夹零件毛坯。
(4)手动车削端面。
(5)Z 方向对刀。
(6)X 方向对刀。
(7)输入程序并检验程序。
(8)自动运行程序粗精车外圆及端面。

9. 检测零件合格性

(1)将刀具退出,远离工件,按下 RESET 键。
(2)用千分尺或游标卡尺进行测量。

10. 检测与评价(见表 2.10)

表 2.10 检测与评价

序号	检测项目	检测内容及要求	检测	评价
1	基本知识	工艺知识 数控面板操作方法 程序输入与自动运行		
2	实践操作	手动操作 手动加工零件 输入程序 自动运行加工		
3	安全文明	安全操作 设备保养		
	综合评价			

模块 3
数控车削中级工技能

知识目标
◆掌握数控车床编程工件坐标系的合理建立；
◆掌握常见零件的外圆、外槽、外螺纹、外曲面的加工工艺；
◆学习内圆弧、内槽、内螺纹的加工工艺；
◆掌握常见零件的加工工艺方法；
◆掌握数控车床编程加工的一般流程。

技能目标
◆根据零件图纸选择合理的加工工艺；
◆根据零件合理选用夹具；
◆根据零件合理选用工具和量具；
◆根据零件选择合理刀具；
◆根据零件选择切削参数；
◆根据零件的误差，选择合理的补偿办法。

课时建议
20课时

课堂随笔

3.1 工件坐标系的建立

数控车床的坐标系分为机床坐标系、工件坐标系。数控车床为确定机床各部件运动的方向和相互之间的距离,必须要有一个坐标系才能实现。这种机床固有的坐标系称为机床坐标系。为了确定工件在车床上的正确位置,必须有工件坐标系。工件坐标系各个坐标轴与机床坐标系各个坐标轴相互平行。

3.1.1 机床坐标系

1. 卧式数控车床的机床坐标系

卧式数控车床的机床坐标系有两个坐标轴,分别是 Z 轴和 X 轴;Z 轴在主轴轴线上,向右为坐标轴正方向;X 轴为水平方向,正方向位置根据刀架为前置刀架还是后置刀架情况而定。

前置刀架:刀架与操作者在同一侧,经济型数控车床和水平导轨的普通数控车床常采用前置刀架,X 轴正方向指向操作者,如图 3.1 所示。

后置刀架:刀架与操作者不在同一侧,倾斜导轨的全功能型数控车床和车削中心常采用后置刀架,X 轴正方向背向操作者,如图 3.2 所示。

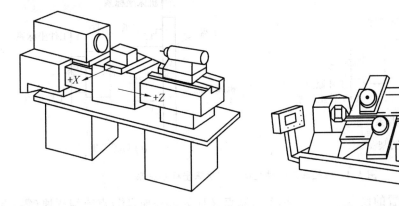

图 3.1　前置刀架数控车床机床坐标系　　　图 3.2　后置刀架数控车床机床坐标系

2. 机床原点、机床参考点

(1)机床原点即数控机床坐标系的原点,又称为机床零点,是数控机床上设置的一个固定点。它在机床装配、调试时就已设置好,一般情况下不允许用户进行更改。

数控车床的机床原点又是数控车床进行加工运动的基准参考点,通常设置在卡盘端面与主轴轴线的交点处,如图 3.3 所示。

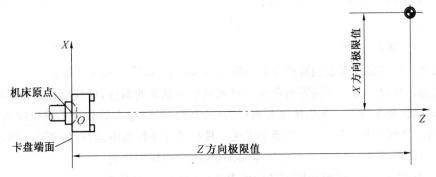

图 3.3　机床坐标系原点及机床参考点

(2)机床参考点。该点在机床出厂时已调好,并将数据输入到数控系统中。对于大多数数控机床,开机时必须首先进行刀架返回机床参考点操作,确认机床参考点。回参考点的目的就是为了建立数控机床坐标系,并确定机床原点。只有机床回参考点以后,机床坐标系才建立起来,刀具移动才有了依据;

否则不仅加工无基准,而且还会发生碰撞等事故。数控车床参考点位置通常设置在机床坐标系中＋X、＋Z极限位置处,如图3.3所示。

3.1.2 工件坐标系

1. 工件坐标系的概念

工件坐标系又称编程坐标系,是编程人员为方便编写数控程序而建立的坐标系,一般编程人员会在零件图样上标明。有些操作人员在机床上通过对刀找到该点。

2. 工件坐标系的建立原则

工件坐标系建立有一定的准则,否则无法编写数控加工程序或编写的数控程序无法加工零件。具体有以下几方面。

(1)工件坐标系方向的设定。工件坐标系的方向必须与所采用的数控机床坐标系方向一致。在卧式数控车床上,工件坐标系Z轴正方向应向右,X轴正方向向上或向下(后置刀架向上,前置刀架向下),与卧式车床机床坐标系方向一致,如图3.4所示。

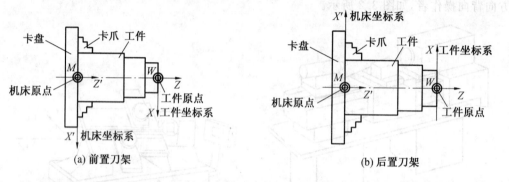

图3.4 数控车床工件坐标系与机床坐标系关系

(2)工件坐标系原点位置的设定。工件坐标系的原点又称为工件原(零)点或编程原(零)点。理论上编程原点的位置可以任意设定,但为方便对刀及求解工件轮廓上基点坐标,应尽量选择在零件的设计基准或工艺基准上。对于数控车床常按以下要求进行设置:

①X轴零点设置在工件轴线上。

②Z轴零点一般设置在工件右端面上,也可以根据需要设定在轴线上其他位置。

③对于Z轴零点的设置,要方便对刀。

④Z轴零点也可以设置在工件左端面上。

3. 程序指令

可设定的零点偏置指令:

(1)指令代码。可设定的零点偏置指令有G54,G55,G56,G57,G58,G59等。

(2)指令功能。可设定的零点偏置指令是以机床原点为基准的偏移,偏移后使刀具运行在工件坐标系中。通过对刀操作将工件原点在机床坐标系中的位置(偏移量)输入到数控系统相应的存储器(G54,G55等)中,运行程序时调用G54,G55等指令实现刀具在工件坐标系中运行,如图3.5所示。

(3)指令应用。如图3.5所示,刀具由1点移动至2点,相应程序为:

N10 G00 X60 Z100;刀具运行到机床坐标系中坐标为(100,60)位置

N20 G54; 调用G54零点偏置指令

N30 G00 X36 Z20;刀具运行到工件坐标系中(20,36)位置

(4)指令使用说明。

①六个可设定的零点偏置指令均为模态有效代码,一经使用,一直有效。

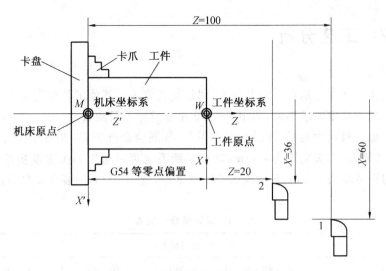

图 3.5　机床坐标系零点偏置情况

②六个可设定的零点偏置功能一样,使用中可任意使用其中之一。

③执行零点偏置指令后,机床不作移动,只是在执行程序时把工件原点在机床坐标系中位置量调入数控系统内部计算。

3.2　简单外圆、沟槽、切断的加工

完成图 3.6 所示多沟槽零件的加工,材料为 45 钢。

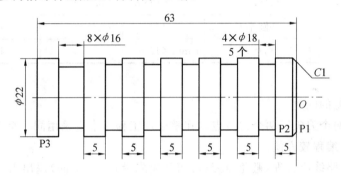

图 3.6　外圆、沟槽、切断零件

3.2.1　基础知识

1. 窄槽加工方法

当轴上槽宽度尺寸不大,可用刀头宽度等于槽宽的切槽刀,一次进给切出,编程时还可用 G04 指令在刀具切至槽底时停留一定时间,以达到光整加工槽底的目的。

2. 宽槽加工方法

当槽宽度尺寸较大(大于切槽刀刀头宽度),应采用多次进给法加工,并在槽底及槽壁两侧留有一定精车余量,然后根据槽底、槽宽尺寸进行精加工。

3. 尺寸较大槽的加工方法

对于深度、宽度较大的槽加工,法拉克系统有专门的槽加工循环。调用槽加工循环,给循环参数赋值即可加工出符合要求的槽。

3.2.2 工艺分析

1. 工、量、刃具选择

(1)工具选择钢棒装夹在三爪自定心卡盘上,用划线盘校正。其他工具见表 3.1。

(2)量具选择。尺寸精度要求不高,选用 0～150 mm 游标卡尺测量。

(3)刀具选择。加工材料为钢材,外圆车刀选用 90°硬质合金外圆刀,并置于 1 号刀位;切槽和切断工件选用硬质合金切槽刀,刀头宽度为 4 mm,这里切断刀也可以选用刀头宽度更小的刀具,为了减少刀具的数量,选用刀头宽度为 4 mm,长度应大于工件半径,选 10 mm,安装在 2 号刀位。刀具规格见表 3.1。

表 3.1 工艺装备一览表

工、量、刃具清单						
种 类	序 号	名 称	规 格	精 度	单 位	数 量
夹具	1	三爪自定心卡盘			个	1
工具	1	卡盘扳手			副	1
	2	刀架扳手			副	1
	3	垫刀片			块	若干
	4	划线盘			个	1
量具	1	游标卡尺	0～150 mm	0.02 mm	把	1
刀具	1	外圆车刀	90°		把	1
	2	切槽刀	4 mm×15 mm		把	1

2. 工艺方案

(1)切槽加工应注意的问题。

①切槽刀有左、右两个刀尖即两个刀位点。在整个加工程序中应采用同一个刀位点,一般采用左侧刀尖作为刀位点,对刀、编程较方便。

②切槽过程中退刀路线应合理,避免撞刀;切槽后应先沿径向(X 向)退出刀具,再沿轴向(Z 向)退刀,如图 3.7 所示。

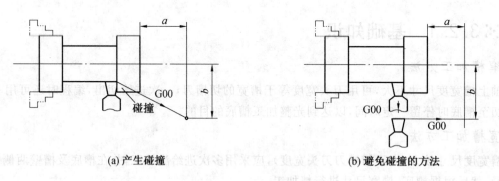

图 3.7 切槽后退刀实例

(2)加工工艺路线。

先用 T01 号外圆车刀粗、精加工外圆,然后换 T02 号切槽刀切槽,最后切断工件。切槽时右侧四个窄槽用刀头宽度等于槽宽的切槽刀直进切出;左侧宽槽采用分次进给切出。具体加工工艺见表 3.2。

表 3.2 零件加工工艺

工步号	工步内容	刀具号	切削用量		
			背吃刀量 a_p/mm	进给速度 f/(mm·r^{-1})	主轴转速 n/(r·min^{-1})
1	车右端面	T01	1~2	0.2	600
2	粗加工 φ22 mm 外圆,留 0.4 mm 精车余量	T01	1—2	0.2	600
3	精加工 φ22 mm 外圆至尺寸	T01	0.2	0.1	800
d	车右端五个 4 mm×φ18 mm 窄槽	T02	4	0.08	600
5	粗车左侧 8 mm×φ16 mm 宽槽	T02	4	0.08	600
6	精车 8mm×φ16 mm 宽槽至尺寸	T02	4	0.08	600
7	切断,控制工件总长为 63 mm	T02	4	0.08	600

3. 切削参数

加工材料为 45 钢,硬度适中,切削力较小,切削用量可选适中;但切槽时,由于切槽刀强度较低,进给速度应选择小一些。

3.2.3 参考程序

根据工件坐标系建立原则,选取右端面与工件轴线交点作为工件坐标原点。直径编程,计算基点 P1、P2、P3 坐标分别为 (0,20)、(−1,22)、(−63,22)。切槽、切断时均选择左侧刀尖为刀位点,第一槽 Z 方向坐标为 −9 mm,以后每个槽 Z 方向递减 9 mm,采用增量编程方式比较方便。外圆自 φ22 mm 切至 φ18 mm,用增量方式编程 X 方向递减 5 mm。

参考程序:O0001(表 3.3)。

表 3.3 参考程序

程序段	内容	程序段	内容
N10	M3 S600	N280	G04 X2
N20	T0101	N290	G01 U5 W0
N30	G00 X0 Z5	N300	G00 U0 W−9
N40	G01 Z0 F0.2	N310	G01 U−5 W0
N50	X20.4	N320	G04 X2
N60	Z−1 X22.4	N330	G01 U5 W0
N70	Z−67	N340	G00 U0 W−9
N80	X26	N350	G01 U−5 W0
N90	G00 Z5	N360	G04 X2
N100	M3 S800	N370	G01 U5 W0
N110	X0	N380	G00 U0 W−9.2
N120	G01 Z0 F0.1	N390	G01 U−5.6 W0
N130	X20	N400	G01 U5.6 W0
N140	X22 Z−1	N410	G00 U0 W−1.6
N150	Z−67	N420	G01 U−5.6 W0

续表3.3

程序段	内容	程序段	内容
N160	X26	N430	G01 U5.6 W0
N170	G00 X100	N440	G00 Z−54
N180	Z200	N450	M3 S600
N190	M0 M5	N460	G01 X16
N200	M3 S600	N470	Z−54
N210	T0202	N480	X27
N220	X24 Z−9	N490	G00 Z−67
N230	G01 U−5 W0 F0.08	N500	G01 X0 F0.08
N240	G04 X2	N510	X24 F0.5
N250	G01 U5 W0	N520	G00 X100 Z200
N260	G00 U0 W−9	N530	M30
N270	G01 U−5 W0		

3.2.4 加工过程

1. 加工准备

(1)准备尺寸足够的45钢坯料。
(2)检查机床状态,按顺序开机,回参考点。
(3)刀具装夹。将90°外圆车刀装于刀架的1号刀位,刀面向上伸出一定长度,刀尖与工件中心等高,夹紧。切槽刀安装在2号刀位,刀面向上伸出不能太长,保证刀尖与工件等高,保证刀头与工件轴线垂直,防止因干涉而折断刀头。
(4)工件装夹。在三爪自定心卡盘上,伸出60 mm,找正并夹紧。
(5)程序输入。把编写好的程序通过数控面板输入数控机床,并校验程序的语法错误。

2. 试切对刀

(1)外圆车刀对刀。外圆车刀通过试切工件右端面进行Z轴对刀,通过试切外圆进行X轴对刀,并把试切对刀操作得到的数据输入到刀具相应补偿存储器中。
(2)切槽刀的对刀。切槽刀对刀时采用左侧刀尖为刀位点,与编程采用的刀位点一致。

3. 程序校验

打开程序,选择手动方式,按下机床锁住开关,工作模式置于自动按下空运行键,按循环启动按钮,观察程序运行情况;按图形显示键再按数控启动键可进行轨迹仿真,观察加工轨迹。空运行及仿真结束后,使空运行、机床锁住功能复位。

4. 自动加工

打开程序,选择AUTO自动加工方式,调好进给倍率、主轴转速倍率,按数控启动键进行自动加工。当程序运行到N190段停车测量,继续按数控启动键,程序从N200开始往下加工。

3.2.5 检测评分

零件加工结束后进行检测。检测结果写在表3.4中。

表 3.4 检测评分表

	序号	检测内容	配分	学生自评	教师评分
		切槽及切断加工			
编程	1	切削加工工艺制定正确	5		
	2	切削用量选择合理	5		
	3	程序正确、简单、规范	10		
操作	5	设备操作、维护保养正确	10		
	4	工作服穿戴正确	5		
	6	安全、文明生产	10		
	7	刀具选择、安装正确、规范	5		
	8	工件找正、安装正确、规范	5		
	9	量具运用正确	5		
工作态度	10	行为规范、纪律表现	5		
外圆	11	φ22 mm	5		
长度	12	63 mm	3		
槽	13	4 mm×φ18 mm(5个)	20		
	14	8 m×φ16 mm	5		
倒角	15	C1	2		
综合得分			100		

3.2.6 问题分析

问题 1 首件加工结束后,经过测量外圆直径都小了 0.2 mm。
解决方案 (1)修改刀具的对刀参数,使其沿着半径增大的方向移动 0.1 mm。
(2)重新对刀,注意记录对刀数据。
(3)修改程序。修改程序中的 X 坐标值。以上方案中只有第一个方案切实可行。
问题 2 测得 φ18 各槽的槽底直径总是左面大 φ18.02,右面小 φ17.99。
解决方案 (1)重新装夹切断刀,用对刀块认真对刀。确保切断刀左右刀位点和工件轴线平行。
(2)重新测量刀具尺寸,如果是焊接刀重新刃磨刀具,如果是机夹刀更换刀片,确保刀具参数合理。

3.3 台阶、端面的切削

完成图 3.8 所示简单台阶零件,材料为 45 钢。

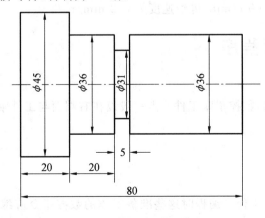

图 3.8 台阶、端面零件图

3.3.1 基础知识

(1)端面的切削,不管是大直径还是小直径端面,在切削工程中要注意选用恒转速加工,切忌恒线速加工,以防飞车。必须限定最高转速。

(2)为了保证零件的各个外圆柱面的表面粗糙度趋于一致,每一段不同直径表面精加工的线速度应该趋于一致。

3.3.2 工艺分析

1. 选择工、量、刃具

(1)工具选择。钢棒装夹在三爪自定心卡盘上,用划线盘校正并夹紧。其他工具见表3.5。

(2)量具选择。外圆、长度精度要求不高,选用0～150 mm游标卡尺测量。

(3)刀具选择。加工材料为45钢,外圆和端面车刀选用90°硬质合金外圆刀,并置于1号刀位;选用5 mm切槽刀,另外手动切断工件。刀具规格、参数见表3.5。

2. 工艺方案

加工精度较低,不分粗、精加工;加工余量较大,需分层切削加工出零件。

表 3.5 工艺装备一览表

工、量、刃具清单						
种类	序号	名称	规格	精度	单位	数量
工具	1	三爪自定心卡盘			个	1
	2	卡盘扳手			副	1
	3	刀架扳手			副	1
	4	垫刀片			块	若干
	5	划线盘			个	1
量具	1	游标卡尺	0～150 mm	0.02 mm	把	1
刀具	1	外圆车刀	90°		把	1
	2	切断刀	5 mm		把	1

3. 切削参数

加工材料为钢件,硬度较低,切削力较小,切削用量可选大些。但首次加工,切削用量选择较小。背吃刀量为5 mm,主轴转速为600 r/min,进给速度为0.2 mm/r。

3.3.3 参考程序

1. 建立工件坐标系

根据工件坐标系建立原则,数控车床工件原点一般设在右端面与工件轴线交点上。

2. 坐标计算

计算相关点的坐标轴值。

3. 编制程序

加工前必须做好各项准备工作。编程时这些准备工作的数控指令应编写在程序前面第一、二段程序内,然后开始编写加工程序。

准备工作指令编好后,接着编写其他加工程序段;各程序段中,模态有效指令除准备功能代码外,还包括尺寸指令、刀具指令、进给指令、主轴转速指令等;若指令或数值不发生变化,在后面程序段中可省略不写。

参考程序:O0002(表 3.6)。

表 3.6 参考程序

程序段	内容	程序段	内容
N10	G00 X100 Z200 M03 S600	N90	G00 X100 Z200
N20	T01	N100	T02
N30	G00 X45 Z4	N110	G00 X38 Z−40
N40	G01 Z−80 F0.2	N120	G01 X31
N50	X55	N130	G00 X38
N60	G00 Z4	N140	G00 X100 Z200
N70	G00 X36	N150	M30
N80	G01 Z−60		

3.3.4 加工过程

1. 加工准备

(1)准备零件所需尺寸的 45 钢坯料。

(2)检查机床状态,按顺序开机,回参考点。

(3)刀具与工件装夹。按照编程要求刀号对位。外圆车刀装于刀架的 T01 号刀位;45 钢棒料夹在三爪自定心卡盘上,伸出 40 mm,找正并夹紧。

(4)程序输入。把编写好的程序通过数控面板输入数控机床。

2. 试切对刀

X,Z 轴均采用试切法对刀,通过对刀把操作得到的数据输入到刀具长度补偿存储器中,G54 等零点偏置中数值输入 0。

3. 程序校验

4. 自动加工

零件单段工作模式是按下数控启动按钮后,刀具在执行完程序中的一段程序后停止。通过单段加工模式可以一段一段地执行程序,便于仔细检查数控程序。

3.3.5 检测评分

零件加工结束后进行检测,检测结果写在表 3.7 中。

表 3.7 检测评分表

	台阶、端面的切削				
	序号	检测内容	配分	学生自评	教师评分
编程	1	切削加工工艺制定正确	5		
	2	切削用量选择合理	5		
	3	程序正确、简单、规范	5		
	4	设备操作、维护保养正确	10		

续表 3.7

		台阶、端面的切削			
操作	5	工作服穿戴正确	5		
	6	安全、文明生产	5		
	7	刀具选择、安装正确、规范	5		
	8	工件找正、安装正确、规范	5		
	9	量具运用合理	5		
工作态度	10	行为规范、纪律表现	5		
外圆	11	φ45 mm	10		
	12	φ36 mm	10		
	13	φ31 mm	10		
长度	14	80 mm	5		
	15	20 mm	5		
	16	5 mm	5		
		综合得分	100		

3.3.6 问题分析

问题 首件加工结束后,经过测量外圆直径都大了 0.4 mm。

解决方案 (1)修改刀具的对刀参数,使其沿着半径减小的方向移动 0.2 mm。

(2)重新对刀,注意记录对刀数据。

(3)修改程序。修改程序中的 X 坐标值。以上方案中只有第一个方案切实可行。

3.4 普通外螺纹切削

完成图 3.9 所示螺纹零件,材料为钢材。

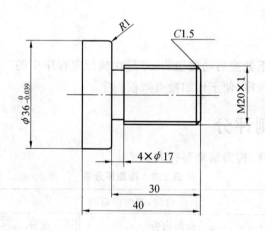

图 3.9 普通外螺纹零件

3.4.1 基础知识

(1)指令功能。用此指令可以加工以下各种恒螺距螺纹:圆柱螺纹/圆锥螺纹;外螺纹/内螺纹;单线螺纹/多线螺纹;多段连续螺纹、断面螺纹。

(2)指令代码法拉克系统:G32。
(3)指令格式(见表3.8)。

表3.8 法拉克系统螺纹加工指令格式

数控系统	法拉克系统
圆柱螺纹	指令格式 G32 Z____ F____ Z为螺纹终点坐标;F为导程
圆锥螺纹 α<45°	指令格式 G32 X____ Z____ F____ X,Z为螺纹终点坐标;F为Z方向导程
圆锥螺纹 α>45°	指令格式 G32 X____ Z____ F____ X,Z为螺纹终点坐标;F为X方向导程
端面螺纹	指令格式 G32 X____ F____ X为螺纹终点坐标;F为X方向导程

(4)指令使用说明。
①使用螺纹切削指令时,进给倍率无效。
②螺纹切削指令为模态代码,一经使用,持续有效,直到被同组G代码(G00,G01,G02,G03)取代为止。
③加工螺纹时,刀具应处于螺纹起点位置。
④由于数控机床伺服系统滞后,主轴加速和减速过程中,会在螺纹切削起点和终点产生不正确的导程。因此,在进刀和退刀时要留有一定空刀导入量和空刀退出量,即螺纹切削的起点和终点位置比实际螺纹要长。

(5)车削螺纹时的主轴转速。
数控车床加工螺纹时,因其传动链的改变,原则上其转速只要能保证主轴每转一周时,刀具沿主进给轴(多为Z轴)方向位移一个导程即可,不应受到限制。但加工螺纹时,会受到以下几方面的影响:
①螺纹加工程序段中指令的螺距值,相当于进给量f(mm/r)表示的进给速度F,如果将机床的主轴转速选择过高,其换算后的速度v_f(mm/min)则必定大大超过正常值。
②刀具在其位移过程中,都将受到伺服驱动系统升降频率和数控装置插补运算速度的约束,由于升降频率特性满足不了加工需要等原因,则可能因主进给运动产生出的"超前"和"滞后"而导致部分螺牙不符合要求。
③车削螺纹必须通过主轴的同步运行功能而实现,即车削螺纹需要有主轴脉冲发生器(编码器)。当其主轴转速选择过高时,通过编码器发出的定位脉冲(即主轴每转一周时所发出的一个基本脉冲信号)将可能因"过冲"(特别是当脉冲编码器的质量不稳定时)而导致工件螺纹产生乱纹(俗称"乱牙")。

鉴于上述原因,不同的数控系统车螺纹时推荐使用不同的主轴转速范围。大多数经济型数控车床推荐车削螺纹时主轴转速n为

$$n \leqslant (1\,200/P) - K$$

式中 P——螺纹的螺距或导程,mm;

K——保险系数,一般取80。

(6)车削三角形外螺纹尺寸计算。

①三角形外螺纹主要参数(见图3.10)及计算公式(表3.9)。

表3.9 三角形外螺纹主要参数及计算公式

名称	符号	计算公式
牙型角	α	60°
螺距	P	
螺纹大径	d	
螺纹中径	d_2	$d_2 = d - 0.6495P$
牙型高度	h_1	$h_1 = 0.5413P$
螺纹小径	d_1	$d_1 = d - 2h_1 = d - 1.083P$

②车螺纹前圆柱面及螺纹实际小径的确定。

车塑性材料螺纹,车刀挤压作用会使外径胀大,故车螺纹前圆柱面直径应比螺纹公称直径(大径)小 0.1~0.4 mm,一般取 $d_{计} = d - 0.1P$;螺纹实际牙型高度考虑刀尖圆弧半径等因素的影响,一般取 $h_{1实} = 0.65P$;螺纹实际小径为 $d_{1实} = d - 2h_{1实} = d - 1.3P$。

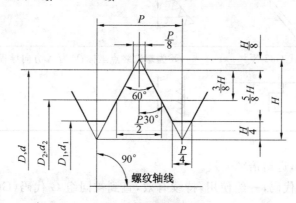

图 3.10 螺纹参数图

(7)螺纹车削加工为成型车削,且切削进给量较大,刀具强度较差,一般要求分数次进给加工,见表3.10。

表3.10 常用螺纹切削的进给次数与吃刀量

公制螺纹								
螺距		1.0	1.5	2	2.5	3	3.5	4
牙深(半径量)		0.649	0.974	1.299	1.624	1.949	2.273	2.598
削次	1次	0.7	0.8	0.9	1.0	1.2	1.5	1.5
	2次	0.4	0.6	0.6	0.7	0.7	0.7	0.8
	3次	0.2	0.4	0.6	0.6	0.6	0.6	0.6
	4次		0.16	0.4	0.4	0.4	0.6	0.6
	5次			0.1	0.4	0.4	0.4	0.4
	6次				0.15	0.4	0.4	0.4
	7次					0.2	0.2	0.4
	8次						0.15	0.3
	9次							0.2

续表 3.10

英制螺纹								
牙/in		24	18	16	14	12	10	8
牙深(半径量)		0.678	0.904	1.016	1.162	1.355	1.626	2.033
切削次数及吃刀量(直径量)	1 次	0.8	0.8	0.8	0.8	0.9	1.0	1.2
	2 次	0.4	0.6	0.6	0.6	0.6	0.7	0.7
	3 次	0.16	0.3	0.5	0.5	0.6	0.6	0.6
	4 次		0.11	0.14	0.3	0.4	0.4	0.5
	5 次				0.13	0.21	0.4	0.5
	6 次						0.16	0.4
	7 次							0.17

(8)切削螺纹进刀方式的选择(表 3.11)。

进刀次数及背吃刀量的分配:采用直进法进刀,刀具越接近螺纹牙底,切削面积越大;为避免因切削力过大而损坏刀具,背吃刀量应越来越小,如图 3.10 所示。用硬质合金刀具,为保证螺纹表面质量,最后一刀背吃刀量一般不能小于 0.1 mm。

表 3.11 切削螺纹进刀方式

进刀方式	图示	特点及应用
直进法	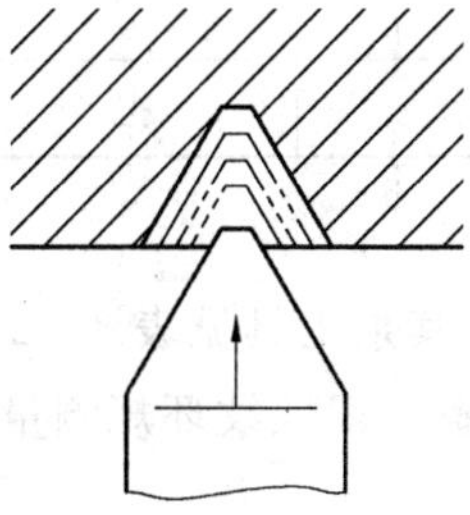	切削力大,易扎刀,切削用量低,牙型精度高,适用于加工 $P<3$ mm 普通螺纹及精加工 $P \geqslant 3$ mm 螺纹
斜进法	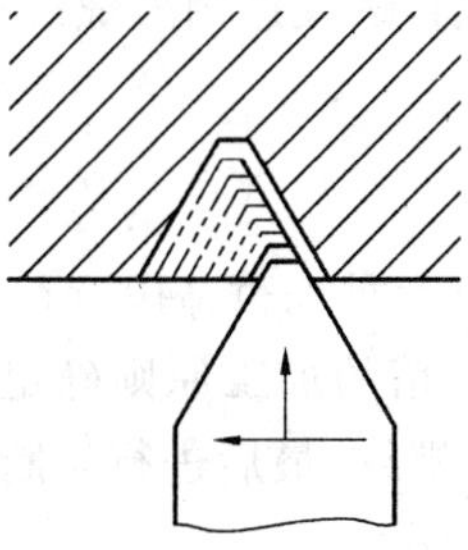	切削力小,不易扎刀,切削用量大,牙型精度低,表面粗糙度值大,适用于粗加工 $P \geqslant 3$ mm 螺纹
左右切削法	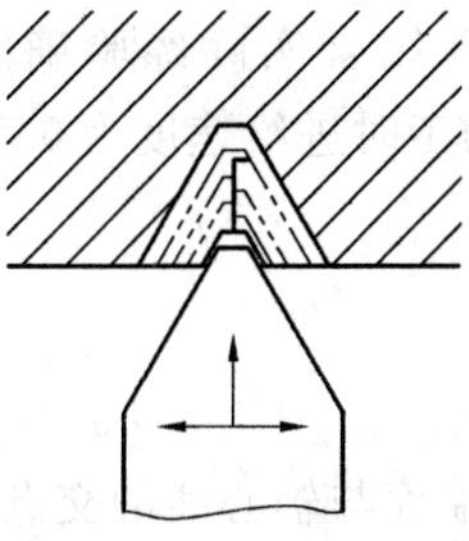	切削力小,不易扎刀,切削用量大,牙型精度低,表面粗糙度值小,适用于加工 $P \geqslant 3$ mm 螺纹粗、精加工

3.4.2 工艺分析

表 3.12 为工艺装备一览表。

表 3.12 工艺装备一览表

工、量、刃具清单						
种类	序号	名称	规格	精度	单位	数量
工具	1	三爪自定心卡盘			个	1
	2	卡盘扳手			副	1
	3	刀架扳手			副	1
	4	垫刀片			块	若干
	5	划线盘			个	1
量具	1	游标卡尺	0～150 mm	0.02 mm	把	1
	2	千分尺	0～25 mm	0.01 mm	把	1
	3	螺纹环规	M12×1		副	1
	4	角度样板	60°		块	1
刀具	1	外圆粗车刀	90°		把	1
	2	外圆精车刀	90°		把	1
	3	切槽刀	4 mm		把	1
	4	外螺纹车刀	60°		把	1

1.选择工、量、刃具

(1)工具选择。工件装夹在三爪自定心卡盘中,用划线盘校正。其余工具见表 3.12。

(2)量具选择。外径用外径千分尺测量,长度用游标卡尺测量,螺纹用螺纹环规测量。量具规格、参数见表 3.12。

(3)刀具选择。外圆选用 90°偏刀车削,螺纹退刀槽用切槽刀车削,螺纹选用外螺纹车刀车削。所有刀具规格、尺寸见表 3.12。

2.工艺方案

该螺栓零件为短轴类零件,其轴心线为工艺基准,用三爪自定心卡盘夹持 φ40 mm 外圆左端,使工件伸出卡盘约 60 mm,一次装夹完成粗精加工。按先主后次、先粗后精的加工原则确定加工路线,从右端至左端轴向进给切削。先进行外轮廓粗加工,再精加工,然后加工螺纹,最后进行切断。

3.切削参数

车削用量的具体数值应根据机床性能、加工工艺、相关手册并结合实际经验确定:机床转速为 800 r/min,精加工余量为 0.5 mm,车螺纹和切断为 400 r/min,粗加工时进给速度为 0.5 mm/r,精加工时进给速度为 0.3 mm/r,切断为 0.1 mm/r。

3.4.3 参考程序

根据零件图纸的尺寸标注特点及基准统一的原则,选择零件右端面与轴心线的交点作为工件原点,建立工件坐标系。该零件结构要素有圆柱面、倒角、螺纹,表面有一定的粗糙度要求,故分为粗加工和精加工两个阶段。

采用直径编程方式,直径尺寸编程与零件图纸中的尺寸标注一致,编程较为方便。

参考程序:O0003(表 3.13)。

表 3.13 参考程序

程序号	内容	程序号	内容
N10	T0101	N210	G00 X24 Z-26
N20	G00 X100 Z80	N220	G01 X17
N30	M03 S800 X36.5 Z5	N230	G00 X100 Z80
N40	G01 Z-40 F0.5 X40	N240	T04 G97
N50	G00 Z5 X30	N250	G00 X19.3 Z4 S380
N60	G01 Z-30 X40	N260	G32 Z-27 F1
N70	G00 Z5 X24	N270	G00 X22 Z4
N80	G01 Z-30 X40	N280	G91 X18.9
N90	G00 Z5 X20.4	N290	G32 Z-27 F1
N100	G01 Z-30 X40	N300	G00 X22 Z4
N110	G00 Z5	N310	G01 X18.7
N120	G00 X100 Z80	N320	G32 Z-27 F1
N130	T02	N330	G00 X100 Z80
N140	G00 X36 Z5	N340	T03
N150	G01 Z-40 X40	N350	G00 X40 Z-40 S400
N160	G01 Z5 X19.9	N360	G01 X0 F0.1
N170	G01 Z-30	N370	G00 X100 Z80
N180	G01 X40	N380	M05
N190	G01 X100 Z80	N390	M30
N200	T03		

3.4.4 加工过程

1.加工准备

(1)准备尺寸零件所需尺寸的 45 钢坯料。
(2)检查机床状态,按顺序开机,回参考点。
(3)刀具与工件装夹。

各种车刀按照要求装夹。把外圆粗车刀、外圆精车刀、切槽刀、螺纹车刀按要求依次装入 T01,T02,T03,T04 号刀位。45 钢棒料夹在三爪自定心卡盘上,伸出 60 mm,找正并夹紧。

(4)程序输入。把编写好的程序通过数控面板输入数控机床。

2.试切对刀

X,Z 轴均采用试切法对刀,分别把四把刀通过对刀操作得到的数据输入到各自刀具长度补偿存储器中,加工时调用。其中螺纹车刀取刀尖为刀位点,对刀步骤如下:

(1)X 轴对刀。

主轴正转,移动螺纹车刀,使刀尖轻轻碰至工件外圆面(可以取外圆车刀试车削外圆表面)或车一段外圆面,Z 方向退出刀具,停车,测量外圆直径,如图 3.11 所示。然后进行面板操作,面板操作步骤同其他车刀对刀步骤。

(2)Z 轴对刀。

主轴停止转动,如图 3.12 所示。使螺纹车刀刀尖与工件右端面对齐,采用目测法或借助于金属直尺对然后进行面板操作,面板操作步骤同其他刀具对刀步骤。

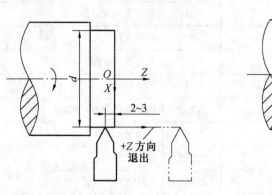
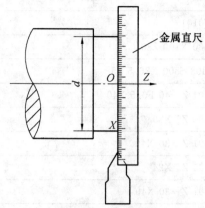

图 3.11　X 轴对刀示意图　　　　图 3.12　Z 轴对刀示意图

3．程序校验

打开程序,选择手动方式,按下机床锁住开关,选择自动方式,按下空运行键,按循环启动按钮,观察程序运行情况;检验程序的语法是否正确。按图形显示键再按数控启动键可进行轨迹仿真,观察加工轨迹。空运行及仿真结束后,使空运行、机床锁住功能复位。

4．自动加工

零件单段工作模式是按下数控启动按钮后,刀具在执行完程序中的一段程序后停止。通过单段加工模式可以一段一段地执行程序,便于仔细检查数控程序。

3.4.5　检测评分

零件加工结束后进行检测,检测结果写在表 3.14 中。

表 3.14　检测评分表

外螺纹切削					
	序 号	检测内容	配分	学生自评	教师评分
编程	1	切削加工工艺制定正确	5		
	2	切削用量选择合理	5		
	3	程序正确、简单、规范	5		
	4	设备操作、维护保养正确	10		
操作	5	工作服穿戴正确	5		
	6	安全、文明生产	5		
	7	刀具选择、安装正确、规范	5		
	8	工件找正、安装正确、规范	5		
	9	量具运用合理	5		
工作态度	10	行为规范、纪律表现	5		
外圆	11	$\phi 36_{-0.039}^{\ 0}$	10		

续表 3.14

		外螺纹切削		
长度	12	40	5	
	13	30	5	
退刀槽	14	4×φ17	15	
螺纹	15	M20×1	10	
综合得分			100	

3.4.6 问题分析

问题 1 首件加工结束后,经过测量螺纹的开始阶段乱牙。

解决方案 (1)修改刀具空刀引入量数值,一般取 3~5 mm。

(2)注意选择合适的切削速度。

问题 2 首件加工结束后,经过测量螺纹的所有螺纹牙型歪斜。

解决方案 (1)重新夹持螺纹车刀,通过角度样板调整螺纹车刀和工件轴线垂直。

(2)如果是机夹螺纹车刀,重新调整螺纹刀片的装夹。

3.5 内、外径粗车复合循环加工

完成图 3.13 所示零件,材料为 45 钢。

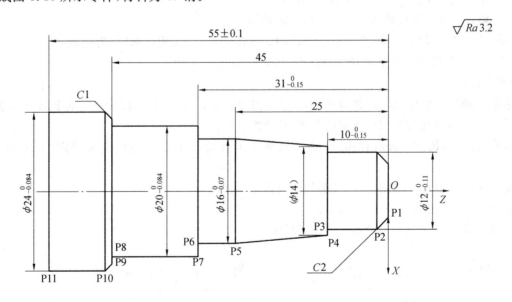

图 3.13 内、外径粗车复合循环加工零件图

3.5.1 基础知识

1. 法拉克系统外圆、内孔粗加工复合循环指令(G71)

(1)指令功能。

只需指定粗加工背吃刀量、精加工余量和精加工路线等参数,系统便可自动计算出粗加工路线和加工次数,完成外圆、内孔表面的粗加工,如图 3.14 所示。

图 3.14 中,A 为刀具循环起点,执行粗车循环时,刀具从 A 点移动到 C 点,粗车循环结束后,刀具返回 A 点。

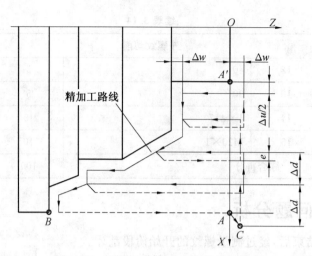

图 3.14 法拉克系统外圆粗加工路线

(2)指令格式。

G71 UΔd Re

G71 Pn_s Qn_f UΔu WΔw

格式中各代号的含义如下：

Δd——每刀背吃刀量，半径值；一般45钢件取1～2 mm，铝件取1.5～3 mm；

e——退刀量，半径值；一般取0.5～1 mm；

n_s——指定精加工路线的第一个程序段的段号；

n_f——指定精加工路线的最后一个程序段的段号；

Δu——X方向精加工余量，直径值，一般取0.5mm左右；加工内轮廓时，为负值；

Δw——Z方向精加工余量，一般取0.05～0.1 mm。

(3)指令使用说明。

①粗加工循环由带有地址P和Q的G71指令实现。在n_s和n_f程序段中指定的F,S,T功能无效，在G71程序段中或前面程序段中指定的F,S,T功能有效。

②区别外圆、内孔；正、反阶梯由X,Z方向精加工余量(Δu,Δw)正负值来确定，具体如图3.20所示。

③使用G71指令时，工件径向尺寸必须单向递增或递减。

④调用G71前，刀具应处于循环起点。

⑤顺序号n_s～n_f之间程序段不能调用子程序。

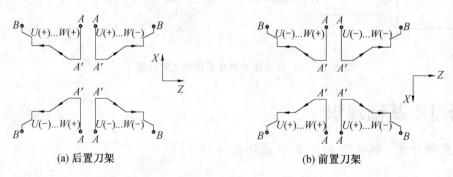

(a) 后置刀架　　　　　　　　　　　　(b) 前置刀架

图 3.15 前置刀架和后置刀架加工不同表面时 Δu,Δw 正负值情况

2.法拉克系统外圆、内孔精加工循环指令(G70)

(1)指令功能用G71,G73粗车完毕后，用精加工循环指令，使刀具进行$A \to A' \to B$的精加工。

(2)指令格式。

G70 Pn$_s$ Qn$_f$

n$_s$——指定精加工路线的第一个程序段的段号；

n$_f$——指定精加工路线的最后一个程序段的段号。

(3)指令使用说明。

①在精车循环 G70 状态下，n$_s$ 至 n$_f$ 程序中指定的 F,S,T 有效；当 n$_s$ 至 n$_f$ 程序中不指定 F,S,T 时，粗车循环(G71,G73)中指定的 F,S,T 有效。

②G70 循环加工结束时，刀具返回到起点并读下一个程序段。

③G70 中 n$_s$ 到 n$_f$ 间的程序段不能调用子程序。

3. 公差的处理

对于带有公差的尺寸，一般情况下取公差的中值来进行编程。比如 $\phi 20_{-0.084}^{0}$ 这个尺寸的处理是：编程尺寸是 $X/\mathrm{mm}=20+[0+(-0.084)]/2=19.958$，其他尺寸如法炮制。

3.5.2 工艺分析

1. 工、量、刃具选择

(1)工具选择。

钢棒装夹在三爪自定心卡盘上，用划线盘校正。其他工具见表 3.15。

(2)量具选择。

长度尺寸选用游标卡尺测量，外圆选用外径千分尺测量，圆锥面用游标万能角度尺测量，表面粗糙度用表面粗糙度样板比对。

(3)刀具选择。

加工材料为 45 钢，选用硬质合金外圆车刀进行粗、精车。

表 3.15 工艺装备一览表

工、量、刃具清单						
种类	序号	名称	规格	精度	单位	数量
工具	1	三爪自定心卡盘			个	1
	2	卡盘扳手			副	1
	3	刀架扳手			副	1
	4	垫刀片			块	若干
	5	划线盘			个	1
量具	1	游标卡尺	0～150 mm	0.02 mm	把	1
	2	外径千分尺	0～25 mm	0.01 mm	把	1
	3	游标万能角度尺	0～320°	2′	把	1
	4	表面粗糙度样板			套	1
刀具	1	外圆粗车刀	90°		把	1
	2	外圆精车刀	90°		把	1
	3	切断刀	4 mm×15 mm		把	1

2. 加工工艺路线

用毛坯切削循环进行粗、精加工，最后用切断刀切断工件。

3. 切削参数

加工材料为 45 钢，硬度适中，切削力较小，切削用量可选适当。具体切削用量见表 3.16。

表 3.16 切削用量表

工步号	工步内容	刀具号	背吃刀量 a_p/mm	进给速度 f/(mm·r^{-1})	主轴转速 n/(r·min^{-1})
1	车右端面	T01	1~2	0.2	600
2	粗加工外轮廓,留 0.4 mm 精车余量	T01	1~2	0.2	600
3	精加工外轮廓至尺寸	T02	0.2	0.1	800
4	切断,控制工件总长为(55±0.1)mm	T03	4	0.08	400

3.5.3 参考程序

根据工件坐标系建立原则,工件原点设在右端面与工件轴线交点上。相关点的点坐标按各点极限尺寸平均值为准作为编程尺寸。

参考程序:O0004(表3.17)。

表 3.17 参考程序

程序段	内容	程序段	内容
N00	T0101	N150	G01 Z−59 X25
N10	G40 G99 M3 S600 F0.2	N160	C00 G40 X100 Z200
N20	G00 G42 X26 Z5	N170	M00 M5
N30	G71 U2 R1	N180	T0202
N40	G71 P50 Q180 U0.4 W0.1	N190	M03 S800 F0.1
N50	G00 X0	N200	G70 P50 Q180
N60	G01 Z0 X7.945	N210	G00 X100 Z200
N70	G01 X11.945 Z−2	N220	M00 M5
N80	G01 Z−9.25	N230	T0303
N90	G01 X14	N240	M03 S400
N100	G01 X15.965 Z−25	N250	G00 X28 Z−59
N110	G01 Z−30.925	N260	G01 X0 F0.08
N120	G01 X19.958 Z−45	N270	G01 X28 F0.3
N130	G01 X21.958	N280	G00 X100 Z200
N140	G01 X23.958 Z−46	N290	M03

3.5.4 加工过程

1. 加工准备

(1)按零件图检查坯料尺寸。

(2)检查机床状态,按顺序开机,回参考点。

(3)刀具与工件装夹。外圆粗车刀、外圆精车刀、切断刀分别装在刀架的 T01,T02,T03 号刀位,并按要求夹紧。将钢棒装夹在三爪自定心卡盘上,伸出 65 mm,找正并夹紧。

(4)程序输入。把程序通过数控面板输入数控机床。

2. 试切对刀

外圆精车刀采用试切法(通过车端面、车外圆)进行对刀,并把操作得到的数据输入到 T02 号刀具补偿中;外圆粗车刀和切断刀对刀时,分别将刀位点移至工件右端面和外圆处进行对刀操作,并把操作得到的数据输入到 T01,T03 号刀具补偿中。

3. 程序校验

打开程序,选择手动方式,按下机床锁住开关,选择自动方式,按下空运行键,按循环启动按钮,观察程序运行情况;检验程序的语法是否正确。按图形显示键再按数控启动键可进行轨迹仿真,观察加工轨迹。空运行及仿真结束后,使空运行、机床锁住功能复位。

4. 自动加工

选择自动加工方式,打开程序,调好进给倍率,按数控启动按钮进行自动加工。数控机床上首件加工均采用试切和试测方法保证尺寸精度,具体做法:当程序运行到 N200 程序段时,停车测量精加工余量。根据精加工余量设置精加工刀具(T02 号)磨损量,避免因对刀不精确而使精加工余量不足出现缺陷。然后运行精加工程序,程序运行至 N250 时,停车测量;根据测量结果,修调精加工车刀磨损值,再次运行精加工程序,直至达到尺寸要求为止。

3.5.5 检测评分

零件加工结束后进行检测,检测结果写在表 3.18 中。

表 3.18 检测评分表

多阶梯轴零件加工

	序号	检测内容	配分	学生自评	教师评分
编程	1	切削加工工艺制定正确	4		
	2	切削用量选择合理	5		
	3	程序正确、简单、规范	5		
	4	设备操作、维护保养正确	5		
操作	5	工作服穿戴正确	5		
	6	安全、文明生产	5		
	7	刀具选择、安装正确、规范	5		
	8	工件找正、安装正确、规范	5		
	9	量具的合理运用	5		
工作态度	10	行为规范、纪律表现	5		
外圆	11	$\phi 24_{-0.084}^{0}$ mm	5		
	12	$\phi 20_{-0.084}^{0}$ mm	5		
	13	$\phi 16_{-0.07}^{0}$ mm	5		
	14	$\phi 14$ mm	4		
	15	$\phi 12_{-0.11}^{0}$ mm	5		
长度	16	(55 ± 0.1) mm	5		
	17	45 mm	2		
	18	$31_{-0.15}^{0}$ mm	5		
	19	25 mm	2		
	20	$10_{-0.15}^{0}$ mm	5		

续表3.18

多阶梯轴零件加工				
倒角	21	C1	1	
	22	C2	1	
表面粗糙度	23	Ra1.6 μm	6	
综合得分			100	

3.5.6 问题分析

问题1 首件加工结束后,经过测量圆锥面成双曲线。

解决方案 (1)重新装夹刀具,使刀具刀尖严格与工件轴线等高。

(2)调整机夹车刀的夹紧机构,防止刀刃上翘。

问题2 首件加工结束后,经过粗糙度对比,发现粗糙度数值很大。

解决方案 (1)精加工刀具刀刃变钝,重新刃磨或更换刀片。

(2)刀具装夹不合理,或者刀具选择不合理。刀具划伤工件表面。重新装夹选用刀具。

3.6 通孔类零件钻削加工

完成图3.16所示零件。材料为45钢。

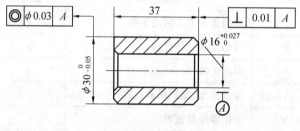

图3.16 零件图

3.6.1 基础知识

1.平面选择指令(G17、G18)

(1)指令功能在圆弧插补、刀尖半径补偿、长度补偿(钻头类刀具)时必须首先确定一个平面,即确定一个由两个坐标轴构成的坐标平面。在此平面内可以进行圆弧插补、刀尖半径补偿、在所选平面的垂直坐标轴上进行刀具长度补偿。数控车床的 Z,X 两个坐标轴能构成 ZX 平面。

(2)指令使用。数控车床在 ZX 平面内进行零件加工,即G18平面。自动方式下钻中心孔、钻孔加工时,刀具是在 XY 平面垂直方向移动,即G17平面。法拉克系统用循环指令指定垂直坐标轴。

2.钻中心孔、钻孔循环指令

(1)指令功能。刀具以编程指定的主轴转速和进给速度进行钻孔,直至达到给定的钻削深度。到达最终钻削深度时可编程指定一段停留时间。退刀时以快速移动速度退回。

(2)指令格式。法拉克系统指令见表3.19。

表 3.19　法拉克系统钻孔循环指令

数控系统	法拉克系统
图示	图中标注：P1、Z 点、R 点平面(G99)、M(α+1)、Mα、初始平面(G98)；---→ G00；——→ G01
指令格式	G98(G99)G83X＿＿C＿＿Z＿＿R＿＿F＿＿P＿＿K＿＿M＿＿； 其中　X＿＿C＿＿：孔位置数据，即 X 轴、C 轴坐标 　　　　Z＿＿：孔底的位置坐标(绝对值时)，从 R 点到孔底的距离(增量值时) 　　　　R＿＿：从初始位置到 R 点位置的距离 　　　　F＿＿：切削进给速度 　　　　P＿＿：孔底停留时间 　　　　K＿＿：重复次数 　　　　M＿＿：C 轴夹紧的 M 代码(Mα 为 C 轴夹紧；M(α+1)为 C 轴松开) 　　　　G98：返回初始平面 　　　　G99：返回 R 平面 G80：取消循环

(3)指令使用说明。

①调用钻孔循环 G83 前应先指定主轴转速和方向。

②调用法拉克系统在循环指令(G83)中指定进给速度大小。

③调用法拉克系统钻孔位置由循环指令(G83)中 X,C 坐标值确定，刀具先运行到孔位置再进行钻孔。

④法拉克系统钻孔循环(G83)中，当指定重复次数 K 时，只对第一个孔执行 M 代码，对第二个及以后的孔不执行 M 代码。

⑤法拉克系统用 G83 表示端面(轴向)钻孔，用 G87 表示侧面(径向)钻孔。

⑥法拉克系统 G83 为模态有效代码。

3. 钻深孔循环指令

(1)指令功能通过分步钻削直至达到给定的钻削深度。在每步钻削时通过刀具退回且停顿一定时间以达到断屑或排屑目的，最后刀具以快速移动速度退回。

(2)指令格式。法拉克系统深孔钻削循环指令见表 3.20。

(3)指令使用说明。

①调用钻孔循环 G83 前应先指定主轴转速和方向。

②调用法拉克系统钻孔位置由循环指令(G83)中 X,C 坐标值确定，刀具先运行到孔位置再进行钻孔。

③法拉克系统钻孔循环(G83)中，当指定重复次数 K 时，只对第一个孔执行 M 代码，对第二个及以后的孔不执行 M 代码。

④法拉克系统用 G83 表示端面(轴向)钻深孔，用 G87 表示侧面(径向)钻深孔。

⑤法拉克系统 G83 指令指定每次钻削深度"Q"则为深孔钻削；无"Q"则为普通钻孔循环。

表 3.20 法拉克系统深孔钻削循环指令

数控系统	法拉克系统
图示	![图示]
指令格式及参数含义	G98(G99)G83 X__ C__ Z__ R__ Q__ F__ P__ K__ M__; 其中： X__ C__：孔位置数据，即 X 轴、C 轴坐标 Z__：孔底的位置坐标（绝对值时）,从 R 点到孔底的距离（增量值时） R__：从初始位置到 R 点位置的距离 Q__：每次钻削深度 F__：切削进给速度 P__：孔底停留时间 K__：重复次数 M__：C 轴夹紧的 M 代码（$M\alpha$ 为 C 轴夹紧；$M(\alpha+1)$ 为 C 轴松开） G98：返回初始平面 G99：返回 R 平面 G80；取消循环

3.6.2 工艺分析

1. 选择工、量、刃具

(1)工具选择。工件装夹在三爪自定心卡盘中,用划线盘校正,调头装夹时用百分表校正。其余工具见表 3.21。

(2)量具选择。外径、长度用游标卡尺测量,内孔用百分表测量,表面粗糙度用表面粗糙度样板比对。刀具规格、参数见表 3.21。

(3)刀具选择。选择外圆车刀车外圆、端面,内孔车刀车内孔,主偏角小于 90°的通孔车刀,其结构形状如图 3.17 所示。

(a) 通孔车刀形状

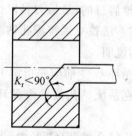
(b) 通孔车刀结构参数

图 3.17 内孔(通孔)车刀形状、结构

此外,车内孔前还需用中心钻钻中心孔及用麻花钻钻孔;内孔孔径为 $\phi16$ mm,宜选取 $\phi14$ mm 麻花钻。具体见表 3.21。

表 3.21 工艺装备一览表

工、量、刃具清单						
种类	序号	名称	规格	精度	单位	数量
工具	1	三爪自定心卡盘			个	1
	2	卡盘扳手			副	1
	3	刀架扳手			副	1
	4	垫刀片			块	若干
	5	划线盘			个	1
	6	磁性表座			个	1
	7	钻夹头			个	1
量具	1	游标卡尺	0～150 mm	0.02 mm	把	1
	2	内径百分表	0～35 mm	0.01 mm	把	1
	3	表面粗糙度样板			套	1
	4	百分表	0～10 mm	0.01 mm	只	1
工具	1	外圆车刀	90°		把	1
	2	中心钻	A3		把	1
	3	麻花钻	$\phi14$ mm		把	1
	4	内孔车刀	<90°		把	1
	5	切槽刀	4 mm		把	1

2.工艺方案

普通数控车床(不带C轴),先车外圆、端面,采用手动方式钻中心孔及钻孔;切断后,再调头装夹,车另一端面,粗、精车内孔。

3.切削参数

加工材料为45钢,硬度较低,切削力较小,切削用量可选大些(表3.22)。

表 3.22 切削用量表

工步号	工步内容	刀具号	切削用量		
			背吃刀量 a_p/mm	进给量 $f/(\text{mm}\cdot\text{r}^{-1})$	主轴转速 $n/(\text{r}\cdot\text{min}^{-1})$
1	车右端面	T01	1～2	0.2	600
2	粗、精车 $\phi34$ mm、$\phi30$ mm 外圆	T01	1～2	0.2	600
3	自动(手动)钻中心孔	T02	1.5	0.1	800
4	自动(手动)钻 $\phi14$ mm 孔	T03	8	0.08	400
5	切断	T04	4	0.08	400
6	调头夹住 $\phi30$ mm 外圆右端,手动车左端面,控制长度尺寸 37 mm	T01	1	0.15	600
7	粗车 $\phi16^{+0.027}_{0}$ mm 内孔,留 0.4 mm 精车余量	T05	1～2	0.15	600
8	精车 $\phi16^{+0.027}_{0}$ mm 内孔	T06	0.2	0.08	800

3.6.3 参考程序

(1)建立工件坐标系。

加工右侧表面时取右端面与工件轴线交点为工件坐标系原点,调头装夹后,则取左侧端面与工件轴线交点为工件原点。

(2)坐标计算(略)。

(3)参考程序。

①外圆、钻中心孔、钻孔程序分别名为"O0061""O0062"。

参考程序:O0061(表3.23)。

表3.23 参考程序

程序段	内容	程序段	内容
N10	G40 G99 G80 G18	N170	G00 X0 Z10
N20	T0101	N180	G98 G83 X0 C0 Z−4 R5 P2 F0.1 M31
N30	M3 S600	N190	G00 X100 Z200
N40	G00 X0 Z5	N200	T0303
N50	G01 Z0 F0.2	N210	M3 S400
N60	X30.4	N220	G00 X0 Z10
N70	Z−42	N230	G98 G83 X0 C0 Z−44 R5 Q6 P2 F0.08 M31
N80	X36	N240	G00 X100 Z200
N90	G00 Z5	N250	T0404
N100	X30	N260	M3 S400
N110	G01 X30 Z−42	N270	G00 X35 Z−42
N120	X36	N280	G01 X0 F0.08
N130	G00 X100 Z200	N290	X35
N140	M0 M5	N300	G00 X100 Z200
N150	T0202	N310	M30
N160	M3 S800		

②调头装夹,车内孔程序。

程序名为"O0062"(表3.24)。

表3.24 参考程序

程序段	内容	程序段	内容
N10	G40 G99 G80 G18	N100	T0606
N20	T0505	N110	M3 S800
N30	M3 S600	N120	G00 X16.0135 Z3
N40	G00 X15.6 Z3	N130	G01 Z−39 F0.08
N50	G01 Z−39 F0.15	N140	X15
N60	X15	N150	G00 Z3
N70	G00 Z3	N160	X100 Z200
N80	X100 Z200	N170	M30
N90	M0 M5		

3.6.4 加工过程

1. 加工准备

(1)按零件图检查坯料尺寸。

(2)检查机床状态,按顺序开机,回参考点。

(3)输入程序。把编写好的程序通过数控面板输入数控机床。

(4)装夹工件。把棒料装入三爪自定心卡盘,伸出 55 mm 左右,用划线盘校正并夹紧。调头加工用百分表校正。

(5)装夹刀具。把外圆车刀、中心钻、麻花钻、切断刀、内孔粗车刀、内孔精车刀按要求依次装入 T01,T02,T03,T04,T05,T06 号刀位(普通数控车床中心钻、麻花钻分别装夹在尾座套筒中)。其中,中心钻、麻花钻应与工件轴线重合,内孔车刀刀尖应与工件轴线等高。

2. 试切对刀

内孔车刀对刀方法:

(1)X 方向对刀。用内孔车刀试车一内孔,长度为 3~5 mm,然后沿 $+Z$ 方向退出刀具,停车测出内孔直径,将其值输入到相应刀具长度补偿中,如图 3.18 所示。

(2)Z 方向对刀。移动内孔车刀使刀尖与工件右端面平齐,可借助金属直尺确定,然后将刀具位置数据输入到相应刀具长度补偿中,如图 3.19 所示。

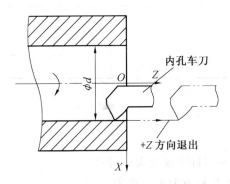 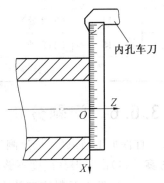

图 3.18 内孔车刀 X 方向对刀示意图　　　　图 3.19 内孔车刀 Z 方向对刀示意图

外圆车刀对刀方法如前讲述;对于中心钻、麻花钻,只需 Z 方向对刀,分别将中心钻、麻花钻钻尖与工件右端面对齐。再将其值输入到相应长度补偿中;若手动钻中心孔、钻孔,则中心钻、麻花钻不需对刀。

3. 程序校验

选择自动加工模式,打开程序,按下空运行按钮及机床锁住开关,按循环启动按钮,观察程序运行情况;若按图形显示键再按循环启动键可进行加工轨迹仿真。空运行结束后,使空运行按钮及机床锁住开关复位,重新回机床参考点。

4. 自动加工

打开程序,选择自动加工模式,调好进给倍率,按数控启动键进行自动加工。

3.6.5 检测评分

加工结束后,进行尺寸测量,检测结果写在表 3.25 中。

表 3.25　通孔类零件加工评分表

通孔类零件加工					
	序号	检测内容	配分	学生自评	教师评分
编程	1	切削加工工艺制定正确	5		
	2	切削用量选择合理	5		
	3	程序正确、简单、规范	5		
操作	4	工作服穿戴合理	5		
	5	设备操作、维护保养正确	5		
	6	安全、文明生产	5		
	7	刀具选择、安装正确、规范	5		
	8	工件找正、安装正确、规范	5		
	9	量具运用合理	5		
工作态度	10	行为规范、纪律表现	5		
外圆	11	$\phi 30_{-0.05}^{0}$ mm	10		
内孔	12	$\phi 16_{0}^{+0.027}$ mm	20		
长度	13	37 mm	10		
倒角	14	C1(2处)	5		
内孔倒角	15	C1(2处)	5		
综合得分			100		

3.6.6　问题分析

问题 1　首件加工结束后,经过测量内孔成圆锥面。
解决方案　(1)由于刀具刚度不够,产生让刀现象。更换刀杆刚度更大的刀具。
(2)调整 X 轴方向的吃刀深度,减小刀具的 X 轴方向的切削力。

问题 2　执行精车 $\phi 16_{0}^{+0.027}$ mm 内孔程序后测得内孔实际孔径为 $\phi 15.8915$ mm,比孔径平均尺寸小 0.122 mm,单边余量小 0.061 mm。
解决方案　把刀具磨损量修调为 -0.2 mm$+0.061$ mm$=-0.139$ mm。

3.7　盲孔类零件钻削加工

完成图 3.20 所示零件。材料为 45 钢,学时为 10 课时。

3.7.1　基础知识

公制、英制尺寸输入指令是指选定输入的尺寸是英制还是公制。法拉克系统公制代码 G21;英制代码 G20。开机默认公制尺寸输入指令。
(1)指令使用说明。
①法拉克系统 G20、G21 指令必须在设定坐标之前,以单独程序段指定。
②在程序执行期间,均不能切换公、英制尺寸输入指令。
③G20,G21 均为模态有效指令。
④在公制/英制转换之后,将改变下列值的单位制。
a.由 F 代码指定的进给速度。

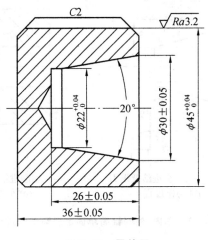

图 3.20 零件图

b. 位置指令。

c. 工件零点偏移值。

d. 刀具补偿值。

e. 手摇脉冲发生器的刻度单位。

f. 在增量进给中的移动距离。

(2)法拉克系统轮廓简单固定循环。法拉克系统除了可以采用轮廓复合循环粗、精加工外圆、内孔，还可以使用简单固定循环进行加工，它相当于把车内、外圆柱或内、外圆锥加工的四个动作编写为一个子程序(循环)供调用，如图 3.21、图 3.22 所示。用一个程序段可以完成①~④的加工操作。指令格式如下：

圆柱面车削简单固定循环:G90 X(U)_ Z(W)_ F_

圆锥面车削简单固定循环:G90 X(U)_ Z(W)_ R_ F_

其中 X,Z——切削终点的绝对坐标；

U,W——切削终点相对循环起点的增量坐标；

F——切削进给速度,mm/r；

R——车圆锥时切削起点与终点的半径差。该值有正负号：若起点圆锥半径小于圆锥终点半径，R 为负值，如图 3.22(a)所示；若起点圆锥半径大于终点圆锥半径，R 为正值，如图 3.22(b)所示。

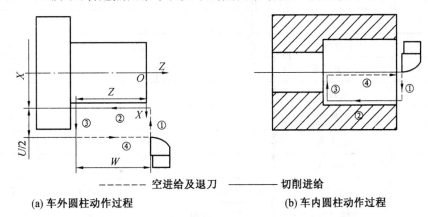

(a) 车外圆柱动作过程　　　　　　　　　(b) 车内圆柱动作过程

图 3.21　车内、外圆柱简单固定循环动作过程

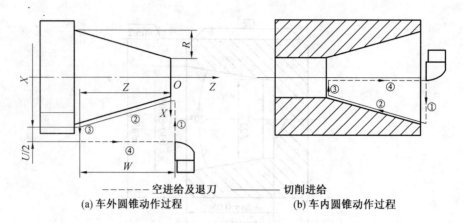

(a) 车外圆锥动作过程　　　　　　　　(b) 车内圆锥动作过程

图 3.22　车内、外圆锥简单固定循环动作过程

3.7.2　工艺分析

1. 选择工、量、刃具

(1) 工具选择。工件装夹在三爪自定心卡盘中,校正。其余工艺装备见表 3.26。

(2) 量具选择。外径、长度用游标卡尺测量,内孔用百分表测量,表面粗糙度用表面粗糙度样板比对,内沟槽用样板检测。

(3) 刀具选择。选择外圆车刀车外圆、端面;内孔车刀车内孔,不通孔加工应选择主偏角大于等于 90°的不通孔车刀;此外,刀尖到刀背距离应小于内孔半径才能车平底孔。内沟槽用内沟槽刀切削,刀头宽度等于槽宽。此外,车内孔前还需用中心钻钻中心孔及用麻花钻钻孔;内孔最小孔径为 $\phi22$ mm,宜选取 $\phi20$ mm 麻花钻。刀具规格见表 3.26。

2. 工艺方案

若采用普通数控车床(不带 C 轴),先车外圆、端面,手动方式钻中心孔及钻孔;再粗车内孔,车内沟槽,精车内孔;最后调头装夹,车另一端面及外圆。具体加工工艺见表 3.26。

表 3.26　工艺装备一览表

工、量、刃具清单					图号	图 3.20
种类	序号	名称	规格	精度	单位	数量
工具	1	三爪自定心卡盘			个	1
	2	卡盘扳手			副	1
	3	刀架扳手			副	1
	4	垫刀片			块	若干
	5	划线盘			个	1
	6	钻夹头			个	1
	7	磁性表座			个	1
量具	1	游标卡尺	0～150 mm	0.02 mm	把	1
	2	内径百分表	0～35 mm	0.01 mm	把	1
	3	表面粗糙度样板			套	1
	4	百分表	0～10 mm	0.01 mm	只	1

续表 3.26

工、量、刃具清单				图号		图 3.20
种类	序号	名称	规格	精度	单位	数量
刀具	1	外圆车刀	90°		把	1
	2	中心钻	A3		把	1
	3	麻花钻	ϕ18 mm		把	1
	4	内孔粗车刀	≥90°		把	1
	5	内孔精车刀	≥90°		把	1

3.切削参数(表 3.27)

加工材料为 45 钢,硬度较高,切削力较大,切削用量应选小些。因切削温度较高,加工中应充分浇注切削液。

表 3.27 切削参数

工步号	工步内容	刀具号	切削用量		
			背吃刀量 a_p/mm	进给量 f/(mm·r^{-1})	主轴转速 n/(r·min^{-1})
1	夹住毛坯外圆,车右端面	T01	1~2	0.2	500
2	车倒角及 ϕ45 mm 外圆	T01	1~2	0.2	500
3	自动(手动)钻中心孔	T02	1.5	0.1	700
4	自动(手动)钻 ϕ20 mm 孔	T03	8	0.08	400
5	粗车 ϕ22 mm 内孔和 ϕ30 mm 锥孔,留 0.4 mm 精加工余量	T04	1~2	0.15	500
7	精车 ϕ22 mm 内孔和 ϕ30 mm 锥孔至尺寸要求	T05	0.2	0.1	700
8	调头装夹 40mm 外圆,车左端面,控制工件总长 36 mm	T01	1~2	0.15	500
9	车倒角 C2	T01	1~2	0.2	500

3.7.3 参考程序

(1)建立工件坐标系。

加工工件右侧表面时取右端面与工件轴线交点为工件坐标系原点。

(2)坐标计算(略)。

(3)参考程序。

①车外圆、钻中心孔、钻孔程序。法拉克系统程序名为"O0032"(表 3.28);若手动钻中心孔、钻孔,则只编写车外圆、车孔及车内沟槽程序,钻中心孔、钻孔不需编程。

表 3.28 参考程序

程序段	内容	程序段	内容
N10	G40 G99 G80 G21 G18	N300	T0404 S500
N20	T0101	N310	G00 X21.6 Z3
N30	M3 S500 M08	N320	G01 Z−26 F0.15
N40	G00 X48 Z3	N330	X0
N50	G01 Z−20 F0.2	N340	G00 Z3
N60	X52	N350	X24.6
N70	G00 Z3	N360	G01 X21.6 Z−22
N80	X44	N370	X19
N90	G01 Z−20	N380	G00 Z3
N100	X52	N390	X27.6
N110	G00 Z5	N400	G01 X21.6 Z−22
N120	X0	N410	X19
N130	G01 Z0 F0.1	N420	G00 Z3
N140	X41	N430	X29.6
N150	X45 Z−2	N440	G01 X21.6 Z−22
N160	Z−20	N450	X19
N170	X52	N460	G00 Z3
N180	G00 X100 Z200	N470	X100 Z200
N190	M0 M5	N480	M0 M5
N200	T0202	N490	T0505
N210	M3 S700	N500	M3 S700
N220	G00 X0 Z10	N510	G00 X30 Z3
N230	G98 G83 X0 C0 Z−5 R5 P2 F0.1 M31	N520	G01 X22 Z−22 F0.2
N240	G00 X100 Z200	N530	Z−26
N250	T0303	N540	X19
N260	M3 S400	N550	G00 Z3
N270	G00 X0 Z10	N560	X100 Z200
N280	G98 G83 X0 C0 Z−26 R5 Q6 P2 F0.08 M31	N570	M30
N290	G00 X100 Z200		

②调头装夹,车左端面、倒角(程序略)。

3.7.4 加工过程

1.加工准备

(1)按照零件图要求检查毛坯尺寸。

(2)检查机床状态,按顺序开机,回参考点。

(3)输入程序。把编写好的程序通过数控面板输入数控机床。

(4)装夹工件。把坯料装入三爪自定心卡盘,伸出 30 mm 左右,用划线盘校正并夹紧。调头装夹时用百分表校正。

(5)装夹刀具。把外圆车刀、中心钻、麻花钻、内孔粗车刀、内沟槽刀、内孔精车刀按要求依次装入 T01,T02,T03,T04,T05 号刀位(将普通数控车床中心钻、麻花钻分别装夹在尾座套筒中)。

2.试切对刀

每把刀依次采用试切法对刀,通过对刀把操作得到的零偏值分别输入到各自长度补偿中;若手动钻中心孔、钻孔,则中心钻、麻花钻不需对刀。

3.程序校验

选择自动加工工作模式,打开程序,按下空运行按钮及机床锁住开关,按循环启动按钮,观察程序运行情况;若按图形显示键再按循环启动按钮可进行加工轨迹仿真。空运行结束后使空运行按钮和机床锁住开关复位,机床重新回参考点。

4.自动加工

打开程序,选择自动加工模式,按数控启动按钮进行零件自动加工。

3.7.5 检测评分

加工结束后,进行尺寸测量。检测结果写在表 3.29 中。

表 3.29 加工评分表

	序号	检测内容	配分	学生自评	教师评分
编程	1	切削加工工艺制定正确	4		
	2	切削用量选择合理	4		
	3	程序正确、简单、规范	4		
	4	工作服穿戴合理	4		
操作	5	设备操作、维护保养正确	4		
	6	安全、文明生产	4		
	7	刀具选择、安装正确、规范	4		
	8	工件找正、安装正确、规范	4		
	9	量具运用合理	4		
工作态度	10	行为规范、纪律表现	4		
外圆	11	$\phi 45^{+0.04}_{0}$ mm	15		
内孔	12	$\phi 22^{+0.04}_{0}$ mm	10		
	13	$\phi(30\pm 0.05)$ mm	10		
长度	14	(36 ± 0.05) mm	10		
	15	(26 ± 0.05) mm	5		
倒角	16	C2(2 处)	5		
表面粗糙度	17	$Ra3.2\ \mu m$	5		
		综合得分	100		

3.7.6 问题分析

问题 1 首件加工结束后,经过测量内槽尺寸偏小。

解决方案 (1)由于刀具刚度不够,产生让刀现象。更换刀杆刚度更大的刀具。

(2)调整 X 轴方向的吃刀深度,减小刀具的 X 轴方向的切削力。

问题 2 执行精车 $\phi 22_{0}^{+0.04}$ mm 内孔程序后测得内孔实际孔径为 $\phi 21.98$ mm,比孔径平均尺寸小 0.02 mm,单边余量小 0.01 mm。

解决方案 (1)调整刀具磨损量。

(2)改变刀具的补偿值。

3.8 轴类零件加工综合练习

完成图 3.23 所示零件,材料为 45 钢。

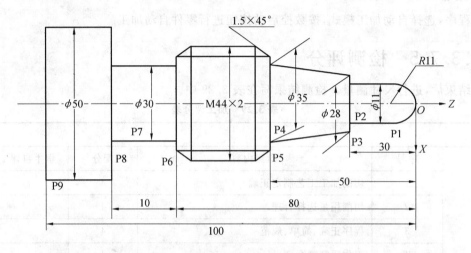

图 3.23 零件图

3.8.1 数控加工工艺文件基础知识

数控加工工艺文件既是数控加工、产品验收的依据,又是操作者应遵守、执行的规程,同时做必要的工艺资料积累。该文件主要包括数控加工工序卡、数控加工刀具卡、数控加工程序单等。

(1)数控加工工序卡。数控加工工序卡是编制加工程序的主要依据和操作人员进行数控加工的指导性文件,它包括工步顺序、工步内容、各工步使用的刀具和切削用量等。

(2)数控加工刀具卡。数控加工刀具卡主要反映刀具编号、刀具名称、刀具数量、加工表面等内容。

(3)数控加工程序单。数控加工程序单是操作者根据工艺分析,经过数值计算,按照机床指令代码特点编制的。它是记录数控加工工艺过程、工艺参数、位移数据的清单,是手动数据输入实现数控加工的主要依据。不同数控机床和数控系统,程序单格式是不一样的。

3.8.2 工艺分析

1.选择工、量、刃具

(1)选择工具。工件装夹在三爪自定心卡盘中,校正。其他工具见表 3.30。

(2)选择量具。外径用千分尺测量,长度用游标卡尺测量,圆弧表面用半径样板检测,螺纹表面用螺纹环规检测,表面粗糙度用表面粗糙度样板比对(表 3.30)。

(3)选择刀具。粗、精加工外圆轮廓用 90°外圆车刀,自右往左车削,圆弧表面不会与车刀副切削刃产生干涉,对车刀副偏角无特别要求,只需车刀主偏角大于等于90°即可。切槽(断)用切槽刀;螺纹表面用螺纹车刀切削,具体规格见数控加工刀具表(表3.31)。

表3.30 工艺装备表

种类	序号	名称	规格	精度	单位	数量
工具	1	三爪自定心卡盘			个	1
	2	卡盘扳手			副	1
	3	刀架扳手			副	1
	4	垫刀片			块	若干
	5	划线盘			个	1
量具	1	游标卡尺	0~150 mm	0.02 mm	把	1
	2	千分尺	0~25 mm 25~50 mm	0.01 mm	个	各1
	3	半径样板	$R1$ mm~$R6.5$ mm		个	1
	4	表面粗糙度样板			套	1

表3.31 刀具表

产品名称或代号		数控车床综合训练		零件名称	综合训练一	零件图号	图3.23
序号	刀具号	刀具名称		数量	加工表面	刀尖半径	刀尖方位
1	T01	90°硬质合金粗车刀		1	粗车外轮廓	0.4 mm	3
2	T02	90°硬质合金精车刀		1	精车外轮廓	0.2 mm	3
3	T03	60°硬质合金螺纹车刀		1	车螺纹	0.2 mm	
4	T04	硬质合金切槽刀		1	切槽、切断	刀头宽4 mm	
编制		审核		批准		共1页	第1页

2. 加工工艺

若坯料较长,则夹住毛坯外圆,伸出120 mm左右,车右侧轮廓表面,然后用切断刀切断,以保证零件位置精度。若毛坯长度为120 mm左右时,须采用调头装夹车削,调头装夹时应注意校正,以保证同轴度要求。

加工路线安排:粗、精加工外轮廓面,车 $\phi30$ mm外圆,再粗、精加工螺纹。粗加工外廓表面时有圆弧面存在,粗加工余量不均匀,应给予考虑。

3. 切削参数

加工材料为45钢,硬度较低,切削力较小,切削用量可选大些。具体见数控加工工序卡(表3.32)。

表3.32 加工工序卡

工步号	工步内容	刀具号	刀具规格/(mm×mm)	转速n/(r·min^{-1})	进给量F/(mm·r^{-1})	背吃刀量a_p/mm	备注
1	车端面	T01	20×20	600	0.2	1.0	自动
2	粗车外轮廓留余量0.2 mm	T01	20×20	600	0.2	1.5	自动
3	精车各表面至尺寸	T02	20×20	800	0.1	0.1	自动
4	车$\phi30$ mm×10 mm至尺寸	T04	20×20	300	0.08	4	自动
5	粗、精车M44螺纹至尺寸	T03	20×20	400	1.5	0.1~0.4	自动
6	切断,控制总长	T04	20×20	300	0.08	4	自动
编制		审核			批准	共1页	第1页

3.8.3 参考程序

(1)建立工件坐标系。

根据工件坐标系建立原则,工件坐标系设置在工件右端面轴线上。

(2)坐标计算(略)。

(3)参考程序:O0061(表3.33)。

表3.33 参考程序

程序段	内容	程序段	内容
N5	G40 G99 G80 G21	N270	G00 Z−90 X55
N10	M3 S600 F0.2 T0101	N280	G01 X30 F0.08
N20	G00 X55 Z5	N290	G04 X2
N30	G71 U1.5 R0.5	N300	G01 X55
N40	G71 P50 Q170 U0.2 W0.1	N310	G00 Z−86
N50	G01 G42 X0	N320	G01 X30
N60	Z0	N330	G04 X2
N70	G03 X22 Z−11 R11	N340	G01 X55
N80	G01 Z−30	N350	G00 Z−84
N90	G01 X28	N360	G01 X30
N100	X35 Z−50	N370	G04 X2
N110	X44	N380	G01 X55
N120	Z−80	N390	G00 X100 Z200
N130	Z−90	N400	T0303
N140	X50	N410	M3 S400
N150	Z−100	N420	G00 X55 Z5
N160	X55	N430	G76 P011160 Q100 PL50
N170	G40 X56	N440	G76 X42.7 Z−85 R0 P650 Q350 F1
N180	G00 X100 Z200	N450	G00 X55 Z−104
N190	M0 M5	N460	G01 X0 F0.08
N200	T0202	N470	G01 X55 F0.5
N210	M3 S800 F0.1	N480	G00 X100 Z200
N220	G70 P50 Q170	N490	M30
N230	G00 X100 Z200		
N240	M0 M5		
N250	T0 404		
N260	M3 S300		

3.8.4 加工过程

1. 加工准备

(1) 准备尺寸零件所需尺寸的 45 钢坯料。
(2) 检查机床状态,按顺序开机,回参考点。
(3) 输入程序。把编写好的程序通过数控面板输入数控机床。
(4) 装夹工件和刀具。坯料装夹在三爪自定心卡盘中,伸出 120 mm 左右,校正并夹紧。把外圆粗车刀、外圆精车刀、切槽刀、螺纹车刀依次装入 T01,T02,T04,T03 号刀位。

2. 试切对刀(略)

3. 程序校验(略)

4. 自动加工(略)

3.8.5 检测评分

零件加工结束后,进行尺寸检测。检测结果写在表 3.34 中。

表 3.34 评分表

序号	考核内容	考核要求	配分	评分标准	学生自评	教师评分	得分
1	编程	切削加工工艺制定正确	4	不合理酌情扣分			
		切削用量选择合理	2	不合理酌情扣分			
		程序正确、简单、规范	2	不合理酌情扣分			
2	操作	工作服穿戴正确	2	着装不合理酌情扣分			
		设备操作、维护保养正确	2	不合理酌情扣分			
		刀具选择、安装正确、规范	4	不合理酌情扣分			
		工件找正、安装正确、规范	4	不合理酌情扣分			
		量具运用正确	4	不合理酌情扣分			
		行为规范、纪律表现	2	不合理酌情扣分			
3	外圆	φ50 mm	5	超差扣 5 分			
4		φ30 mm	5	超差扣 2 分			
5		φ11 mm	5	超差扣 2 分			
6	长度	100 mm	5	超差扣 2 分			
7		10 mm	5	超差不得分			
8		30 mm	5	超差不得分			
9		50 mm	5	超差不得分			
10		80 mm	5	超差不得分			
11	圆弧	R11 mm	5	超差不得分			
12	螺纹	M44×2	10	超差扣 2 分			
13	倒角	C1.5	5	超差不得分			
14	锥面		6	超差不得分			

续表 3.34

序号	考核内容	考核要求	配分	评分标准	学生自评	教师评分	得分
15	其余		8	每错一处扣 1 分			
16	安全文明生产	按国家颁布的安全生产规定标准评定		1.违反有关规定酌情扣 1~10 分,危及人身或设备安全者终止考核 2.场地不整洁,工、夹、刀、量具等放置不合理酌情扣 1~5 分			
		合计	100	总分			

3.8.6 问题分析

问题 首件加工结束后,经过测量螺纹有误差。
解决方案 (1)重新调整螺纹刀具的安装。
(2)调整螺纹切削时的引入量和退出量,保证螺纹的开始和结尾段的质量。

3.9 内成形面的加工

完成图 3.24 所示零件,材料为 45 钢。

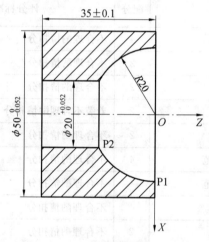

图 3.24 零件图

3.9.1 基础知识

1.回参考点指令

(1)指令功能 参考点是机床上的一个固定点,用该指令可以使刀具非常方便地移动到该位置。
G28 X_ Z_;X,Z 指定中间点的坐标
例 N1 G28 X40 Z10;中间点(X40,Z10)
N2 G28 Z60;中间点(X40,Z60)
(2)指令使用说明。
①用 G28 指令回参考点的各轴移动速度储存在机床数据中(快速)。
②使用回参考点指令前,为安全起见应取消刀具半径补偿和长度补偿。
③法拉克系统须指定中间点坐标,刀具经中间点回到参考点。
④回参考点指令为程序段有效指令。

2. 返回固定点指令

(1)功能指刀具自动返回到机床上某一指定的固定点,如换刀点。
(2)指令格式:G29 X_ Z_;
(3)指令使用说明。
①返回固定点指令为程序段有效指令。
G29 X_ Z_;X,Z 指参考点返回目标点的坐标
例 N2 G29 X40 Z60;目标点(X40,Z60)
②返回固定点指令之后的程序段中原先的 G0,G1,G2,G3,…将再次生效。
③有些法拉克系统车床不用 G29 返回固定点指令。

3.9.2 工艺分析

1. 工、量、刃具选择

(1)工具选择。工件装夹在三爪自定心卡盘中,校正。其他工具见表 3.35。
(2)量具选择。长度用游标卡尺测量,外圆用外径千分尺测量,内孔用内径百分表测量,圆弧表面用半径样板测量,表面粗糙度用表面粗糙度样板比对。量具规格、参数见表 3.35。

表 3.35 内圆弧面零件加工工、量、刃具清单

种类	序号	名称	规格	精度	单位	数量
工、量、刃具清单						
工具	1	三爪自定心卡盘			个	1
	2	卡盘扳手			副	1
	3	刀架扳手			副	1
	4	垫刀片			块	若干
	5	划线盘			个	1
量具	1	游标卡尺	0~150 mm	0.02 mm	把	1
	2	外径千分尺	25~50 mm	0.01 mm	把	1
	3	内径百分表	8~35 mm	0.01 mm	把	1
	4	半径样板	$R15$ mm~$R25$ mm		套	1
	5	表面粗糙度样板			套	1
刀具	1	外圆车刀	90°		把	1
	2	中心钻	$\phi 3$ mm		只	1
	3	麻花钻	$\phi 18$ mm		只	1
	4	内孔粗车刀	75°		把	1
	5	内孔精车刀	75°		把	1
	6	切槽刀	4 mm		把	1

(3)刀具选择。加工外圆、端面选用外圆车刀,内圆弧面加工前先用麻花钻钻孔(含用中心钻钻中心孔),加工内圆弧选用内孔车刀,内孔车刀主、副偏角应足够大,防止干涉;当内圆弧无预制孔时,内孔车刀主偏角必须大于 90°,刀具参数见表 3.35。

2. 加工工艺

坯料较短时,夹紧毛坯外圆,车右端面、钻中心孔、钻孔、粗精车内轮廓,然后调头以 $\phi 20^{+0.052}_{0}$ mm 内

孔定位车另一端面及 $\phi 50_{-0.052}^{0}$ mm 外圆;坯料较长时,夹紧毛坯外圆车右端面、$\phi 50_{-0.052}^{0}$ mm 外圆、钻中心孔、钻孔、车 $\phi 20_{0}^{+0.052}$ mm 内孔及内圆弧表面,最后切断控制总长。粗车内圆弧时余量不均匀,需用分层方法车削。具体步骤见表 3.36。

3. 切削参数

加工材料为 45 钢,硬度较高,切削力较大,切削速度应选低些;粗加工凹圆弧表面时余量不均匀,背吃刀量、进给速度选择较小。具体切削用量见表 3.36。

表 3.36 凹圆弧面零件加工艺

工步号	工步内容	刀具号	切削用量		
			背吃刀量 a_p/mm	进给量 f/(mm·r^{-1})	主轴转速 n/(r·min^{-1})
1	车右端面	T01	1~2	0.2	500
2	粗车外圆,留 0.6 mm 精车余量	T01	1~2	0.2	500
3	精加工 $\phi 50_{-0.052}^{0}$ mm 外圆至尺寸	T01	0.3	0.1	700
4	钻 $\phi 3$ mm 中心孔(手动)		1.5	0.15	800
5	钻 $\phi 18$ mm 内孔(手动),长 40 mm		9	0.15	300
6	粗车内圆弧面及内孔,留 0.6 mm 精车余量	T02	1.5	0.15	500
7	精车内圆弧面及内孔至尺寸	T03	0.3	0.1	700
8	切断,控制工件总长	T04	4	0.08	300

3.9.3 参考程序

(1)建立工件坐标系。

根据工件坐标系建立原则,工件坐标系设置在工件右端面轴线上,如图 3.20 所示。

(2)坐标计算(略)。

(3)参考程序:O0043(表 3.37)。

表 3.37 参考程序

程序段	内容	程序段	内容
N10	G40 G99 G80 G21	N230	G01 X40 Z20
N20	M3 S500 T0101 M8	N240	G03 X20.026 Z−17.32 R20
N30	G00 X0 Z5	N250	G01 Z−40
N40	G01 Z0 F0.2	N260	X17
N50	X52.8	N270	G28 X20 Z20
N60	Z−40	N280	M0 M5
N70	X56	N290	T0303
N80	G00 Z5	N300	M3 S700
N90	X50.6	N310	G00 G41 X40 Z2
N100	G01 Z−40	N320	G01 Z0 F0.1
N110	X56	N330	G03 X20.026 Z−17.32 R20
N120	G00 Z5	N340	G01 Z−40
N130	X49.974 S700	N350	X19

续表 3.37

程序段	内容	程序段	内容
N140	G01 Z−40 F0.1	N360	G00 G40 Z10
N150	X56	N370	G28 X50 Z50
N160	G28 X65 Z−30	N380	M0 M5
N170	M0	N390	T0404
N180	M3 S500	N400	M3 S300
N190	T0202	N410	G00 X59 Z−40
N200	G00 X0 Z3	N420	G01 X15 F0.08
N210	G71 U1.5 R1	N430	X56 F0.5
N220	G71 P230 Q260 U−0.6 W0.3 F0.15	N440	G28 X60 Z−40
		N450	M2

3.9.4　加工过程

1. 加工准备

(1) 准备尺寸零件所需尺寸的 45 钢坯料。
(2) 检查机床状态、按顺序开机、回参考点。
(3) 输入程序。把编写好的程序通过数控面板输入数控机床。
(4) 装夹工件与刀具。把坯料装入三爪自定心卡盘,伸出 45 mm 左右,用划线盘校正并夹紧。各刀具严格按照要求装夹。

2. 试切对刀

四把刀依次采用试切法对刀。把通过对刀操作得到的零偏值分别输入到各自长度补偿中,加工时调用。

3. 程序校验

对输入的程序进行空运行或轨迹仿真,以检测程序是否正确。

4. 自动加工

打开程序,选择 AUTO(自动加工)模式,按数控启动按钮进行自动加工。

3.9.5　检测评分

内圆弧面用半径样板检测,由于在零件内部,检测、观察都不方便,有时需凭借手感判别其与半径样板的吻合程度;其他尺寸用相关量具进行检测。检测结果填写在表 3.38 中。

表 3.38　内圆弧面零件加工评分表

	序号	检测内容	配分	学生自评	教师评分
编程	1	切削加工工艺制定正确	5		
	2	切削用量选择合理	5		
	3	程序正确、简单、规范	10		

续表 3.38

	4	工作服穿戴正确	5	
操作	5	设备操作、维护保养正确	5	
	6	安全、文明生产	5	
	7	刀具选择、安装正确、规范	5	
	8	工件找正、安装正确、规范	5	
	9	量具运用正确	5	
工作态度	10	行为规范、纪律表现	5	
外圆	11	$\phi 50_{-0.052}^{0}$ mm	10	
内孔	12	$\phi 20_{0}^{+0.052}$ mm	10	
长度	13	(35 ± 0.1) mm	10	
圆弧	14	$R20$ mm	10	
表面粗糙度	15	$Ra3.2$ μm	5	
		综合得分	100	

3.9.6 问题分析

问题 首件加工结束后,经过测量内成型面有误差。

解决方案 （1）加上刀具半径补偿,调整零件的内成型面的精度。

（2）调整 X 轴方向的精车吃刀深度,减小刀具的 X 轴方向的切削力。

3.10 成形面的加工 Ⅲ

完成图 3.25 所示零件,材料为 45 钢。

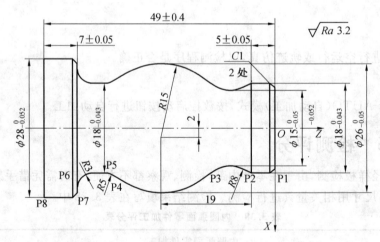

图 3.25 零件图

3.10.1 工艺分析

1. 选择工、量、刃具

(1)工具选择。工件装夹在三爪自定心卡盘中,用划线盘校正。其他工具见表3.39。

(2)量具选择。长度用游标卡尺测量,外圆用千分尺测量,圆弧面用半径样板测量。表面粗糙度用表面粗糙度样板比对。量具的规格、参数见表3.39。

(3)刀具选择。零件既有凸圆弧又有凹圆弧,所选刀具既要防止主切削刃与圆弧面干涉,又要防止副切削刃与圆弧面发生干涉。此外,该零件需车削台阶,故选择主偏角大于90°偏刀进行切削比较合适。刀具具体规格见表3.39。

表3.39 工艺装备一览表

工、量、刃具清单					图号	图3.25	
种类	序号	名称	规格	精度		单位	数量
工具	1	三爪自定心卡盘				个	1
	2	卡盘扳手				副	1
	3	刀架扳手				副	1
	4	垫刀片				块	若干
	5	划线盘				个	1
量具	1	游标卡尺	0～150 mm	0.02 mm		把	1
	2	外径千分尺	0～25 mm 25～50 mm	0.01 mm		把	各1
	3	半径样板	$R1$ mm～$R25$ mm			套	3
	4	粗糙度样板				套	
刃具	1	外圆粗车刀	90°			把	1
	2	外圆精车刀	90°			把	1
	3	切槽刀	4 mm			把	1

2. 加工工艺

该零件表面构成简单,工艺路线为:车右端面;粗、精车外轮廓;切断等加工。主要问题在于圆弧过渡面较多,既有凸圆弧又有凹圆弧,基点坐标计算困难;粗加工圆弧余量不均匀;采用车锥法、车圆法去除余量时各点坐标无法计算。为此,可借助于绘图软件辅助编排粗加工工艺路线,也可用软件查找所需各点坐标。

3. 切削参数

加工材料为45钢,硬度较低,切削力较小,切削用量可选择大一些。具体切削用量见表3.40。

表3.40 综合成形面零件加工工艺

工步号	工步内容	刀具号	切削用量		
			背吃刀量 a_p/mm	进给量 f/(mm·r^{-1})	主轴转速 n/(r·min^{-1})
1	车右端面	T01	1～2	0.2	600
2	粗车外轮廓,留0.6 mm精车余量	T01	1～2	0.2	600
3	精加工外轮廓至尺寸	T02	0.3	0.1	800
4	切断,控制工件总长	T03	4	0.08	400

3.10.2 参考程序

(1)建立工件坐标系。

根据工件坐标系建立原则,工件坐标系设置在工件右端面轴线上,如图3.26所示。

(2)坐标计算(略)。

(3)参考程序:O0044(表3.41)。

表3.41 参考程序

程序段	内容	程序段	内容
N10	G40 G99 G80 G21	N360	G03 X21.6 Z−34.9 R16.8
N20	M3 S600 T0101	N370	G01 Z−39.2
N30	G00 X0 Z5	N380	G02 X23.6 Z−40.2 R1
N40	G01 Z0 F0.2	N390	G01 X31
N50	X28.6	N400	G00 Z−4.55
N60	G01 Z−55 F0.2	N410	G01 X26.6
N70	X32	N420	G03 X20.576 Z−33.136 R15.3
N80	G00 Z2	N430	G02 X18.6 Z−36.12 R5
N90	X26.6	N440	G01 Z−38.7
N100	G01 Z−7.353	N450	G02 X24.6 Z−41.7 R3
N110	G02 Z−11.384 R2.7	N460	G01 X32
N120	G01 X30	N470	G00 X100 Z200
N130	G00 Z2	N480	M0 M5
N140	X24.6	N490	T0202
N150	G01 Z−6.235	N500	M3 S800
N160	G02 X23.814 Z−12.101 R4.2	N510	G00 G42 X0 Z2
N170	G03 X26.6 Z−13.953 R18.3	N520	G01 Z0 F0.1
N180	G01 X30	N530	X17.974
N190	G00 Z2	N540	Z−5
N200	X21.6	N550	G02 X18.802 Z−14.248 R8
N210	G01 Z−5.623	N560	G03 X20 Z−33.017 R15
N220	G02 X21.536 Z−13.077 R5.7	N570	G02 X17.974 Z−36.02 R5
N230	G03 X28.6 Z−19.901 R16.8	N580	G1 Z−42 R3
N240	G01 X30	N590	X27.974
N250	G00 Z2	N600	Z−55
N260	X18.6	N610	X32
N270	G01 Z−5.097	N620	G00 G40 X100 Z200
N280	G02 X19.258 Z−14.052 R7.2	N630	M0 M5
N290	G03 X26.6 Z−24.55 R15.3	N640	T0303
N300	G01 Z−34.062	N650	M3 S400

续表 3.41

程序段	内容	程序段	内容
N310	X24.6 Z−35.439	N660	G00 X32 Z−53
N320	Z−38.7	N670	G01 X0 F0.08
N330	X31	N680	X32 F0.5
N340	G00 Z−30.967	N690	G00 X100 Z200
N350	G01 X26.6	N700	M2

3.10.3 加工过程

1. 加工准备

(1) 准备零件所需尺寸的 45 钢坯料。
(2) 检查机床状态,按顺序开机,回参考点。
(3) 输入程序。把编写好的程序通过数控面板输入数控机床。
(4) 装夹工件与刀具。把坯料装入三爪自定心卡盘,伸出 60 mm 左右,用划线盘校正并夹紧。把外圆粗车刀、外圆精车刀及切断刀按要求依次装入 T01、T02、T03 号刀位。

2. 试切对刀

三把刀依次采用试切法对刀。把通过对刀操作得到的零偏值分别输入到各自长度补偿中;切断刀选取左侧刀尖为刀位点。

3. 程序校验

对输入的程序进行空运行或轨迹仿真,以检测程序是否正确。

4. 自动加工

零件自动加工方法:打开程序,选择 MEM(或 AUTO 自动加工)模式,调好进给倍率,按数控启动按钮进行自动加工,在加工过程中进行尺寸控制。

3.10.4 检测评分

零件加工结束后,进行尺寸检测,检测结果写入表 3.42 中。

表 3.42 评分表

	序号	检测内容	配分	学生自评	教师评分
编程	1	切削加工工艺制定正确	5		
	2	切削用量选择合理	5		
	3	程序正确、简单、规范	5		
操作	4	工作服穿戴合理	2		
	5	设备操作、维护保养正确	5		
	6	安全、文明生产	5		
	7	刀具选择、安装正确、规范	5		
	8	工件找正、安装正确、规范	5		
	9	量具运用正确	3		
工作态度	10	行为规范、纪律表现	5		

续表 3.42

	11	$\phi28_{-0.052}^{0}$ mm	5	
外圆	12	$\phi18_{-0.043}^{0}$ mm(2处)	10	
	13	$\phi15_{-0.05}^{0}$ mm	5	
	14	$\phi26_{-0.05}^{0}$ mm	5	
	15	(49±0.4)mm	5	
长度	16	(5±0.05)mm	2	
	17	(7±0.05)mm	2	
	18	19 mm	2	
	19	R8 mm	3	
圆弧	20	R15 mm	3	
	21	R5 mm	3	
	22	R3 mm	3	
倒角	23	C1(2处)	2	
表面粗糙度	23	Ra1.6 μm	3	
	24	Ra3.2 μm	2	
综合得分			100	

3.10.5 问题分析

问题 首件加工结束后,经过测量外圆面和样板不重合。

解决方案 (1)圆弧表面除了采用试切、试测方法控制形状、尺寸外,在编程时还需采用刀尖半径补偿指令,防止刀尖圆弧半径产生过切和欠切而影响圆弧表面形状及尺寸。

(2)根据测量结果,调整刀具磨损值,再次运行轮廓精加工程序直至符合尺寸要求为止。

拓展与实训

基础训练

一、选择题(每题有四个选项,请选择一个正确的填在括号里)

1.一般地,下列材料中切削加工性最好的是( )。
A.铸铁　　　　B.低碳钢　　　　C.中碳钢　　　　D.有色金属

2.用于制造各种板材的碳素钢是( )。
A.低碳钢　　　　B.中碳钢　　　　C.高碳钢　　　　D.不加限制

3.高速钢主要用于制造( )。
A.冷作模具　　　　B.切削刀具　　　　C.高温弹簧　　　　D.高温轴承

4.灰铸铁主要用来制造( )等零件。
A.轴　　　　B.键　　　　C.凸轮　　　　D.箱体

5.切削加工时,对表面粗糙度影响最大的因素一般是( )。
A.刀具材料　　　　B.进给量　　　　C.背吃刀量　　　　D.工件材料

6.定位芯轴水平放置,工件孔尺寸为 $\phi35$ mm,上偏差为+0.05,下偏差为-0.01,心轴尺寸为

φ35 mm,上偏差为 0,下偏差为－0.02,其基准位移误差为(　　)mm。
A. 0.08　　　　B. 0.04　　　　C. 0.07　　　　D. 0.035
7. 机床夹具中需要考虑静平衡要求的是(　　)夹具。
A. 车床　　　　B. 钻床　　　　C. 镗床　　　　D. 铣床
8. 刀具材料中,硬度、耐磨性最高的是(　　)。
A. 硬质合金　　B. 陶瓷　　　　C. 立方氮化硼　　D. 聚晶金刚石
9. 外圆车削时,背吃刀量增加一倍,则切削力(　　)。
A. 增大约不到 2 倍　B. 增大约 1 倍　C. 减小约 50%　D. 不变化
10. 切削热由工件、刀具、切屑、(　　)传出。
A. 机床　　　　B. 切削液　　　C. 夹具　　　　D. 周围介质

二、判断题(对的在题号前的括号内填 Y,错的在题号前的括号内填 N)
(　)1. 螺纹标注时,尺寸界线应从大径引出。
(　)2. 粗基准只在第一道工序中使用,一般不能重复使用。
(　)3. 在两个不同的工序中,都使用同一个定位基准,即为基准重合原则。
(　)4. 一个表面的加工总余量等于该表面的所有加工余量之和。
(　)5. 在尺寸链中必须有增环。
(　)6. 当测量基准与设计基准不重合时,可通过工艺尺寸链对测量尺寸进行换算。
(　)7. 车外圆属于展成法加工。
(　)8. 评定主轴旋转精度的主要指标是主轴前端的径向圆跳动和轴向窜动。
(　)9. 在相同力的作用下,具有较高刚度的工艺系统产生的变形较大。
(　)10. 工件夹紧变形会使被加工工件产生形状误差。

▶ 技能实训

技能实训 3.1　复杂零件加工(一)

1. 零件图(见图 3.26)

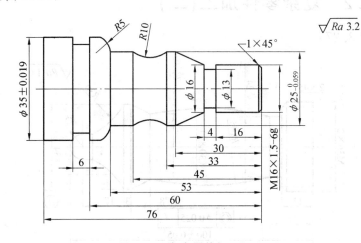

图 3.26　复杂零件加工(一)

2. 评分表(表 3.43)

表 3.43 评分表(一)

复杂零件加工训练(一)

序号	考核内容	考核要求	配分	评分标准	学生自评	教师评分	得分
1	外圆	$\phi 35\pm 0.019$	10	超差不得分			
2		$\phi 25_{-0.059}^{0}$	10	超差不得分			
3		$\phi 16,\phi 13$	10	超差不得分			
4	锥体	外锥 1:5 $Ra1.6$	10	超差不得分			
5		内锥 $Ra1.6$	10	超差不得分			
6	螺纹	外螺纹 M16×1.5-6g	8	超差不得分			
7		内螺纹 $Ra3.2$	8	超差不得分			
8	沟槽	6,4	8	不合格不得分			
9	倒角	1×45°两处	8	错漏不得分			
10	长度	76,60,53,45,33,30,16	8	超差不得分			
11	圆弧	$R5,R10$	10	超差不得分			
12	工艺	工艺制定正确、合理		工艺不合理每处扣2分			
13	程序	程序正确、简单、明确、规范		程序不正确不得分			
14	安全文明生产	按国家颁布的安全生产规定标准评定	倒扣	1.违反有关规定酌情扣1~10分,危及人身或设备安全者终止考核 2.场地不整洁,工、夹、刀、量具等放置不合理酌情扣1~5分			
合计			100	总分			

技能实训 3.2 复杂零件加工(二)

1.零件图(见图 3.27)

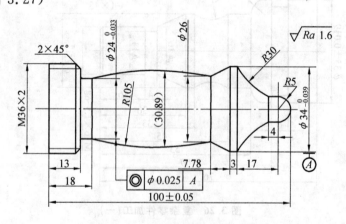

图 3.27 复杂零件加工(二)

2.评分表(表3.44)

表3.44 评分表(二)

复杂零件加工训练(二)

序号	考核内容	考核要求	配分	评分标准	学生自评	教师评分	得分
1	外圆	$\phi 24_{-0.03}^{0}$ Ra1.6	9	超差不得分			
2		$\phi 30.89$	8	超差不得分			
3		$\phi 26$	7	超差不得分			
4		$\phi 34_{-0.039}^{0}$ Ra1.6	9	超差不得分			
5	长度	100 ± 0.05	9	超差不得分			
6		13,18	7	超差不得分			
7		7.78,3,17,4	8	超差不得分			
8	圆弧	R105	9	超差不得分			
9		R30	9	超差不得分			
10		R5	9	超差不得分			
11	倒角	2×45°	7	错漏不得分			
12	螺纹	M36×2	9	超差不得分			
13	工艺	工艺制定正确、合理		工艺不合理每处扣2分			
14	程序	程序正确、简单、明确、规范		程序不正确不得分			
15	安全文明生产	按国家颁布的安全生产规定标准评定	倒扣	1.违反有关规定酌情扣1~10分,危及人身或设备安全者终止考核 2.场地不整洁,工、夹、刀、量具等放置不合理酌情扣1~5分			
合计			100	总分			

技能实训3.3 复杂零件加工(三)

1.零件图(见图3.28)

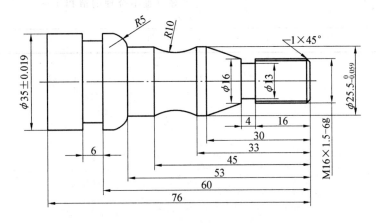

图3.28 复杂零件加工(三)

2. 评分表(表 3.45)

表 3.45 评分表(三)

复杂零件加工训练(三)

序号	考核内容	考核要求	配分	评分标准	学生自评	教师评分	得分
1	外圆	φ35±0.019	7	超差不得分			
2		φ16	5	超差不得分			
3		φ13	5	超差不得分			
4		$\phi 25.5_{-0.059}^{0}$	7	超差不得分			
5	长度	76	6	超差不得分			
6		60	5	超差不得分			
7		53	5	超差不得分			
8		45	5	超差不得分			
9		33	5	超差不得分			
10		30	5	超差不得分			
11		16	6	超差不得分			
12	倒角	1×45°	6	错漏不得分			
13	螺纹	M16×1.5—6g	7	超差不得分			
14	圆弧	R10	7	超差不得分			
15		R5	7	超差不得分			
16	沟槽	6	6	不合格不得分			
17		4	6	不合格不得分			
18	工艺	工艺制定正确、合理		工艺不合理每处扣2分			
19	程序	程序正确、简单、明确、规范		程序不正确不得分			
20	安全文明生产	按国家颁布的安全生产规定标准评定	倒扣	1.违反有关规定酌情扣1~10分,危及人身或设备安全者终止考核 2.场地不整洁,工、夹、刀、量具等放置不合理酌情扣1~5分			
	合计		100	总分			

技能实训 3.4 复杂零件加工(四)

1. 零件图(见图 3.29)

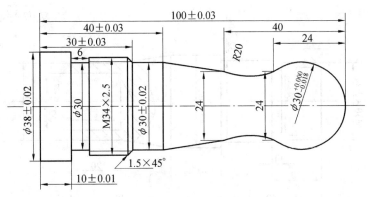

图 3.29 复杂零件加工(四)

2. 评分表(表 3.46)

表 3.46 评分表(四)

序号	考核内容	考核要求	配分	评分标准	学生自评	教师评分	得分
		复杂零件加工训练(四)					
1	外圆	φ38±0.02	9	超差不得分			
2		φ30	8	超差不得分			
3		φ30±0.02	9	超差不得分			
4	长度	100±0.03	9	超差不得分			
5		40±0.03,40	9	超差不得分			
6		30±0.03,24	9	超差不得分			
7		6	7	超差不得分			
8		10±0.01	8	超差不得分			
9	圆弧	R20	7	超差不得分			
10		$\phi 30_{-0.018}^{0}$	9	超差不得分			
11	螺纹	M34×2.5	9	超差不得分			
12	倒角	1.5×45°	7	错漏不得分			
13	外观	工件完整	9	不完整扣分			
14	工艺	工艺制定正确、合理		工艺不合理每处扣2分			
15	程序	程序正确、简单、明确、规范		程序不正确不得分			
16	安全文明生产	按国家颁布的安全生产规定标准评定	倒扣	1.违反有关规定酌情扣1~10分,危及人身或设备安全者终止考核 2.场地不整洁,工、夹、刀、量具等放置不合理酌情扣1~5分			
合计			100	总分			

技能实训 3.5 复杂零件加工(五)

1. 零件图(见图 3.30)。

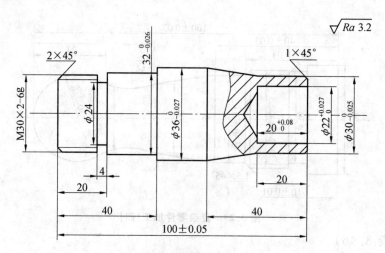

图 3.30 复杂零件加工(五)

2. 评分表(表 3.47)

表 3.47 评分表(五)

序号	考核内容	考核要求	配分	评分标准	学生自评	教师评分	得分
1	外圆	$\phi 24$	6	超差不得分			
2		$\phi 32_{-0.026}^{0}$	7	超差不得分			
3		$\phi 36_{-0.027}^{0}$	7	超差不得分			
4		$\phi 30_{-0.025}^{0}$	7	超差不得分			
5	倒角	$2\times 45°$	6	错漏不得分			
6		$1\times 45°$	6	错漏不得分			
7	长度	100 ± 0.05	7	超差不得分			
8		40	6	超差不得分			
9		40	6	超差不得分			
10		20	5	超差不得分			
11		20	5	超差不得分			
12	粗糙度	1.6	5	超差不得分			
13		其余 3.2	6	超差不得分			
14	孔	$\phi 22_{0}^{+0.027}$	7	超差不得分			
15		深 $20_{0}^{+0.08}$	7	超差不得分			
16	螺纹	$M30\times 2-6g$	7	超差不得分			

续表 3.47

		复杂零件加工训练(五)				
17	工艺	工艺制定正确、合理		工艺不合理每处扣 2 分		
18	程序	程序正确、简单、明确、规范		程序不正确不得分		
19	安全文明生产	按国家颁布的安全生产规定标准评定	倒扣	1.违反有关规定酌情扣 1～10 分,危及人身或设备安全者终止考核 2.场地不整洁,工、夹、刀、量具等放置不合理酌情扣 1～5 分		
合计		100		总分		

模块 4
数控车削技能强化与提高

知识目标
◆掌握数控车床加工的基本工艺知识；
◆掌握数控车床常见复杂零件的加工工艺；
◆掌握复杂零件的刀具选择；
◆掌握复杂零件的夹具选择；
◆掌握复杂零件的程序编制技巧；
◆掌握复杂零件的加工误差分析。

技能目标
◆能正确选择复杂零件的加工工艺；
◆能合理确定复杂零件的夹持方案；
◆能合理解决工艺参数的选择；
◆能对零件的加工方案进行优化；
◆能对不合格零件提出改进方案；
◆能编辑简单实用的程序。

课时建议
20课时

课堂随笔

4.1 车削加工中子程序的应用

完成如图 4.1 所示的零件,材料为 45 钢,毛坯为 $\phi 40 \times 100$。

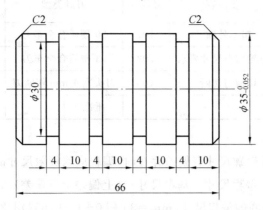

图 4.1 多槽轴

4.1.1 工艺分析

1. 零件分析

该零件为多槽轴,材料为 45 钢,加工内容全部由直线轮廓组成,用两把外圆车刀和一把切断刀可完成加工任务。分粗车、精车、切槽与切断加工三个工步,粗车外圆去除大部分加工余量,直径留下 0.5 mm 精车加工余量;精车时要求沿零件外形轮廓连续走刀,一次加工成形;接着切槽,最后切断。

2. 工艺路线

循环粗车外圆→循环精车轮廓至尺寸要求→加工槽、切断。

3. 刀具选择

外圆粗车选 90°硬质合金车刀置于 T01 号刀位→外圆精车选 93°硬质合金车刀置于 T02 号刀位;刀尖半径为 0.2 mm,刀尖方位为 T=3→切断选用刀头宽 4 mm 的切断刀并置于 T03 号刀位。

4. 切削参数(表 4.1)

表 4.1 加工切削参数

序号	加工面	刀具号	刀具类型	主轴转速 n /(r·min^{-1})	进给量 f /(mm·r^{-1})	切削深度 a_p/mm
1	粗车外圆面	T01	90°硬质合金车刀	600	0.2	1.5
2	精车外圆轮廓	T02	93°硬质合金车刀	1 000	0.1	0.25
3	切槽与切断	T03	刀头宽 4 mm 切断刀	500	0.05	2.5

5. 加工工序(表 4.2)

续表 4.2

零件名称	多槽轴	数量	1	工作场地		日期	
零件材料	45 钢	尺寸单位	mm	设备及系统			
毛坯规格			$\phi 40 \times 100$			备注	
工序	名称			工艺要求			
1	锯床下料			$\phi 40 \times 100$ 棒料			

续表 4.2

工序	名称	工艺要求					
		工步	工步内容	刀具号	刀具类型	主轴转速 $n/(\text{r}\cdot\text{min}^{-1})$	进给量 $f/(\text{mm}\cdot\text{r}^{-1})$	切削深度 a_p/mm
2	数控车削	1	粗车外圆	T01	90°硬质合金车刀	600	0.2	1.5
		2	精车轮廓至尺寸要求	T02	93°硬质合金车刀	1000	0.1	0.25
		3	切槽与切断	T03	刀头宽 4 mm 切断刀	500	0.05	2.5
编制		审核			批准	共 1 页	第 1 页	

6.数值计算

零件生产时,精加工零件轮廓尺寸有偏差存在时,编程应取极限尺寸的平均值:

编程尺寸＝基本尺寸＋(上偏差＋下偏差)/2

在图 4.1 中,ϕ35 mm 外圆的编程尺寸/mm＝35＋[0＋(−0.052)]/2＝34.974。

4.1.2 编程准备

该零件是多槽轴,从零件分析可以知道这些槽在零件上是均匀分布的,为简化编程,特采用子程序形式来编写本零件的加工程序。

1.子程序

在编制加工程序过程中,有时会遇到零件图上有相同要素,我们把这些相同要素编写成一个固定程序,并加以单独命名,这单独命名的固定程序就称为子程序。相对应的调用此子程序的程序就称为主程序。在主程序中用 M98 指令来调用子程序,子程序在编写时必须以 M99 结束。当然,子程序还可以调用其下一级子程序。

2.子程序的调用

格式：M98 P＊＊＊＊L××××；

说明：M98 为调用子程序指令；P 后面的"＊＊＊＊"4 位数字表示调用子程序的次数,如 0004 表示调用子程序 4 次,其中 00 可以省略,如果只调用子程序 1 次,则 0001 都可以省略不写；"××××"4 位数字表示子程序程序号,如主程序中出现"M98 P44123；"程序段时,表示此时要调用程序名为 4123 的子程序,调用次数为 4 次。

3.子程序结束

格式：M99；

含义：表示子程序结束并返回主程序。

4.1.3 参考程序

主程序：O0041(表 4.3)。

表 4.3 参考程序

程序段	内容	程序段	内容
N10	G21 G97 G99；	N210	G70 P80 Q140；
N20	M03 S600；	N220	M09；
N30	T0101；	N230	G00 X100 Z100；
N40	M08；	N240	T0303；
N50	G00 X41 Z2；	N250	M03 S500；
N60	G71 U1.5 R0.5；	N260	M08；
N70	G71 P80 Q140 U0.5 W0 F0.2；	N270	G00 X37 Z0；
N80	G42 G00 X0；	N280	M98 P42101；
N90	G01 Z0 F0.1；	N290	G00 X42 Z−70；
N100	X30.974；	N300	G01 X30.974 F0.05；
N110	X34.974 Z−2；	N310	G01 X37 F0.2；
N120	Z−70；	N320	G00 Z−68；
N130	X41；	N330	G01 X34.974 F0.05；
N140	G40 G00 X42；	N340	X30.974 Z−70；
N150	M09；	N350	X−1；
N160	G00 X100 Z100；	N360	G00 X100 Z100；
N170	T0202；	N370	M05；
N180	M03 S1000；	N380	M09；
N190	M08；	N390	M30；
N200	G00 X41 Z2；		

多槽轴的子程序　O0411

  N10 G00 W−14；
  N20 G01 U−7 F0.05；
  N30 G04 X3
  N40 G01 U7 F0.2；
  N50 M99；

4.1.4　加工过程

1. 加工准备

检查机床状态。按照操作规程开机，并回零点。用三爪自定心卡盘夹持 φ40 mm 外圆，保证工件伸出卡盘长度不小于 75 mm，并装夹牢靠。

2. 试切对刀

安装刀具，调整刀具的高度，并试切对刀，以工件右端面与车床主轴轴线的交点处作为工件坐标系原点。（过程略）

3. 程序检验运行（略）

4.1.5 检测评分

填写表4.4,进行评分。

表4.4 评分表

多槽轴

项目	序号	检测要求	配分	学生自评分	小组评分	教师评分
编程	1	加工工艺路线制定正确	2			
	2	刀具及切削用量选择合理	3			
	3	程序编写正确、规范	5			
操作	4	服装穿戴合理	5			
	5	刀具装夹正确合理	5			
	6	工件装夹正确合理	5			
	7	设备操作正确及能维护保养	5			
	8	量具运用合理	5			
	9	安全文明生产	5			
尺寸精度、形位公差、表面质量	10	φ35 mm 外圆	5			
	11	φ30 mm 外圆	5			
	12	槽宽 4 mm	20			
	13	长度 10 mm	5			
	14	总长 66 mm	10			
	15	表面粗糙度 3.2 μm	10			
	16	其他尺寸	5			
		总计	10			
		结果检测综合成绩				

4.2 车削加工中宏程序的应用

加工如图4.2所示的零件,材料为45钢,毛坯为 φ50×100。

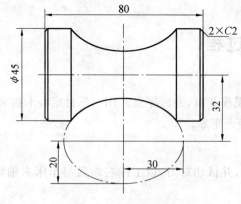

图 4.2 椭圆轴加工

4.2.1 工艺分析

1. 零件分析

该零件表面由圆柱面、凹椭圆面等组成,精度要求一般,椭圆加工时,须用宏程序编程。

2. 工艺路线

粗、精车左端面及圆柱面→粗、精车椭圆→用切断刀切断,留余量 0.5 mm→调头,手工车端面,保证总长。

3. 数值计算

该椭圆在 $X_1O_1Z_1$ 坐标系内的标准方程为: $\frac{X_1^2}{20^2}+\frac{Z_1^2}{30^2}=1$,如图 4.3 所示,设椭圆上任意一点 A 在 $X_1O_1Z_1$ 坐标系内的坐标值用变量表示为 $X_{1a}=\#1, Z_{1a}=\#2$,代入上式,则 $\frac{\#1^2}{20^2}+\frac{\#2^2}{30^2}=1$。用轨迹平移法粗、精车椭圆,以 #2 为自变量,则有 #1=20/30×SQRT[30×30-#2×#2],自右向左用微小的直线段逼近曲线,可见 #2 的初始值为 Z_{1b},最终值为 Z_{1c},在 $X_1O_1Z_1$ 坐标系内,$X_{1b}=X_{1c}=22.5-32=-9.5$,代入椭圆标准方程,可得 $Z_{1b}=26.4, Z_{1c}=-26.4$,任意一点 A 在 XOZ 坐标系内的编程坐标值 $X=2\times[32-\#1], Z=\#2-40$。

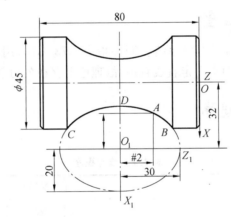

图 4.3 数值计算

4. 刀具选择(表 4.5)

粗、精车外圆和端面选用 90°硬质合金右偏刀一把,置于 T01 号刀位→粗、精车椭圆选用 30°菱形车刀一把,置于 T02 号刀位→切断刀选用硬质合金切断刀一把,置于 T03 号刀位。具体参数见表 4.5。

表 4.5 刀具卡

刀具号	刀具名称	用途	刀尖半径	刀尖方位号	备注
T01	外圆粗车刀	粗、精车外圆和端面	0.3	3	
T02	30°菱形车刀	粗、精车椭圆	0.2	8	
T03	切断刀	切断			刀宽 3 mm

5. 切削参数

根据机床功率、夹具结构、工件材料、刀具材料、刀具结构、粗、精加工等具体条件,选用不同的切削用量,见工序卡中相关内容。

6. 加工工序(表 4.6)

表 4.6　加工工序卡

零件名称	椭圆轴	数量	1	工作场地			日期	
零件材料	45钢	尺寸单位	mm	设备及系统				
毛坯规格	φ50×100						备注	
工序	名称	工艺要求						
1	锯床下料	φ50×100						
2	数控车削	工步	工步内容	刀具号	刀具类型	主轴转速 $n/(\text{r}\cdot\text{min}^{-1})$	进给量 $f/(\text{mm}\cdot\text{r}^{-1})$	切削深度 a_p/mm
		1	粗车外圆和端面	T01	90°硬质合金车刀	500	0.3	2
		2	精车外圆	T01	90°硬质合金车刀	800	0.15	0.5
		3	粗车椭圆	T02	30°菱形车刀	500	0.2	1.5
		4	精车椭圆	T02	30°菱形车刀	800	0.15	0.25
		5	切断	T03	切断刀	400	0.05	3
编制		审核		批准			共1页	第1页

4.2.2　编程准备

先用G90指令粗、精车外径,用宏程序结合循环指令G73,G70,用轨迹平移法粗、精加工凹椭圆。该椭圆精加工时,因曲线上相邻两点间走直线轨迹,故理论上存在欠切削现象。

4.2.3　参考程序

参考程序：O0042(表4.7)。

表 4.7　参考程序

N010	G21 G97 G99;	N250	#2=#2−0.25;
N020	M03 S500 F0.3;	N260	END1;
N030	T0101;	N270	G40 G01 X47;
N040	M08;	N280	M03 S800 F0.15;
N050	G00 X50 Z2;	N290	G00 X55 Z−13.6;
N060	G90 X46 Z−85;	N300	G70 P190 Q270;
N070	M03 S800 F0.15;	N310	G00 X200 Z200;
N080	G90 X45 Z−85;	N320	M09;
N090	G00 X200 Z200;	N330	M05;
N100	M09;	N340	M00;
N110	M05;	N350	T0303;
N120	M00;	N360	M03 S400 F0.05;
N130	T0202;	N370	M08;
N140	M03 S500 F0.2;	N380	G00 X55 Z−83.5;
N150	M08;	N390	G01 X40;

续表 4.7

N160	G00 X55 Z−13.6;	N400	G00 X45;
N170	G73 U9.6 W0 R7;	N410	W2.5;
N180	G73 P190 Q270 U0.5 W0;	N420	G01 X40 W−2.5;
N190	G00 G42 X47 Z−13.6;	N430	G01 X0;
N200	G01 X46;	N440	G00 X200 Z200;
N210	#2=26.4;	N450	M09;
N220	WHILE[#2GE−26.4]D01;	N460	M30;
N230	#1=20.0/30.0×SQRT[30.0×30.0−#2×#2];		
N240	G01 X[2×[32−#1]] Z[#2−40];		

4.2.4 加工过程

1.加工准备

检查机床状态。按照操作规程开机,并回零点。用三爪卡盘夹持 ϕ50 mm 外圆,保证工件伸出卡盘长度不小于 75 mm,并装夹牢靠。

2.试切对刀

装刀具,并对刀,建立工件坐标系在工件右端面与数控车床主轴轴线的交点处。(略)

3.程序检验运行(略)

4.重新回参考点,完成工件加工并检测

4.2.5 检测评分

填写表 4.8,进行评分。

表 4.8 评分表

		椭圆轴				
项目	序号	检测要求	配分	学生自评	小组评分	教师评分
编程	1	加工工艺制定正确	5			
	2	切削用量选择合理	5			
	3	程序编写正确、规范	10			
操作	6	设备操作、维护保养正确	5			
	7	工作服穿戴正确	5			
	8	安全、文明生产	5			
	9	刀具选择、安装正确、规范	5			
	10	工件找正、安装正确、规范	5			
	11	量具运用正确	5			

续表 4.8

椭圆轴

项目	序号	检测要求	配分	学生自评	小组评分	教师评分
尺寸精度、形位公差、表面质量	12	外圆 φ45 mm	10			
	13	椭圆长半轴 30 mm	10			
	14	椭圆短半轴 20 mm	10			
	15	椭圆 X 向偏心距 32 mm	5			
	16	长度 80 mm	5			
	17	表面粗糙度	5			
	18	其他尺寸	5			
总计			100			
结果检测综合成绩						

4.3 复杂轴类零件的车削加工

加工如图 4.4 所示的零件,材料为 45 钢,毛坯为 φ50 mm×105 mm。

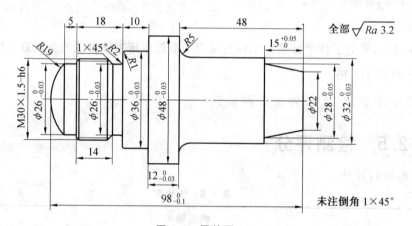

图 4.4 零件图

4.3.1 工艺分析

1. 零件分析

该零件表面由圆柱面、圆锥面、螺纹、外槽面等组成,精度要求一般。

2. 工艺路线

工件分两头加工,先加工右端再加工左端(以 φ48 处的台阶为界)。

工艺路线为:粗车右端外圆,留精加工余量→精车右端外圆到合格尺寸→粗车左端外圆,留精加工余量→精车左端外圆到合格尺寸→车退刀槽→车 M30×1.5 螺纹。

3. 数值计算

该零件的坐标计算很简单(略)。

4. 刀具选择

根据加工要求,选外圆偏刀、切槽和螺纹车刀各一把。1 号刀为外圆偏刀,2 号刀为切槽刀,3 号刀为螺纹车刀。换刀点位置的选择以刀具不碰到工件为原则。数控加工刀具卡见表 4.9。

表 4.9　刀具卡

刀具号	刀具名称	数量	加工内容	主轴转速 $n/(\text{r}\cdot\text{min}^{-1})$	进给量 $f/(\text{mm}\cdot\text{r}^{-1})$	备注
T01	93°外圆偏刀	1	粗车工件外轮廓	600	0.3	
T01	93°外圆偏刀	1	精车工件外轮廓	1 200	0.1	
T02	2 mm切槽刀	1	切槽	400	0.1	
T03	60°外螺纹车刀	1	车 M30×1.5 螺纹	200	1.5	

5. 切削参数

根据机床功率、夹具结构、工件材料,刀具材料,刀具结构,粗、精加工等具体条件,选用不同的切削用量,见表 4.10 工序卡中相关内容。

6. 加工工序(表 4.10)

表 4.10　加工工序卡

零件名称	轴类零件	数量	1	工作场地			日期	
零件材料	45钢	尺寸单位	mm	设备及系统				
毛坯规格				φ50×105			备注	
工序	名称			工艺要求				
1	锯床下料			φ50×105				
2	数控车削	工步	工步内容	刀具号	刀具类型	主轴转速 $n/(\text{r}\cdot\text{min}^{-1})$	进给量 $f/(\text{mm}\cdot\text{r}^{-1})$	切削深度 a_p/mm
		1	粗车右外圆和端面	T01	93°硬质合金车刀	500	0.3	2
		2	精车右外圆和端面	T01	93°硬质合金车刀	800	0.15	0.5
		3	粗车左外圆和端面	T01	93°硬质合金车刀	500	0.3	2
		4	精车左外圆和端面	T01	93°硬质合金车刀	800	0.15	0.5
		5	车退刀槽	T02	切断刀	400	0.05	3
		3	螺纹	T03	60°螺纹车刀	200	0.2	1.5
		7	切断	T02	切断刀	400	0.05	3
编制		审核		批准			共1页	第1页

4.3.2　参考程序

参考程序:O0001(表4.11)。

表 4.11　参考程序

N10	T0101 S600 M03;右端	N370	G40 X52.0;
N20	G00 X52.0 Z5.0;	N380	G00 X100.0 Z100.0;
N30	G71 U1.2 R0.5;	N390	S1200 M03 T0101;
N40	G71 P50 Q130 U0.2 W0.05 F0.3;	N400	G00 X52.0 Z5.0;
N50	G00 X0.0;	N410	G70 P250 Q370;
N60	G42 G01 Z0.0 F0.1;	N420	G00 X100.0 Z100.0;
N70	X22.0;	N430	T0202 S400 M03;

续表 4.11

N80	X28.0 Z−15.0;	N440	G00 X38.0 Z−26.0;
N90	X32.0;	N450	G01 X26.0 F0.1
N100	Z−43.0;	N460	G01 X38.0 F0.5;
N110	G02 X42.0 W−5.0 R5.0;	N470	W2.0;
N120	G01 X48.0;	N480	X30.0;
N130	G40 X52.0;	N490	X26.0 W−2.0 F0.1;
N140	G00 X100.0 Z100.0;	N500	X38.0 F0.5;
N150	S1200 M03 T0101;	N510	W−2.0;
N160	G00 X52.0 Z5.0;	N520	X30.0;
N170	G70 P50 Q130;	N530	G03 X26.0 W2.0 R2.0 F0.1;
N180	G00 X100.0 Z100.0;	N540	G01 X38.0 F0.5;
N190	M30;	N550	G00 X100.0 Z100.0;
N210	T0101 S600 M03;左端	N560	T0303 S200 M03;
N220	G00 X52.0 Z5.0;	N570	G00 X32.0 Z−8.0;
N230	G71 U1.2 R0.5;	N580	G92 X29.6 Z−25.0 F1.5;
N240	G71 P250 Q370 U0.2 W0.05 F0.3;	N590	X29.2;
N250	G00 X0.0;	N600	X28.8;
N260	G42 G01 Z0.0 F0.1;	N610	X28.4;
N270	G03 X26.0 Z−5.0 R19.0;	N620	X28.2;
N280	G01 Z−5.0;	N630	X28.05;
N290	X28.0;	N640	X28.05;
N300	X30.0 W−1.0;	N650	G00 X100.0 Z100.0;
N310	Z−28.0;	N660	M30;
N320	X34.0;		
N330	G03 X36.0 W−1.0 R1.0;		
N340	G01 Z−38.0;		
N350	X48.0;		
N360	W−13.0;		

4.3.3 加工过程

1. 加工准备

检查机床状态。按照操作规程开机,并回零点。用三爪自定心卡盘夹持 φ50 mm 外圆,保证工件伸出卡盘长度不小于 70 mm,并装夹牢靠。

2. 试切对刀

安装刀具,调整刀具的高度,并试切对刀,以工件右端面与车床主轴轴线的交点处作为工件坐标系原点。(过程略)

3. 程序检验运行(略)

4. 重新回参考点,完成工件加工并检测

4.3.4 检测评分

填写表4.12,进行评分。

表4.12 评分表

项目	序号	检测要求	配分	学生自评分	小组评分	教师评分
编程	1	加工工艺路线制定正确	3			
	2	刀具及切削用量选择合理	3			
	3	程序编写正确、规范	5			
操作	4	服装穿戴合理	3			
	5	刀具装夹正确合理	5			
	6	工件装夹正确合理	5			
	7	设备操作正确及能维护保养	5			
	8	量具运用合理	3			
	9	安全文明生产	3			
尺寸精度、形位公差、表面质量	10	$\phi 48_{-0.03}^{0}$	5			
	11	$\phi 32_{-0.03}^{0}$	5			
	12	$\phi 36_{-0.03}^{0}$	5			
	13	$\phi 26_{-0.03}^{0}$	5			
	14	大小端 $\phi 28_{-0.05}^{0}$,$\phi 22$	5			
	15	长度 $15_{0}^{+0.05}$	5			
	16	$R19$	3			
	17	$R5$	3			
	18	48	3			
	19	$12_{-0.03}^{0}$	5			
	20	5	2			
	21	18	2			
	22	10	2			
	23	$98_{-0.1}^{0}$	5			
	24	$R1,R2$	5			
	25	$M30\times 1.5-h6$	5			
总计			100			
结果检测综合成绩						

4.4 复杂套类零件的车削加工

加工图 4.5 典型套类零件,材料为 45 钢,毛坯为 φ70 mm×107 mm。

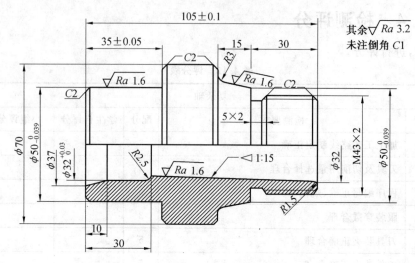

图 4.5 典型套类零件

4.4.1 工艺分析

1. 零件分析

该零件的主要的加工内容和加工要求为:该零件表面由内外圆柱面、圆锥面、圆弧面及外螺纹等加工结构组成。零件图尺寸标注完整,轮廓描述清楚完整,图中多个直径尺寸与轴向尺寸有较高的尺寸精度和表面粗糙度要求。零件材料为 45 钢,加工切削性能较好。

2. 工艺路线

①左端加工内容:夹持右端,使工件伸出 40 mm,对工件左端进行加工。加工方法:车端面,选用 φ3 的中心钻钻削中心孔;钻 φ25 的孔;进行 φ50 柱面的粗精加工;镗削内孔。

②右端加工内容:夹持左端 φ50 柱面,对右端进行加工。加工方法:车削右端面,保证总长 105;进行右端外形的粗、精加工;车 5×2 槽;车 M43×2 外螺纹;镗 1:15 锥孔。

3. 刀具选择

根据加工要求选择刀具见表 4.13。

表 4.13 刀具表

刀具号	刀具类型	刀片规格	刀杆	备注
T01	外圆粗车刀	CNMG120408	PCLNR2020M08	刀尖 80°
T02	外圆精车刀	DNMG160404	DDHNR2020M98	刀尖 55°
T03	内孔车刀	CPNT090304	S16R-SCLPR1103	刀尖 80°
T04	内孔精车刀	TPGT160304	S16R-STUPR1103	刀尖 60°
T05	外切槽刀	MWCR3	MTFH32-3	刃宽 3 mm 刀尖圆弧 0.2
T07	中心孔钻			φ5 mm
T08	钻底孔钻头			φ26 mm

4. 切削参数

根据被加工表面质量要求、刀具材料、工件材料、工艺系统刚性等因素,参考切削用量手册或有关资料选取切削用量,参看表 4.14 加工序表。

表 4.14 加工序表

序号	加工内容	刀具号	刀具类型	最大切深 a_p/mm	进给量 $f/(\text{mm} \cdot \text{r}^{-1})$	主轴转速 $n/(\text{mm} \cdot \text{r}^{-1})$	程序号
1	车端面	T01	外圆车刀	0.5	0.1	600	手动
2	$\phi 5$ 的中心钻钻削	T07	中心孔钻	$\phi 5$	0.05	800	手动
3	钻 $\phi 25$ 的孔	T08	钻底孔钻头	$\phi 25$	0.1	300	手动
4	粗加工工件左端外形	T01	外圆粗车刀	2	0.2	700	7201
5	精加工工件左端外形	T02	外圆精车刀	0.5	0.1	1 000	7201
6	粗加工工件左端内形	T03	内孔车刀	1.5	0.2	700	7202
7	精加工工件左端内形	T04	内孔精车刀	0.5	0.1	1 000	7202

注:左端加工,夹直径 70 mm,伸出 40 mm。

4.4.2 编程准备

工件左端加工程序如图 4.6 所示为左端加工结构及坐标系。

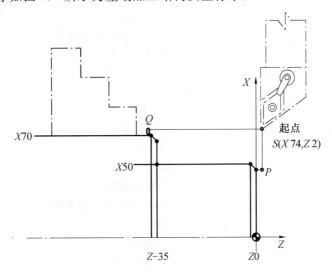

图 4.6 左端外形加工

如图 4.7 所示为左端内结构加工示意图。坐标系建立如图所示。

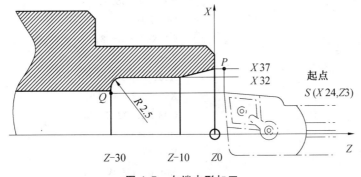

图 4.7 左端内形加工

4.4.3 参考程序

参考程序见表 4.15。

表 4.15 参考程序

1. 工件左端加工程序
O7201；
＜T01 粗加工左端外形＞
G99；
M3 S800 T0101；
G0 X74 Z2；
G71 U2 R1；
G71 P10 Q20 U0.5 W0.1 F0.1；
N10 G0 X46；
G1 Z0；
X50 Z−2；
Z−35；
X66；
U6 W−3；
N20 G1 X74；
G0 X100 Z50；
M5；
M0；
＜T02 精加工左端外形＞
G99；
S1200 M3 T0202；
G0 X74 Z2；
G70 P10 Q20 F80；
G0 X100 Z100；
M5；
M0；
＜T03 粗加工左端内形＞
G99；
M3 S800 T0303；
G0 X24 Z3；
G71 U1.5 R0.5；
G71 P20 Q30 U−0.5 W0.1 F0.2；
N30 G00 X37；
G01 Z0；
X32 Z−10；
Z−27.5；
G03 X27 Z−30 R2.5；
N40 G01 X24；
G0 Z50 X100；
M5；
M0；
＜T04 精加工左端内形＞
G99；
M3 S1200 T0404；
G0 G41 X24 Z3；
G70 P30 Q40 F0.1；
G40 G0 Z50 X100；

M5；
M30；

2. 工件右端加工程序 ＜右端内结构加工＞
O7102；
＜T03 右端内形粗加工＞
G99；
M3 S800 T0303；
G0 X24 Z3；
G71 U1.5 R0.5；
G71 P50 Q60 U−0.5 W0.1 F0.2；
N50 G1 X34.9；
Z0；
G02 X31.9 Z−1.45 R1.5；
G1 X27 Z−45；
N60 X24；
G0 Z50 X100；
M5；
M0；
＜T04 精加工右端内形＞
G99；
M3 S1200 T0404；
G0 G41 X24 Z3；
G70 P50 Q60 F0.1；
G40 G0 Z50 X100；
M5；
M30；

右端外轮廓加工
＜T01 粗加工右端外形＞
G99；
M3 S800 T0101；
G00 X74 Z2；
G71 U1.5 R1；（外径粗车循环）
G71 P70 Q80 U0.5 W0.1 F0.2；
N70 G0 X38.8；
G01 Z0；
G1 X42.8 Z−2；
Z−30；
X50；
X55.04 Z−42.59；
G03 X60.92 Z−45；
G01 Z−45；
X66；
N80 G1 U8 W−4；
G0 X100 Z50；
M5；
M0；
＜T02 精加工右端外形＞

```
G99;
M3 S1200 T0202;
G0 G42 X74 Z2;
G70 P70 Q80 F80;
G40 G0 Z50 X100;
M5;
M00;
<T05 车 4×φ24 槽>
G99;
T0505 S600 M3;
G0 Z-28;
X55;
G75 R1;
G75 X38.8 Z-30 P1000 Q200 F0.1;
G00 W2;
X42.8;
G01 U-4 W-2;
G0 X100;
Z50;
M5;
M0;
<T06 车削 M27×1.5 外螺纹>
T0606 S500 M3;
G0 X45 Z10;
G76 P010160 Q100 R0.1;
G76 X40.4 Z-27 P1200 Q400 F2;
G0 X100 Z50;
M5;
M30;
```

4.4.4 加工过程

1. 加工准备

检查机床状态。按照操作规程开机,并回零点。用三爪自定心卡盘夹持 φ70mm 外圆,保证工件伸出卡盘长度不小于 70 mm,并装夹牢靠。

2. 试切对刀

安装刀具,调整刀具的高度,并试切对刀,以工件右端面与车床主轴轴线的交点处作为工件坐标系原点。(过程略)

3. 程序检验运行(略)

4. 重新回参考点,完成工件加工并检测

4.4.5 检测评分

评分表见表 4.16。

表 4.16 评分表

项目	序号	检测要求	配分	学生自评分	小组评分	教师评分
		复杂轴				
编程	1	加工工艺路线制定正确	3			
	2	刀具及切削用量选择合理	3			
	3	程序编写正确、规范	5			
操作	4	服装穿戴合理	3			
	5	刀具装夹正确合理	5			
	6	工件装夹正确合理	5			
	7	设备操作正确及能维护保养	5			
	8	量具运用合理	3			
	9	安全文明生产	3			

续表 4.16

复杂轴

项目	序号	检测要求	配分	学生自评分	小组评分	教师评分
尺寸精度、形位公差、表面质量	10	$\phi 50_{-0.039}^{0}$	5			
	11	$\phi 36$	5			
	12	$\phi 32_{0}^{+0.03}$	5			
	13	$\phi 70$	5			
	14	$R2.5, R1.5, R3$	5			
	15	$C2$(5 处)	5			
	16	105 ± 0.1	5			
	17	35 ± 0.05	5			
	18	15	5			
	19	30	5			
	20	$M30\times 1.5$	5			
	21	1∶15 锥度	5			
	22	10	5			
总计			100			
结果检测综合成绩						

4.5 复杂异性零件的车削加工

加工图 4.8 典型异形零件,材料为 45 钢,车削加工两个内孔。

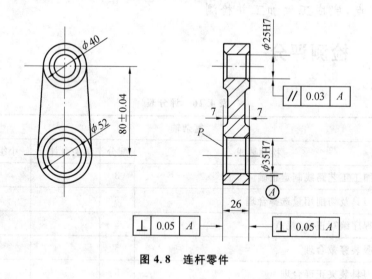

图 4.8 连杆零件

4.5.1 工艺分析

1.零件分析

该零件是一个车床加工的异形零件。需要加工的内容很简单,比较复杂的是这类零件的装夹。花盘是加工这类零件必需的工艺装备。

花盘是一个使用铸铁制作的大圆盘,盘面上有很多长短不同呈辐射状分布的通槽或 T 形槽。用于安装各种螺钉来紧固工件,花盘可以直接安装在车床主轴上,其盘面必须与主轴轴线垂直,并且盘面平整。

花盘在使用时必须找正,安装好花盘后,装夹工件前应该认真检查以下两项内容。

(1)检测花盘盘面对车床主轴轴线的端面全跳动。

(2)检测花盘盘面的平行度误差。

2.工艺分析

(1)加工表面分析。加工连杆的两个侧面和内孔。

(2)精度分析。要求比较高的位置精度和形状精度。

3.刀具选择

加工内容很简单,为了节省篇幅,刀具选择略。

4.切削参数(略)

5.加工工序

(1)车削基准孔 $\phi 35H7$ 时的装夹,如图 4.9 所示。

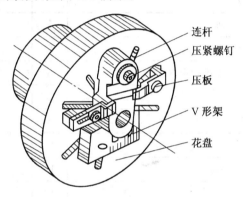

图 4.9 第 1 次装夹工件

(2)车削孔 $\phi 25H7$ 时的装夹采用定位套定位,如图 4.10 所示,装夹如图 4.11 所示。

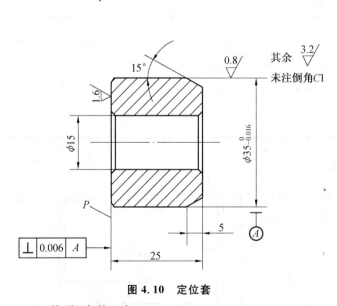

图 4.10 定位套

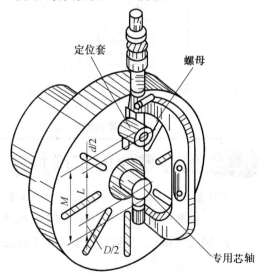

图 4.11 用定位套校正中心距

6.数值计算(略)

4.5.2 加工过程

该零件的加工过程难点是加工过程中的两次装夹,至于其他的过程很简单,此处省略。

4.5.3 检测评分

评分表见表4.17。

表 4.17 评分表

项目	序号	检测要求	配分	学生自评分	小组评分	教师评分
异形零件						
编程	1	加工工艺路线制定正确	3			
	2	刀具及切削用量选择合理	3			
	3	程序编写正确、规范	5			
操作	4	服装穿戴合理	3			
	5	刀具装夹正确合理	5			
	6	工件装夹正确合理	5			
	7	设备操作正确及能维护保养	5			
	8	量具运用合理	3			
	9	安全文明生产	3			
尺寸精度、形位公差、表面质量	10	$\phi 35H7$	10			
	11	$\phi 25H7$	10			
	12	80 ± 0.04	10			
	13	$\phi 40$	5			
	14	$\phi 52$	5			
	15	∥ 0.03 A	10			
	16	⊥ 0.05 A	10			
	17	26	5			
总计			100			
结果检测综合成绩						

4.6 偏心零件的车削加工

工件如图 4.12 所示:总长 65 mm;偏心距 $e=(4\pm0.2)$ mm;基准外圆 $\phi 48_{-0.10}^{0}$ mm;偏心外圆 $\phi 35_{-0.025}^{0}$ mm,长度为 $30_{0}^{+0.21}$ mm。表面粗糙度值为 Ra3.2。

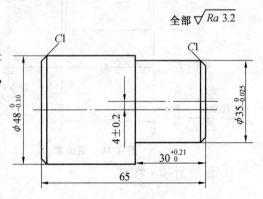

图 4.12 偏心轴

4.6.1 工艺分析

1.零件分析

零件总长 65 mm;偏心距 $e=(4\pm0.2)$ mm;基准外圆 $\phi 48_{-0.10}^{0}$ mm;偏心外圆 $\phi 35_{-0.025}^{0}$ mm,长度为 $30_{0}^{+0.21}$ mm。

表面粗糙度值为 Ra3.2。主要是加工外圆柱面,对于零件来说,加工外圆是最轻松简单的内容,难点在于夹持工件。

所以该零件的加工主要是学习偏心零件的夹持方法,其他的内容都省略。这里重点讨论偏心零件的夹持,如何保持偏心距。

外圆与外圆或外圆与内孔的轴向相互平行但不重合的工件称为偏心工件。外圆与外圆偏心的工件称为偏心轴,当轴向尺寸较小时又称偏心盘;外圆与内孔偏心的工件称为偏心套。偏心工件两轴线间的距离称为偏心距 e,如图 4.13 所示。

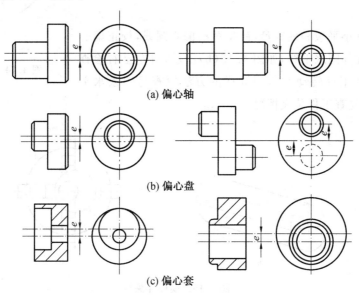

图 4.13 偏心零件

车削偏心件的传统方法大致有四种:
(1)四爪卡盘上车偏心;
(2)三爪卡盘车偏心;
(3)两顶尖车偏心;
(4)专用夹具上车偏心。

偏心轴、偏心套一般都在车床上加工。其加工原理基本相同,都是要采取适当的安装方法,将需要加工偏心圆部分的轴线校正到与车床主轴轴线重合的位置后再进行车削。

为了保证偏心零件的工件精度,在车削偏心工件时,要特别注意控制轴线的平行度和偏心距的精度。

2.偏心件的夹持方法

下面介绍常见三爪卡盘、四爪卡盘夹持偏心件的方法。

(1)利用三爪卡盘装夹。

长度较短的偏心工件,可以在三爪卡盘上进行车削。先把偏心工件中的非偏心部分的外圆车好,随后在卡盘任意一个卡爪与工件接触面之间,垫上一块预先选好厚度的垫片,经校正母线与偏心距,并把工件夹紧后,即可车削,如图 4.14 所示。

垫片厚度可用近似公式计算:垫片厚度 $x=1.5e$(偏心距)。若使计算更精确一些,则需在近似公式中带入偏心距修正值 k 来计算和调整垫片厚度,则近似公式为:垫片厚度 $x=1.5e+k$

$$k \approx 1.5\Delta e$$

$$\Delta e = e - e_{测}$$

式中　e——工件偏心距；

　　　k——偏心距修正值，正负按实测结果确定；

　　　Δe——试切后实测偏心距误差；

　　　$e_{测}$——试切后，实测偏心距。

(2)利用四爪单动卡盘装夹。

①把划好线的工件装在四爪卡盘上。在装夹时，先调节卡盘的两爪，使其呈不对称位置，另两爪成对称位置，工件偏心圆线在卡盘中央(见图4.15(b))。

②在床面上放好小平板和划针盘，针尖对准偏心圆线，校正偏心圆。然后把针尖对准外圆水平线，如图4.15(b)所示，自左至右检查水平线是否水平。把工件转动90°，用同样的方法检查另一条水平线，然后紧固卡脚和复查工件装夹情况。

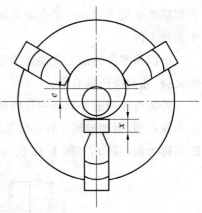

图4.14　三爪夹持偏心件

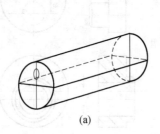
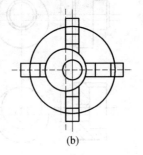

图4.15　偏心件夹持

③工件校准后，把四爪再拧紧一遍，即可进行切削。在初切削时，进给量要小，切削深度要浅，等工件车圆后切削用量可以适当增加，否则就会损坏车刀或使工件移位，如图4.16所示。

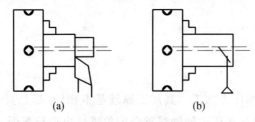

图4.16　偏心件划线

4.6.2　加工过程

(1)在三爪自定心卡盘上夹持毛坯外圆，伸出长度55 mm左右，校正并夹紧。

(2)车平端面，粗、精外圆至尺寸，倒角$C1$。

(3)车断，保持工件全长65 mm。

(4)车另一端面，保证总长65 mm。

(5)工件在三爪自定心卡盘上垫片装夹，校正并夹紧。

(6)粗、精车外圆尺寸至$\phi 35_{-0.025}^{0}$ mm，长度保证30 mm。

(7)外圆倒角$C1$。

其他步骤略。

4.6.3 检测评分

评分表见表 4.18。

表 4.18 评分表

项目	序号	检测要求	配分	学生自评分	小组评分	教师评分
偏心轴							
编程	1	加工工艺路线制定正确	3			
	2	刀具及切削用量选择合理	3			
	3	程序编写正确、规范	5			
操作	4	服装穿戴合理	3			
	5	刀具装夹正确合理	5			
	6	工件装夹正确合理	5			
	7	设备操作正确及能维护保养	5			
	8	量具运用合理	3			
	9	安全文明生产	5			
尺寸精度、形位公差、表面质量	10	$\phi 48_{-0.10}^{0}$	10			
	11	$\phi 35_{-0.025}^{0}$	10			
	12	65	5			
	13	$30_{0}^{+0.21}$	10			
	14	4 ± 0.2	10			
	15	C1(2 处)	8			
	16	Ra3.2	10			
		总计	100			
		结果检测综合成绩				

4.7 蜗杆零件的车削加工

加工如图 4.17 所示蜗杆。参数如图所示。毛坯 $\phi50\times130$。

4.7.1 工艺分析

1. 零件分析

该零件主要加工部位是蜗杆部分,蜗杆一般螺距较大,因其牙型特点,刀刃与工件接触面大,加工途中极易因工件与刀具间铁屑的挤压造成刀具损坏。在数控车床上加工蜗杆时面对的是同样的难题。

蜗杆和大导程螺纹车削的进刀方法有多种,如直进法、左右切削法、斜进法和切槽法等。以前车削蜗杆等大导程零件的方法是:选用较低主轴转速和高速钢成形车刀,车削蜗杆时的生产效率低。

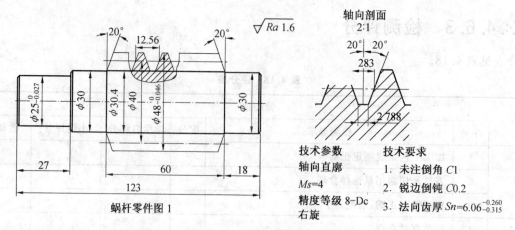

图 4.17 蜗杆零件图

图 4.18 刀尖角 35°小于齿形角 40°

2. 工艺分析

车削蜗杆刀具的刀尖角如果等于蜗杆的齿形角,这种刀具在车削时两侧刀刃与工件侧面容易发生摩擦,甚至三个刀刃同时参加切削,易产生较大的切削力而损坏刀具。如果选择车刀的刀尖角 35°小于蜗杆的齿形角 40°(见图 4.18),这种车刀在车削时,可防止三个刀刃同时参加切削,减少了摩擦、切削力,能很好地避免"闷车"、"扎刀"和"打刀"的情况发生。

选用刀尖角 35°的车刀可避免三个刀刃同时参加切削,切削力显著下降,这时可使用较高的切削速度和硬质合金车刀对蜗杆进行车削。当工件直径、导程越大时,可获得的线速度越高,加工出的工件表面质量越好,而且生产效率明显提高。彻底解决在数控车床不能用硬质合金刀具车削蜗杆和大导程螺纹零件。

可用左右分层车削斜面的方法取代成形刀法来车削蜗杆和大导程螺纹,可彻底避免在车削中经常出现三个刀刃同时参加切削而导致切削力增大、排屑不畅、"闷车"和"扎刀"等现象。

利用螺纹循环来加工蜗杆。具体循环参看图 4.19 所示。

刀具选择 35°的菱形车刀,刀头宽 2.4 mm,转速 350 r/min。

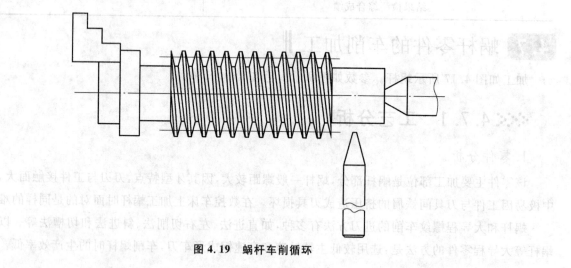

图 4.19 蜗杆车削循环

4.7.2 参考程序

粗车如图 1 模数 $Ms=4$ 的蜗杆,粗车蜗杆的参考程序如下:
%0001

```
T0303
M03 S350 F100
#1=8.8                              (蜗杆全齿高)
#2=2.788                            (齿根槽宽 W=2.788 mm)
#3=2.4                              (刀头宽 t=2.4 mm)
WHLIE #1GE0
#4=#1*2+30.4                        (计算 X 轴尺寸。齿根圆为 30.4 mm)
#5=#1*TAN[20*PI/180]*2+#2           (计算 Z 轴尺寸)
WHLIE #5GE#3
G00 X50 Z8 M08                      (循环起点)
G00 Z[8+[#5-#3]/2]                  (Z 轴向右边移动)
G82 X[#4] Z-87 F12.56               (车蜗杆)
G00 Z[8-[#5-#3]/2]                  (Z 轴向右边移动)
G82 X[#4] Z-87 F12.56               (车蜗杆)
#5=#5-#3                            (每次循环的切削宽度 2.3 mm)
ENDW
#1=#1-0.25                          (每次循环的切削深度 0.25 mm)
ENDW
G0 X150 Z8 M09
M30
```

精车时必须修改粗车的宏程序如下:

(1)测量粗车后的法向齿厚 $Sn/\cos 20°=Sx$ 轴向齿厚。

(2)将宏程序的程序段 #2=2.788 修改为

$$\#2=2.788+Sx/2(轴向齿厚/2)$$

(3)将宏程序的程序段 #1=#1-0.25 修改为

$$\#1=\#1-0.10$$

(4)将宏程序的 WHLIE #5GE#3,#5=#5-#3,ENDW 删除。

(5)将修改后的宏程序重新调用加工一次。

修改后,精车蜗杆宏程序如下:

```
%0001
T0303
M03 S350 F100
#1=8.8                              (蜗杆全齿高)
#2=2.788+Sx/2                       (齿根槽宽 2.788+轴向齿厚 Sx/2)
#3=2.4                              (刀头宽 t=2.4 mm)
WHLIE #1GE0
#4=#1*2+30.4                        (计算 X 轴尺寸。齿根圆为 30.4 mm)
#5=#1*TAN[20*PI/180]*2+#2           (计算 Z 轴尺寸)
G00 X50 Z8 M08                      (循环起点)
G00 Z[8+[#5-#3]/2]                  (Z 轴向右边移动)
G82 X[#4] Z-87 F12.56               (车蜗杆)
G00 Z[8-[#5-#3]/2]                  (Z 轴向右边移动)
G82 X[#4] Z-87 F12.56               (车蜗杆)
```

```
#1=#1-0.1                    （每次循环的切削深度0.1mm）
ENDW
G0 X150 Z8 M09
M30
```
其他部分程序（略）

4.7.3 检测评分

评分表见表4.19。

表4.19 评分表

项目	序号	检测要求	配分	学生自评分	小组评分	教师评分
编程	1	加工工艺路线制定正确	3			
	2	刀具及切削用量选择合理	3			
	3	程序编写正确、规范	5			
操作	4	服装穿戴合理	3			
	5	刀具装夹正确合理	5			
	6	工件装夹正确合理	5			
	7	设备操作正确及能维护保养	5			
	8	量具运用合理	3			
	9	安全文明生产	3			
尺寸精度、形位公差、表面质量	10	$\phi 25_{-0.027}^{0}$	5			
	11	$\phi 48_{-0.046}^{0}$	5			
	12	$\phi 30$	3			
	13	$\phi 30.4$	3			
	14	12.56	3			
	15	27	3			
	16	$Ra1.6$	5			
	17	60	3			
	18	18	3			
	19	123	2			
	20	2.788	10			
	21	40°	10			
	22	法向齿厚 $6.06_{-0.315}^{-0.260}$	10			
总计			100			
结果检测综合成绩						

4.8 配合件的车削加工

加工如图4.20零件。材料45钢，毛坯 $\phi 50\times 105$。

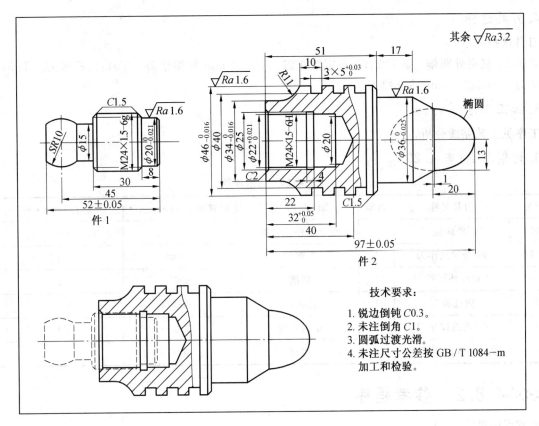

图 4.20　配合件

4.8.1　工艺分析

1. 零件分析

该零件是一个配合件，零件上有圆弧、槽、螺纹、球体、椭圆等，是一个复杂零件。

2. 工艺路线

(1) 用 G71 循环粗加工工件 1。

(2) 用 G70 循环精加工 $\phi20\times8$，$\phi23.8\times50$。

(3) 车槽 $\phi15\times8.386$。

(4) 用 G76 螺纹复合循环加工 M24×1.5 外螺纹。

(5) 用 G71 凹槽循环粗加工 SR10。

(6) 用 G70 精加工 SR10，手工切断，保证长度 52。

(7) 用 G71 循环粗加工工件 2 右端，不加工椭圆。

(8) 用 G70 循环精加工工件 2 右端至尺寸。

(9) 粗、精加工工件 2 右端椭圆。

(10) 掉头夹 $\phi36\times17$，用 G71 粗加工工件 2 左端外形，用 G70 循环精加工工件 2 左端。

(11) 车 $5\times\phi40$ 外槽。

(12) 用 G71 循环粗加工工件 2 左端内腔，用 G70 循环精加工工件 2 左端内腔。

(13) 车 $4\times\phi25$ 内槽。

(14) 用 G76 螺纹复合循环加工 M24×1.5 内螺纹。

3. 数值计算（略）

4.刀具选择

刀具选择如下：

T01：90°机夹外圆偏刀。T02：60°外螺纹车刀。T03：4 mm 外切槽刀。T04：内孔镗刀。T05：60°内螺纹车刀。T06：2.5 mm 内车槽刀。

5.加工工序

工序见工艺路线分析。

6.切削参数（表4.20）

表4.20 切削参数

刀具号	刀具名称	数量	加工内容	主轴转速 $n/(r \cdot min^{-1})$	进给量 $f/(mm \cdot r^{-1})$	备注
T01	93°外圆偏刀	1	粗车工件外轮廓	800	0.3	
T02	60°外螺纹车刀	1	车螺纹	1 000	0.1	
T03	4 mm 外切槽刀	1	切槽	600	0.1	
T04	内孔镗刀	1	镗内孔	600	0.1	
T05	60°内螺纹车刀	1	车内螺纹	200	0.1	
T06	2.5 mm 内车槽刀	1	切槽	600	0.1	

4.8.2 参考程序

参考程序见表4.21。

表4.21 参考程序

O0001；工件1加工程序			
N10	M3 S800 T0101；	N270	G0 X24.0
N20	G00 X51.0 Z3.0；	N280	Z-32.5
N30	G71 P10 Q20 U0.5 W0.1 F0.3；	N290	G1 X21.0 Z-1.5
N40	N10 G1 X18.0；	N300	G0 X00.0；
N50	Z0；	N310	Z50.0；
N60	X19.99 Z-1.0；	N320	T0202 S1000 M3；
N70	Z-8.0；	N330	G0 X26.0 Z-3.0；
N80	X21.0；	N340	G76 P10160 Q80 R0.1；
N90	X23.8 Z-9.5；	N350	G76 X22.14 Z-31.0 P930 Q350 F1.5；
N100	Z-58.0；	N360	G0 X100.0 Z50.0；
N110	N20 X50.0；	N370	S800 M3 T0101；
N120	G0 X100.0 Z50.0；	N380	G0 X25.0 Z-36.0；
N130	S1500 M3 F0.15；	N390	G71 U1.5 R1.0；
N140	G0 X51.0 Z2.0；	N400	G71 P30 Q40 U0.5 W0.1 F0.3；
N150	G70 P10 Q20；	N410	N30 G1 X15.0 Z-37.0；
N160	G0 X100.0 Z50.0；	N420	Z-38.386；
N170	T0303 S600 M3 F0.2；	N430	G3 X15.0 Z-52.0 R10.0；

续表 4.21

O0001;工件1加工程序			
N180	G0 X26.0 Z−38.386;	N440	G1 Z−53.0;
N190	G1 X15.2;	N450	N40 X25.0;
N200	G0 X26.0;	N460	G0 X100.0;
N210	Z−34.386;	N470	Z50.0;
N220	G1 X15.2;	N480	S1500 M3 T0101 F0.15;
N230	G0 X26.0;	N490	G0 G42 X25.0 Z−36.0;
N240	Z−34.0;	N500	G70 P30 Q40;
N250	G1 X15.0;	N510	G0 G40 X100.0;
N260	Z−38.386;	N520	Z50.0;
		N530	M30;

O0002;工件2右端程序			
N10	T0101 S800 M3;	N150	S800 M3 T0101 F0.3;
N20	G0 X51.0 22.0;	N160	G0 X27.0 Z2.0;
N30	G71 U1.5 R1.0;	N170	#150=26;
N40	G71 P10 Q20 U0.5 W0.1 F0.3;	N180	N22 IF[#150 LT 1]G0 T024;
N50	N10 G1 X25.966;	N190	M98 P0003;
N60	Z2.0;	N200	#150=#150−2;
N70	Z−19.0;	N210	G0 T022
N80	X35.998 Z−29.0;	N220	N24 G00 X30.0 Z2.0;
N90	Z−46.0;	N230	S1500 F0.15;
N100	X44.0;	N240	#150=0;
N110	X45.992 Z−247.0;	N250	M98 P0003;
N120	N20 Z−55.0;	N260	G0X 100.0 Z50.0;
N130	G0 X100.0;	N270	M30;
N140	G0 X100.0 Z50.0;		

O0003;椭圆子程序		O0004;(工件2右端加工程序)	
N10	#101=20;	N10	T0101 S800 M3;
N20	#102=13;	N20	G0 X51.0 Z2.0;
N30	#103=20;	N30	G71 U1.5 R1.0;
N40	N30 IF[#103 LT 1] G0 T032;	N40	G71 P10 Q20 U0.5 W0.1 F0.3;
N50	#104=SQRT[#101*#101−#103*#103];	N50	N10 G1 X32.0;
N60	#105=13	N60	Z0.0;
N70	#104/20;	N70	X33.992 Z−1.0;
N80	G1 X[2*#105+#105] Z[#103−20];	N80	G1 Z=−5.202;
N90	#103=#103−0.5;	N90	G2 X45.992 Z−15.0 R11.0;

续表 4.21

O0003;椭圆子程序		O0004;(工件2右端加工程序)	
N100	G0 T030;	N100	N20 G1 Z-46.0;
N110	N32 G0 U2.0 Z2.0;	N110	G0 X100.0 Z50.0;
N120	M99;	N120	S1500 F0.15 T0101;
		N130	G0 X51.0 Z50.0;
		N140	G0 X100.0 Z50.0;
		N150	G70 P10 Q20;
		N160	M30;

4.8.3 检测评分

评分表见表 4.22。

表 4.22 评分表

项目	序号	检测要求	配分	学生自评分	小组评分	教师评分
编程	1	加工工艺路线制定正确	3			
	2	刀具及切削用量选择合理	3			
	3	程序编写正确、规范	5			
操作	4	服装穿戴合理	3			
	5	刀具装夹正确合理	5			
	6	工件装夹正确合理	5			
	7	设备操作正确及能维护保养	3			
	8	量具运用合理	3			
	9	安全文明生产	3			
尺寸精度、形位公差、表面质量	10	$\phi 20_{-0.021}^{0}$	5			
	11	$M24 \times 1.5 - 6g$	5			
	12	$\phi 15$	3			
	13	$SR10$	3			
	14	52 ± 0.05	3			
	15	45,30,8	3			
	16	$\phi 46_{-0.016}^{0}$	5			
	17	$\phi 34_{-0.016}^{0}$	5			
	18	$\phi 22_{0}^{+0.021}$	5			
	19	$\phi 36_{-0.025}^{0}$	5			
	20	$\phi 40, \phi 25, \phi 20$	2			
	21	$M24 \times 1.5 - 6H$	5			
	22	$3 \times 5_{0}^{+0.03}$	5			
	23	$32_{0}^{+0.05}$	5			
	24	$R11$	2			
	25	97 ± 0.05	2			
	26	22,40,20,10,51,17,13	2			
	27	$C1.5, C2$	2			
总计			100			
结果检测综合成绩						

4.9 综合零件的车削加工

完成图 4.22(a)、(b)所示典型图样所示轴套配合件的加工,零件材料为 45 钢,工件毛坯为:$\phi50\,mm\times97\,mm$,未注尺寸公差按 IT12 加工和检验。配合件配合情况如图 4.22(c)所示。

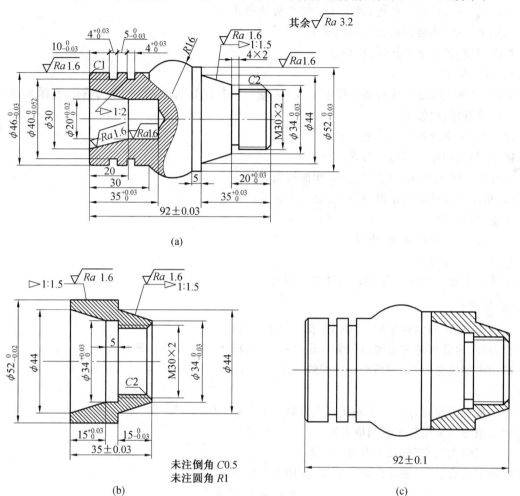

图 4.21 配合件零件

◈◈◈ 4.9.1 工艺分析

1. 零件分析

该轴类零件含有外圆、内孔、端面、槽、螺纹等结构,具有较高的加工要求。

2. 工艺路线

配合件的主要加工内容和加工要求分析。

分析图样可见,该零件的主要的加工内容和加工要求如下:

①圆柱面 $\phi46_{-0.03}^{0}$,表面要求 $Ra1.6\,\mu m$;圆柱面 $\phi52_{-0.03}^{0}$,表面要求 $Ra1.6\,\mu m$。

②圆孔面 $\phi20_{0}^{+0.02}$、$\phi34_{0}^{+0.03}$,表面要求 $Ra1.6\,\mu m$。

③两端面总长保证 92 ± 0.03。

④槽 2 处,定位尺寸 $10_{-0.03}^{0}$、$\phi40_{-0.052}^{0}$。

⑤内外锥面,锥度 1:1.5,$Ra1.6\,\mu m$。

⑥螺纹 $M30\times2$。

⑦倒角 C2 两处。

该组合件主要由以下几大块组成:外圆、外螺纹、外槽、内孔和内螺纹。主要难点为内外螺纹的互相配合、内外锥面互相配合。根据配合件的加工结构特点和要求,拟定如下加工方案。

(1)工件 2 内结构加工。

①夹外圆,车端面钻中心孔,再用 φ22 的钻头钻通孔。

②粗加工内孔,精加工内孔至精度要求。

③车内螺纹,加工至通规通、止规止。

(2)工件 1 加工。

①手动车右端到 φ52.5,夹外圆右端 φ52.5,车左端面钻中心孔,再用 φ18 的钻头钻孔,孔深 35 mm。

②左端外圆粗、精加工。

③加工 2×4 两处外槽至精度要求。

④粗、精加工内孔至精加工要求。

⑤掉头夹 φ46 的外圆,打表找正,车端面控制总长。

⑥粗、精车螺纹外圆和锥面,精加工至尺寸要求。

⑦车螺纹退刀槽。

⑧车螺纹,加工至通规通、止规止。

(3)工件 1、2 配合加工。

在工件 1 上旋合工件 2,车端面及外圆至尺寸。

3.刀具选择

①选用 φ3 的中心钻钻削中心孔,φ8,φ25 的钻头钻孔。

②粗、精车内轮廓时选用硬质合金内孔刀两把(刀杆 φ16,φ12 各一把)。

③车削内螺纹选用 60°硬质合金内螺纹车刀。

外圆刀:

①外轮廓及平端面,选用 93°硬质合金外圆刀两把(刀尖 80°,35°各一把)。

②螺纹退刀槽采用 3 mm 切槽刀加工。

③车削螺纹选用 60°硬质合金外螺纹车刀。

根据加工内容、加工要求和加工条件,选用刀具见表 4.23。

表 4.23 刀具表

刀具号	刀具类型	刀片规格	刀杆	备注
T01	外圆车刀	CNMG120408	PCLNR2020M08	刀尖 80°
T02	外圆车刀	VNMG160404	CVCNR2020M08	刀尖 35°
T03	外切槽刀	MWCR3	MTFH32-3	刃宽 3 mm 刀尖圆弧 0.2
T04	外螺纹刀	TTE200	MLTR2020	刀尖 60°
T05	内孔车刀	DCMT11T304	S12H-SDUC11T3	刀尖 55°
T06	内孔车刀	CPNT090304	S16R-SCLPR1103	刀尖 80°
T07	内螺纹刀	TT1200	MSIR316	刀尖 60°
T08	中心钻			φ3
T09	钻头			φ18
T10	钻头			φ25

4.加工工序

结合上述工艺设计,填写加工工序卡见表 4.24。

表 4.24 加工工序卡片

工件 1 左端加工

序号	加工内容	刀具号	刀具类型	最大切深 a_p /mm	进给量 $f/(mm \cdot r^{-1})$	主轴转速 $n/(r \cdot min^{-1})$
1	加工工件端面	T01	外圆车刀	1	0.15	800
2	钻引正孔	T08	中心钻	3	0.1	1 500
3	钻底孔	T09	φ25 钻头	φ25	0.1	250
4	粗车工件外轮廓	T02	外圆车刀	1	0.15	800
5	精车工件外轮廓	T02	外圆车刀	0.5	0.1	1 200
6	车外槽	T03	外槽车刀	2	0.05	400
7	粗车工件内轮廓	T05	内孔车刀	1	0.15	700
8	精车工件内轮廓	T05	内孔车刀	0.5	0.1	1 000

工件 1 右端加工

序号	加工内容	刀具号	刀具类型	最大切深 a_p /mm	进给量 $f/(mm \cdot r^{-1})$	主轴转速 $n/(r \cdot min^{-1})$
1	加工工件端面	T01	外圆车刀	1	0.1	800
2	粗车外轮廓面	T01	外圆车刀	2	0.2	800
3	精车外轮廓面	T01	外圆车刀	0.5	0.1	1 500
4	车螺纹退刀槽	T02	外切槽刀	2	0.05	400
5	车削外螺纹	T03	外螺纹刀	0.4	螺距 2	400

工件 2 内结构加工

序号	加工内容	刀具号	刀具类型	最大切深 a_p /mm	进给量 $f/(mm \cdot r^{-1})$	主轴转速 $n/(r \cdot min^{-1})$
1	车平端面	T01	外圆车刀	1	0.15	800
2	钻引正孔	T08	中心钻	3	0.1	1 500
3	钻底孔	T09	φ18 钻头	φ18	0.1	300
4	粗车工件内轮廓	T06	内孔车刀	1.5	0.2	700
5	精车工件内轮廓	T06	内孔车刀	0.5	0.1	1 000
6	车削内螺纹 M30×2	T07	内螺纹	0.3	螺距 2	400
7	掉头车端面	T01	外圆车刀	1	0.15	800
8	倒角	T05	内孔车刀	1.5	0.2	700

工件 1、2 螺纹配合后加工

序号	加工内容	刀具号	刀具类型	最大切深 a_p /mm	进给量 $f/(mm \cdot r^{-1})$	主轴转速 $n/(r \cdot min^{-1})$
1	粗车工件外轮廓	T01	外圆车刀	2	0.2	800
2	精车工件外轮廓	T01	外圆车刀	0.5	0.1	1 500
3	检验、校验					

5.数值计算(略)

4.9.2 参考程序

按照以上工序卡的工艺设计,编写配合件的加工程序。以下提供工件 2 内形、工件 1 左端外轮廓加工,工件 1 和工件 2 螺纹配合后外圆加工参考程序(表 4.25)。其他程序请读者编写。

参考程序:O7301(表 4.25)。

表 4.25 参考程序

N10	<T06 粗加工工件2内形>	N280	G99；
N20	G99；	N290	M3 S1200
N30	M3 S800	N300	T0606；
N40	T0606；(换6号内孔镗刀)	N310	G0 G41
N50	G0 X24	N320	X24 Z3
N60	Z3	N330	G70 P10
N70	G71	N340	Q20 F0.1；
N80	R0.5；	N350	G40 G0
N90	G71 P10	N360	Z100 X100；
N100	Q20 U-0.5	N370	M5；
N110	W0.1 F0.2；	N380	M00；
N120	N10 G00	N390	<T07 车削 M30×2 内螺纹>
N130	X46.88；	N400	T0707 S500
N140	G01 Z0；	N410	M3；
N150	G02 X43.09	N420	G0 X25
N160	Z-1.37 R2；	N430	Z5
N170	G01 X34	N440	G00 Z-10；
N180	Z-15；	N450	G76 P010160
N190	Z-20；	N460	Q100 R-0.1；
N200	X28；	N470	G76 X30.4
N210	N20 G01	N480	Z-27 P1200
N220	X24；	N490	Q400 F2；
N230	G0 Z100	N500	G00 Z5
N240	X100；	N510	G0 X100
N250	M5；(主轴停转)	N520	Z50
N260	M0；(程序暂停，测量，修改刀补)	N530	M5；
N270	<T06 精加工工件2内形>	N540	M30；

1. 加工工件2内形

如图 4.22 所示为工件2内形加工示意图，图 4.23 所示为工件1右端外形加工示意图。

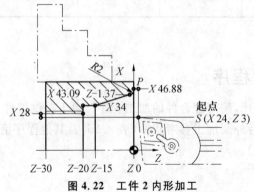

图 4.22 工件2内形加工

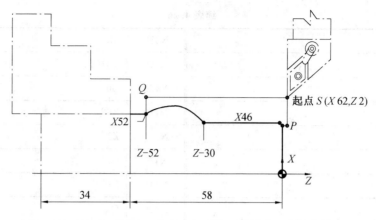

图 4.23 工件 1 右端外形加工

2. 加工工件 1 右端外轮廓

O7302;

<T02 粗车工件 1 右端外形>

G99;

T0202 M03 S800 M08;

M00;

3. 工件 1、工件 2 螺纹配合后外圆加工程序

如图 4.24 所示为工件 1、工件 2 螺纹配合后外圆加工示意图。

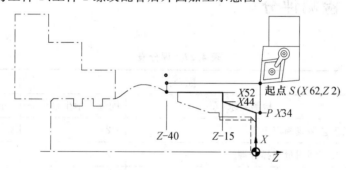

图 4.24 左端外形加工

参考程序:O7304(表 4.26)。

表 4.26 参考程序

N10	<T01 粗加工外形>	N270	N20
N20	G99;	N280	G1
N30	M3	N290	X62;
N40	S800	N300	G0
N50	T0101;	N310	X100
N60	G0	N320	Z50;
N70	X62	N330	M5;
N80	Z2;	N340	M0
N90	G71	N350	<T01 精加工左端外形>
N100	U2	N360	G99;
N110	R1;	N370	S1200

续表 4.26

N120	G71	N380	M3
N130	P10	N390	T0101;
N140	Q20	N400	G0
N150	U0.5	N410	X62
N160	W0.1	N420	Z2
N170	F0.1;	N430	G70
N180	N10	N440	P10
N190	G0	N450	Q20
N200	X34;	N460	F80;
N210	G1	N470	G0
N220	Z0;	N480	X100
N230	X44	N490	Z100;
N240	Z−15;	N500	M5
N250	X52;	N510	M0;
N260	Z−40;		

4.9.3 检测评分

评分表见表 4.27。

表 4.27 评分表

配合件						
项目	序号	检测要求	配分	学生自评分	小组评分	教师评分
编程	1	加工工艺路线制定正确	2			
	2	刀具及切削用量选择合理	2			
	3	程序编写正确、规范	2			
操作	4	服装穿戴合理	2			
	5	刀具装夹正确合理	2			
	6	工件装夹正确合理	2			
	7	设备操作正确及能维护保养	2			
	8	量具运用合理	2			
	9	安全文明生产	2			

续表 4.27

		配合件				
项目	序号	检测要求	配分	学生自评分	小组评分	教师评分
尺寸精度、形位公差、表面质量	10	$\phi 46_{-0.03}^{0}$	3			
	11	$\phi 40_{-0.052}^{0}$	3			
	12	$\phi 30$	2			
	13	$\phi 20_{0}^{+0.02}$	3			
	14	$\phi 34_{-0.03}^{0}$	3			
	15	$\phi 44$	2			
	16	$\phi 52_{-0.02}^{0}$	3			
	17	M30×2	2			
	18	20	2			
	19	30	2			
	20	$35_{0}^{+0.03}$	3			
	21	5	2			
	22	92±0.03	2			
	23	$35_{0}^{+0.03}$	3			
	24	$20_{0}^{+0.03}$	3			
	25	$10_{-0.03}^{0}$	3			
	26	$4_{0}^{+0.03}$	3			
	27	$5_{-0.03}^{0}$	3			
	28	$4_{0}^{+0.03}$	3			
	29	槽 4×2	2			
	30	$\phi 52_{-0.02}^{0}$	3			
	31	$\phi 44$	2			
	32	$\phi 34_{0}^{+0.03}$	3			
	33	M30×2	2			
	34	$15_{0}^{+0.03}$	3			
	35	$15_{-0.03}^{0}$	3			
	36	35±0.03	2			
	37	锥度 1∶1.5	4			
	38	锥度 1∶1.5	4			
	39	倒角 C2(2 处)	2			
	40	92±0.01	2			
		总计	100			
		结果检测综合成绩				

4.10 难加工材料的车削加工

加工如图 4.25 所示零件,材料为不锈钢(3Cr13)。

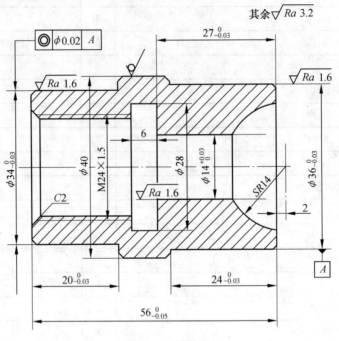

图 4.25 零件图

4.10.1 工艺分析

1. 零件分析

零件结构简单,精度要求严格,材料为 3Cr13,属于难加工材料。在 CK6140 数控车床上完成该零件的加工。根据材料加工特点,先对毛坯进行调质处理,使原材料的硬度达到 HRC25～30。选用刀具材料为 YW2,该刀具材料具有高的热传导性和优秀的韧性,很适合加工该种材料。

2. 工艺路线

车右端外圆端面→车右端内孔→车左端内孔、螺纹。

3. 刀具选择

选用刀具材料为 YW2,该刀具材料具有高的热传导性和优秀的韧性,很适合加工该种材料。

(1) 根据工件的形状选用 90°外圆车刀。刀具前角 γ_0 取 10°～20°,后角 α_0 取 6°～8°。为了增加刀尖强度,刃倾角一般取 $\lambda_s = -8° \sim -3°$。切削用量为 $V_c = 60$ m/min,$f = 0.1$ mm/r。

(2) 粗镗刀具主偏角取 90°,前角 γ_0 取 15°,后角 α_0 取 8°,刃倾角 λ_s 取 0°;切削用量为 $n = 300$ r/min,$f = 0.3$ mm/r。

(3) 精镗刀具主偏角取 90°,前角 γ_0 取 20°,后角 α_0 取 10°,刃倾角 λ_s 取 3°;切削用量为 $n = 500$ r/min,$f = 0.1$ mm/r。

切削液选用冷却能力高,润滑性能好的冷却液,硫化油、硫化豆油、煤油加油酸、乳化液等。

4. 加工工序

参照工艺路线制定。

5. 数值计算(略)

4.10.2 参考程序

使用 FANUC 0i 系统编程,将工件坐标系原点设在工件右端面中心,部分参考程序如下:

工序 2 程序略。

工序 3 程序:O0001(表 4.28)。

表 4.28 参考程序

N10	G99 G21 G40;	N200	G74 R1.0;
N20	M03 S500;	N210	G74 X0 Z−5 Q2000 R0 F0.2;
N30	T0101;	N220	G00 X100 Z100 S200;
N40	G00 X42 Z0;	N230	T0303;
N50	G01 X−1 F30;	N240	G00 X0 Z3;
N60	G00 X42 Z2;	N250	G74 R1.0;
N70	G71 U1.5 R1;	N260	G74 X0 Z−60 Q3000 R0 F0.4;
N80	G71 P10 Q20 U0.5 W0.2 F60;	N270	G00 X100 Z100 S300;
N90	N10 G01 X30 F0.2 S600;	N280	T0404;
N100	X35.985 Z−1;	N290	G00 X10 Z2;
N110	Z−24;	N300	G71 U1 R1;
N120	X38;	N310	G71 P30 Q40 U−0.5 W0.2 F0.2;
N130	X40 W−1;	N320	N30 G01 X27.712 F20 S500;
N140	Z−36;	N330	Z0;
N150	N20 U2;	N340	G03 X14.015 Z−10.124 R14;
N160	G70 P10 Q20;	N350	G01 Z−30;
N170	G00 X100 Z100 S400;	N360	N40 U−2;
N180	T0606;	N370	G70 P30 Q40;
N190	G00 X0 Z3;	N380	G00 X100 Z100;
		N390	M30;

工序 4 程序:O0002(表 4.29)。

表 4.29 参考程序

N10	M03 S500;	N240	Z−28;
N20	T0101;	N250	N80 U−1;
N30	G99 G00 X4 Z20;	N260	G70 P70 Q80;
N40	G01 X−1 F30;	N270	G00 X100 Z100;
N50	G00 X42 Z2;	N280	T0202;
N60	G71 U1 R1;	N290	S300;
N70	G71 P50 Q60 U0.5 W0.2 F0.2;	N300	G00 X6 Z2;
N80	N50 G01 X28 F30 S600;	N310	G01 Z−25 F0.1;
N90	X34 W−3;	N320	G75 R1;
N100	Z−20;	N330	G75 X28 Z−29 P2000 Q1500 R0 F0.1;

续表 4.29

N110	X38;		N340	G00 Z100;
N120	X40 Z−32;		N350	X100;
N130	N60 U2;		N360	T0505;
N140	G70 P50 Q60;		N370	S200;
N150	G00 X100 Z100;		N380	G00 X20 Z2;
N160	S400;		N390	G92 X22.976 Z−25 F1.5;
N170	T0404;		N400	X23.576;
N180	G00 X6 Z2;		N410	X23.876;
N190	G71 U0.5 R0.5;		N420	X24;
N200	G71 P70 Q80 U−0.5 W0.2 F0.2;		N430	X24;
N210	N70 G01 X28 F30 S500;		N440	G00 Z100;
N220	Z0;		N450	X100;
N230	X22.5 W−2;		N460	M30;

4.10.3 检测评分

评分表见表 4.30。

表 4.30 评分表

难加工材料零件

项目	序号	检测要求	配分	学生自评分	小组评分	教师评分
编程	1	加工工艺路线制定正确	3			
	2	刀具及切削用量选择合理	3			
	3	程序编写正确、规范	3			
操作	4	服装穿戴合理	3			
	5	刀具装夹正确合理	3			
	6	工件装夹正确合理	3			
	7	设备操作正确及能维护保养	3			
	8	量具运用合理	3			
	9	安全文明生产	3			

续表 4.30

项目	序号	检测要求	配分	学生自评分	小组评分	教师评分
		难加工材料零件				
尺寸精度、形位公差、表面质量	10	$\phi 34_{-0.03}^{\ 0}$	5			
	11	$\phi 40$	5			
	12	$M24 \times 1.5$	6			
	13	$\phi 28$	5			
	14	$\phi 14_{\ 0}^{+0.03}$	5			
	15	$\phi 36_{-0.03}^{\ 0}$	5			
	16	$20_{-0.03}^{\ 0}$	5			
	17	$56_{-0.05}^{\ 0}$	5			
	18	$24_{-0.03}^{\ 0}$	5			
	19	$27_{-0.03}^{\ 0}$	5			
	20	6	3			
	21	倒角 C2	6			
	22	SR14	5			
	23	2	3			
	24	粗糙度 Ra1.6	5			
总计			100			
结果检测综合成绩						

拓展与实训

基础训练

一、选择题(每题有四个选项,请选择一个正确的填在括号里)

1.定心精度最高的数控车顶尖是( )。
A.死顶尖　　　　B.活络顶尖　　　　C.弹性顶尖　　　　D.程序控制顶尖

2.数控车用垫片法加工偏心零件,若垫片厚度为B,发现偏心距大0.02毫米,则应( )。
A.增加垫片厚度0.02　　　　B.减少垫片厚度0.02
C.增加垫片厚度0.03　　　　D.减少垫片厚度0.03

3.用来制造强度较高和化学性能稳定零件的铜合金是( )。
A.普通黄酮　　B.特殊黄酮　　C.压力加工用黄酮　　D.铸造用黄酮

4.ABS工程塑料适合制作薄壁及形状复杂的零件是因为( )。
A.冲击强度高　　B.尺寸稳定性好　　C.机械加工性好　　D.流动性好

5.使刚件表层合金化的热处理是( )。
A.渗碳　　　　B.渗氮　　　　C.碳氮共渗　　　　D.渗金属

6.数控车床加工零件时,对刀点一般来说就是( )。
A.换刀点　　　　B.编程原点　　　　C.机床原点　　　　D.机床零点

7.中小批量生产中,为使精加工的表面不至于被卡爪夹坏,通常使用( )。
A.铜皮　　　　　B.沙皮　　　　　C.后顶尖　　　　D.铸铁套圈
8.工件的装夹表面为正三边形或正六边形的工件宜采用( )。
A.四爪单动卡盘　B.三爪自定心卡盘　C.弹簧夹套　　　D.四爪联动卡盘
9.以内孔作定位基准,加工外圆柱面,常采用的夹具是( )。
A.滑板上车床夹具B.中心架　　　　　C.顶尖　　　　　D.芯轴
10.在产品固定的大批大量生产中,通常使用( )。
A.通用夹具　　　B.专用夹具　　　C.可调夹具　　　D.随行夹具

二、判断题(对的在题号前的括号里填Y,错的在题号前的括号里填N)

( )1.车刀刀尖圆弧增大,切削时径向切削力也增大。
( )2.米制梯形螺纹的牙型角为30度,模数螺纹的牙型角为40度。
( )3.高速钢车刀比硬质合金车刀的刃口易刃磨锋利。
( )4.数控车双顶尖装夹工件出现重复定位现象。
( )5.刀具前角越大,切屑越不易流出,切削力也越大,但刀具的强度越高。
( )6.在车右旋螺纹的基础上改变进给方向,其他不变,即可形成左旋螺纹。
( )7.某轴上要加工螺距分别为1.5 mm和2 mm的螺纹,为了退刀方便和考虑不同螺距对退刀槽的要求,所以应该分别设计4 mm和5 mm宽的退刀槽。
( )8.对既有外沟槽又有外表面的零件加工,应该先加工外表面再加工沟槽。
( )9.在保证加工质量的前提下,应使加工路线具有最短的进给路线。
( )10.刀具耐用度反映了刀具使用寿命的长短,所以在选择时刀具耐用度应该越高越好。

技能实训

技能实训4.1　复杂零件加工(一)

1.零件图(见图4.26)

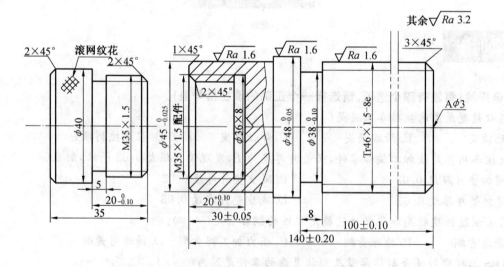

图4.26　复杂零件加工(一)

2.评分表(表4.31)

表 4.31 评分表(一)

复杂零件加工训练(一)

项目与分配	序号	考核要求	配分	评分标准	学生自评	教师评分	得分
件一	1	$\phi 40$ 滚网纹花	5	超差不得分			
	2	5	5	超差不得分			
	3	$20_{-0.10}^{0}$	5	超差不得分			
	4	35	5	超差不得分			
	5	$2\times 45°$	5	超差不得分			
	6	$M35\times 1.6$	5	超差不得分			
件二	7	$\phi 45_{-0.025}^{0}$, $Ra1.6$	5	超差不得分			
	8	$\phi 36\times 8$	5	超差不得分			
	9	$\phi 48_{-0.05}^{0}$, $Ra1.6$	5	超差不得分			
	10	$\phi 38_{-0.10}^{0}$	5	超差不得分			
	11	$20_{0}^{+0.10}$	5	超差不得分			
	12	30 ± 0.05, 8	5	超差不得分			
	13	100 ± 0.10	5	超差不得分			
	14	140 ± 0.20	5	超差不得分			
	15	$1\times 45°$	5	超差不得分			
	16	$3\times 45°$	5	超差不得分			
	17	$2\times 45°$	5	超差不得分			
	18	$M35\times 1.5$ 配件	5	超差不得分			
	19	$Tr46\times 1.5-8e$, $Ra1.6$	5	超差不得分			
	20	松紧适中	5	超差不得分			
工艺	21	工艺制定正确、合理		工艺不合理每处扣2分			
程序	22	程序正确、简单、明确、规范		程序不正确不得分			
安全文明生产	23	按国家颁布的安全生产规定标准评定	倒扣	1.违反有关规定酌情扣1~10分,危及人身或设备安全者终止考核 2.场地不整洁,工、夹、刀、量具等放置不合理酌情扣1~5分			
合计			100	总分			

技能实训 4.2　复杂零件加工(二)

1. 零件图(见图 4.27)

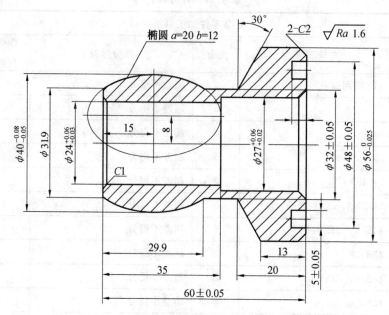

图 4.27 复杂零件加工(二)

2.评分表(表 4.32)

表 4.32 评分表(二)

序号	考核内容	考核要求	配分	评分标准	学生自评	教师评分	得分
1	外圆	$\phi 40_{-0.05}^{-0.08}$	7	超差不得分			
2		$\phi 31.9$	6	超差不得分			
3		$\phi 32 \pm 0.05$	7	超差不得分			
4		$\phi 56_{-0.025}^{0}$	7	超差不得分			
5	孔	$\phi 24_{+0.03}^{+0.06}$	7	超差不得分			
6		$\phi 27_{+0.02}^{+0.06}$	6	超差不得分			
7	中心距	$\phi 48 \pm 0.05$	6	超差不得分			
8	圆弧	椭圆 $a=20, b=12$	6	超差不得分			
9	长度	29.9	5	超差不得分			
10		35	5	超差不得分			
11		13	5	超差不得分			
12		20	5	超差不得分			
13		60 ± 0.05	7	超差不得分			
14		5 ± 0.05	5	超差不得分			
15	倒角	C1	5	错漏不得分			
16		2—C2	5	错漏不得分			
17	锥体	30°	6	超差不得分			

续表 4.32

序号	考核内容	考核要求	配分	评分标准	学生自评	教师评分	得分
		复杂零件加工训练(二)					
18	工艺	工艺制定正确、合理		工艺不合理每处扣2分			
19	程序	程序正确、简单、明确、规范		程序不正确不得分			
20	安全文明生产	按国家颁布的安全生产规定标准评定	倒扣	1.违反有关规定酌情扣1～10分,危及人身或设备安全者终止考核 2.场地不整洁,工、夹、刀、量具等放置不合理酌情扣1～5分			
合计			100	总分			

技能实训 4.3　复杂零件加工(三)

1.零件图(见图 4.28)

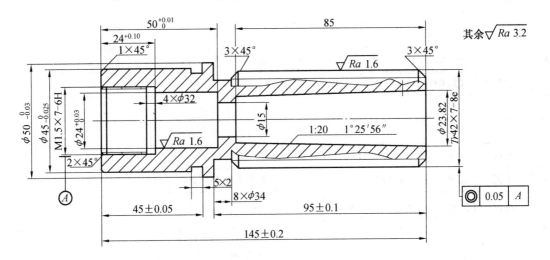

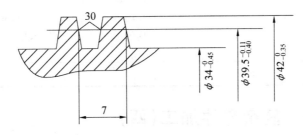

图 4.28　复杂零件加工(三)

技术要求:

1.锥体着色不小于 60%。

2.锐边倒钝 0.3×45°。

2. 评分表（表 4.33）

表 4.33 评分表（三）

复杂零件加工训练（三）

序号	考核内容	考核要求	配分	评分标准	学生自评	教师评分	得分
1	外圆	$\phi 50_{-0.03}^{0}$	6	超差不得分			
2		$\phi 45_{-0.025}^{0}$	6	超差不得分			
3	倒角	$3\times 45°$ 两处	5	超差不得分			
4	孔	$\phi 24_{0}^{+0.03}$	6	超差不得分			
5		$\phi 15$	5	超差不得分			
6		$\phi 23.82$	5	超差不得分			
7	锥面	$1:20, 1°25'56''$	5	超差不得分			
8	长度	145 ± 0.2	6	超差不得分			
9		$50_{0}^{+0.01}$	6	超差不得分			
10		$24_{0}^{+0.10}$	6	超差不得分			
11		85	5	超差不得分			
12		45 ± 0.05	6	超差不得分			
13		95 ± 0.1	6	超差不得分			
14	形位公差	◎ 0.05 A	5	超差不得分			
15	槽	5×2	5	不合格不得分			
16		$8\times \phi 34$	6	不合格不得分			
17	螺纹	内螺纹 M1.5×7—6H	6	超差不得分			
18	工艺	工艺制定正确、合理		工艺不合理每处扣 2 分			
19	程序	程序正确、简单、明确、规范		程序不正确不得分			
20	安全文明生产	按国家颁布的安全生产规定标准评定	倒扣	1. 违反有关规定酌情扣 1～10 分，危及人身或设备安全者终止考核 2. 场地不整洁，工、夹、刀、量具等放置不合理酌情扣 1～5 分			
	合计		100	总分			

技能实训 4.4 复杂零件加工（四）

1. 零件图（见图 4.29）

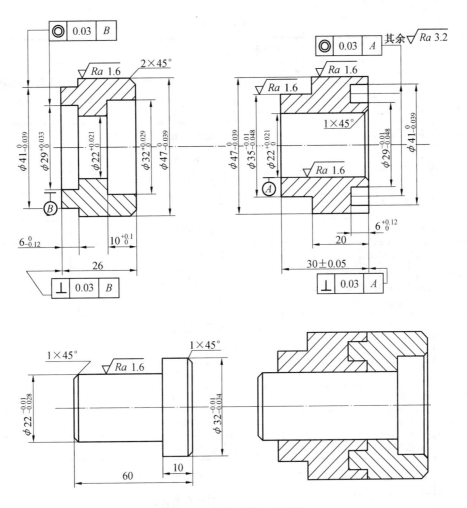

图 4.29 复杂零件加工(四)

2.评分表(表 3.34)

表 4.34 评分表(四)

项目与分配	序号	考核要求	配分	评分标准	学生自评	教师评分	得分
件一	1	$\phi 41_{-0.039}^{0}$	5	超差不得分			
	2	$\phi 47_{-0.039}^{0}$	5	超差不得分			
	3	26	4	超差不得分			
	4	$\phi 29_{0}^{+0.033}$	4	超差不得分			
	5	$\phi 22_{0}^{+0.021}$	4	超差不得分			
	6	$\phi 32_{0}^{+0.029}$	4	超差不得分			
	7	2×45°	5	错漏不得分			
	8	◎ 0.03 B	5	不合格不得分			
	9	⊥ 0.03 B	3	不合格不得分			

续表 4.34

复杂零件加工训练(四)

项目与分配	序号	考核要求	配分	评分标准	学生自评	教师评分	得分
件二	10	$\phi 35_{-0.048}^{-0.01}$	5	超差不得分			
	11	$\phi 47_{-0.039}^{0}$	5	超差不得分			
	12	30 ± 0.05	4	超差不得分			
	13	20	3	超差不得分			
	14	$6_{0}^{+0.12}$	5	超差不得分			
	15	$\phi 22_{0}^{+0.021}$	4	超差不得分			
	16	◎ 0.03 A	5	不合格不得分			
	17	⊥ 0.03 A	5	不合格不得分			
件三	18	$\phi 22_{-0.028}^{-0.01}$	5	超差不得分			
	19	$\phi 32_{-0.034}^{-0.01}$	5	超差不得分			
	20	60	3	超差不得分			
	21	10	3	超差不得分			
	22	$1\times 45°$	4	错漏不得分			
	23	$Ra1.6$	5	超差不得分			
工艺		工艺制定正确、合理		工艺不合理每处扣2分			
程序		程序正确、简单、明确、规范		程序不正确不得分			
安全文明生产		按国家颁布的安全生产规定标准评定	倒扣	1.违反有关规定酌情扣1~10分,危及人身或设备安全者终止考核 2.场地不整洁,工、夹、刀、量具等放置不合理酌情扣1~5分			
合计			100	总分			

模块 5

数控铣/加工中心切削基本技能

知识目标

◆ 了解数控铣床/加工中心的基本结构、性能及加工特点，安全操作规程；
◆ 了解 FANUC 系统的操作面板，并掌握相关操作方法，加工参数的设置方法；
◆ 掌握数控铣床/加工中心常用刀具应用知识，工件装夹的相关知识及方法；
◆ 了解数控机床坐标系及其相关知识，掌握常用的对刀方法；
◆ 能根据零件特点正确选择刀具，合理选用切削参数及装夹方式；
◆ 掌握数控铣床/加工中心的日常维护知识。

技能目标

◆ 掌握数控铣床的布局及数控铣床功能用途；
◆ 能严格按照数控铣床/加工中心的操作规程使用机床；
◆ 能熟练操作机床，并快速完成加工参数的设定；
◆ 能熟练完成数控铣床/加工中心常用刀具的安装；
◆ 能熟练在数控铣床/加工中心上正确装夹工件；
◆ 能快速完成工件坐标系的设定；
◆ 能进行机床日常的维护和保养。

课时建议

20 课时

课堂随笔

5.1 数控铣床/加工中心结构认知

1. 数控铣床/加工中心的基本构成

(1)数控铣床。数控铣床是主要以铣削方式进行零件加工的一种数控机床,同时还兼有钻削、镗削、铰削、螺纹加工等功能,它在企业中得到了广泛使用,图5.1为常用的立式数控铣床。

数控铣床的结构主要由机床本体、数控系统、伺服驱动装置及辅助装置等部分构成。

① 机床本体属于数控铣床的机械部件,主要包括床身、工作台及进给机构等。

② 数控系统。它是数控铣床的控制核心,接受并处理输入装置传送来的数字程序信息,并将各种指令信息输出到伺服驱动装置,使设备按规定的动作执行。目前,常用的数控系统有:日本的FANUC系统、三菱系统、德国的SIENMERIK系统、中国的华中世纪星系统等。

③ 伺服驱动装置。它是数控铣床执行机构的驱动部件,包括主轴电动机和进给伺服电动机等。

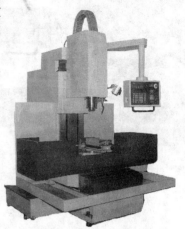

图5.1 立式数控铣床

④ 辅助装置主要指数控铣床的一些配套部件,如液压装置、气动装置、冷却装置及排屑装置等。

(2)加工中心。加工中心机床又称多工序自动换刀数控机床,这里所说的加工中心主要是指镗铣加工中心,这类加工中心是在数控铣床基础上发展起来的,配备了刀库及自动换刀装置,具有自动换刀功能,可以在一次定位装夹中实现对零件的铣、钻、镗、螺纹加工等多工序自动加工。

2. 数控铣床/加工中心的主要加工对象

数控铣床与加工中心的加工功能非常相似,都能对零件进行铣、钻、镗、螺纹加工等多工序加工,只是加工中心由于具有自动换刀等功能,因而比数控铣床有更高的加工效率。在生产过程中,数控铣床主要以单件、小批量且型面复杂的零件作为加工对象,如模具、整体叶轮等,如图5.2所示;而加工中心则主要以多工序、大批量的箱体类、盘套类零件为加工对象,如汽车发动机缸体、汽车减速器壳体等,如图5.3所示。

(a) 圆形型腔

(b) 叶轮

(c) 牙刷凹模

图5.2 数控铣床主要加工对象

3. 数控铣床/加工中心的类型

(1)按机床结构特点及主轴布置形式分类。

① 立式数控铣床/加工中心,其主轴轴线垂直于机床工作台,如图5.4所示。其结构形式多为固定

(a) 发动机缸体　　　　(b) 行星轮架

图 5.3　加工中心主要加工对象

立柱,工作台为长方形,无分度回转功能。它一般具有 X、Y、Z 三个直线运动的坐标轴,适合加工盘、套、板类零件。

立式数控铣床/加工中心操作方便,加工时便于观察,且结构简单,占地面积小、价格低廉,因而得到了广泛应用。但受立柱高度及换刀装置的限制,不能加工太高的零件,在加工型腔或下凹的型面时,切屑不易排出,严重时会损坏刀具,破坏已加工表面,影响加工的顺利进行。

② 卧式数控铣床/加工中心,其主轴轴线平行于水平面,如图 5.5 所示。卧式数控铣床/加工中心通常带有自动分度的回转工作台,它一般具有 3~5 个坐标,常见的是三个直线运动坐标加一个回转运动坐标,工件一次装夹后,完成除安装面和顶面以外的其余四个侧面的加工,它最适合加工箱体类零件。与立式数控铣床/加工中心相比较,卧式数控铣床/加工中心排屑容易,有利于加工,但结构复杂,价格较高。

图 5.4　立式数控铣床/加工中心　　　图 5.5　卧式数控铣床/加工中心

③ 龙门式数控铣床/加工中心具有双立柱结构,主轴多为垂直设置,如图 5.6 所示,这种结构形式进一步增强了机床的刚性,数控装置的功能也较齐全,能够一机多用,尤其适合加工大型工件或形状复杂的工件,如大型汽车覆盖件模具零件、汽轮机配件等。

(a) 龙门式数控铣床　　　　(b) 龙门式加工中心

图 5.6　龙门式数控铣床/加工中心

④ 多轴数控铣床/加工中心。联动轴数在三轴以上的数控机床称多轴数控机床。常见的多轴数控铣床/加工中心有四轴四联动、五轴四联动、五轴五联动等类型,如图 5.7 所示。工件一次安装后,能实现除安装面以外的其余五个面的加工,零件加工精度进一步提高。

(a) 带 A 轴的四联动加工中心　　(b) 五轴联动加工中心

图 5.7　多轴加工中心

⑤ 并联机床又称为虚拟轴机床，它以 Stewart 平台型机器人机构为原型构成的。这类机床改变了以往传统机床的结构，通过连杆的运动，实现主轴的多自由度运动，完成对工件复杂曲面的加工。这类机床外观形状如图 5.8 所示。

(2) 按数控系统的功能分类。

① 经济型数控铣床/加工中心。经济型数控铣床/加工中心通常采用开环控制数控系统，这类机床可以实现三坐标联动，但功能简单，加工精度不高。

② 全功能数控铣床/加工中心。这类机床所使用的数控系统功能齐全，并采用半闭环或闭环控制，加工精度高，因而得到了广泛的应用。

图 5.8　并联机床

(3) 按加工精度分类。

① 普通数控铣床/加工中心。这类机床的加工分辨率通常为 1 μm，最大进给速度为 15～25 m/min，定位精度在 10 μm 左右。它通常用于一般精度要求的零件加工。

② 高精度数控铣床/加工中心。这类机床的加工分辨率通常为 0.1 μm，最大进给速度为 15～100 m/min，保证了定位精度在 2 μm 左右，通常用于如航天领域中高精度要求的零件加工。

5.2　数控铣床/加工中心安全操作与安全生产

5.2.1　数控铣床/加工中心安全操作

数控铣床/加工中心是机电一体化的高技术设备，要使机床长期可靠运行，正确操作和使用是关键。一名合格的数控机床操作工，不仅要具有扎实的理论知识及娴熟的操作技能，同时还必须严格遵守数控机床的各项操作规程与管理规定，根据机床"使用说明书"的要求，熟悉本机床的一般性能和结构，禁止超性能使用。正确、细心地操作机床，以避免发生人身、设备等安全事故。操作者应遵循以下几方面操作规程。

1. 操作前

(1) 按规定穿戴好劳动保护用品，不穿拖鞋、凉鞋、高跟鞋上岗，不戴手套、围巾及戒指、项链等各类饰物进行操作。

(2) 对于初学者，应先详读操作手册，在未确实了解所有按钮功能之前，禁止单独操作机床，而需有熟练者在旁指导。

(3) 各安全防护门未确定开关状态下，均禁止操作。

(4) 机床启动前，需确认护罩内或危险区域内均无任何人员或物品滞留。

(5) 数控机床开机前应认真检查各部机构是否完好，各手柄位置是否正确，常用参数有无改变，并检查各油箱内油量是否充足。

(6) 依照顺序打开车间电源、机床主电源和操作箱上的电源开关。

(7) 当机床第一次操作或长时间停止后，每个滑轨面均须先加润滑油，再让机床开机但运转不过

30 min,以便润滑油泵将油打至滑轨面后再工作。

(8)机床使用前先进行预热空运行,特别是主轴与三轴均需以最高速率的50%运转10～20 min。

2. 操作中

(1)严禁戴手套操作机床,避免误触其他开关造成危险。

(2)禁止用潮湿的手触摸开关,避免短路或触电。

(3)禁止将工具、工件、量具等随意放置在机床上,尤其是工作台上。

(4)非必要时,操作者勿擅自改动数控系统的设定参数或其他系统设定值。若必须更改时,请务必将原参数值记录存查,以利于以后故障维修时参考。

(5)机床未完全停止前,禁止用手触摸任何转动部件,绝对禁止拆卸零件或更换工件。

(6)执行自动程序指令时,禁止任何人员随意切断电源或打开电器箱,使程序中止而产生危险。

(7)操作按钮时请先确定是否正确,并检查夹具是否安全。

(8)对于加工中心机床,用手动方式往刀库上装刀时,要保证安装到位,并检查刀座锁紧是否牢靠。

(9)对于加工中心机床,严禁将超重和超长的刀具装入刀库,以保证刀具装夹牢靠,防止换刀过程中发生掉刀或刀具与工件、夹具发生碰撞的现象。

(10)对于直径超过规定的刀具,应采取隔位安装等措施将其装入刀库,防止刀库中相邻刀位的刀具发生碰撞。

(11)安装刀具前应注意保持刀具、刀柄和刀套的清洁。

(12)刀具、工件安装完成后,要检查安全空间位置,并进行模拟换刀过程试验,以免正式操作时发生碰撞事故。

(13)装卸工件时,注意工件应与刀具间保持一段适当距离,并停止机床运转。

(14)在操作数控机床时,对各按键及开关操作不得用力过猛,更不允许用扳手或其他工具进行操作。

(15)新程序执行前一定要进行模拟检查,检查走刀轨迹是否正确。首次执行程序要细心调试,检查各参数是否正确合理,并及时修正。

(16)在数控铣削过程中,操作者多数时间用于切削过程观察,应注意选择好观察位置,以确保操作方便及人身安全。

(17)数控铣床/加工中心虽然自动化程度很高,但并不属于无人加工,仍需要操作者经常观察,及时处理加工过程中出现的问题,不要随意离开岗位。

(18)在数控机床使用过程中,工具、夹具、量具要合理使用、码放,并保持工作场地整洁有序,各类零件分类码放。

(19)加工时应时刻注意机床在加工过程的异常现象,发生故障应及时停车,记录显示故障内容,采取措施排除故障,或通知专业维修人员检修;发生事故,应立即停机断电,保护现场,及时上报,不得隐瞒,并配合相关部门做好分析调查工作。

3. 操作后

(1)操作者应及时清理机床上的切屑、杂物(严禁使用压缩空气),工作台面、机床导轨等部位要涂油保护,做好保养工作。

(2)机床保养完毕后,操作者要将数控面板旋钮、开关等置于非工作位置,并按规定顺序关机,切断电源。

(3)整理并清点工、量、刀等用具,并按规定摆放。

(4)按要求填写交接班记录,做好交接班工作。

5.2.2 数控铣床/加工中心的使用要求

数控铣床/加工中心的整个加工过程是由数控系统按照数字化程序完成的,在加工过程中由于数控系统或执行部件的故障造成的工件报废或安全事故,操作者一般是无能为力的。数控铣床/加工中心工作的稳定性和可靠性,对环境等条件的要求是非常高的。一般情况下,数控铣床/加工中心在使用时应达到以下几方面要求。

1. 环境要求

数控机床的使用环境没有什么特殊的要求,可以与普通机床一样放在生产车间里,但是,要避免阳光直接照射和其他热辐射,要避免过于潮湿或粉尘过多的场所,特别要避免有腐蚀性气体的场所。腐蚀性气体最容易使电子元件腐蚀变质,或造成接触不良,或造成元件之间短路,从而影响机床的正常运行。要远离振动大的设备,如冲床、锻压设备等。对于高精密的数控机床,还应采取防振措施。

由于电子元件的技术性能受温度影响较大,当温度过高或过低时,会使电子元件的技术性能发生较大变化,使工作不稳定或不可靠,从而增加故障发生的可能性。因此,对于精度高、价格昂贵的数控机床,应在有空调的环境中使用。

2. 电源要求

数控机床采取专线供电(从低压配电室就分一路单独供数控机床使用)或增设稳压装置,都可以减少供电质量的影响和减少电气干扰。

3. 压缩空气要求

数控铣床/加工中心多数都应用了气压传动,以压缩空气作为工作介质实现换刀等,因而所用压缩空气的压力应符合标准,并保持清洁。管路严禁使用未镀锌铁管,防止铁锈堵塞过滤器。要定期检查和维护气、液分离器,严禁水分进入气路。最好在机床气压系统外增设气、液分离过滤装置,增加保护环节。

4. 不宜长期封存不用

购买的数控铣床/加工中心要充分利用,尽量提高机床的利用率,尤其是投入使用的第一年,更要充分利用,使其容易出故障的薄弱环节尽早暴露出来,尽可能在保修期内将故障的隐患排除。如果工厂没有生产任务,数控机床较长时间不用时,也要定期通电,每周通电1~2次,每次空运行1 h左右,以利用机床本身的发热量来降低机内的湿度,使电子元件不致受潮,同时也能及时发现有无电池报警发生,以防止系统软件和参数丢失。

5.3 FANUC 0i Mate－MC 数控系统面板操作

5.3.1 初识 FANUC0i Mate－MC 数控系统

FANUC0i Mate－MC 数控系统面板主要由 CRT 显示区、编辑面板及控制面板三部分组成。

1. CRT 显示区

FANUC0i Mate－MC 数控系统的 CRT 显示区位于整个机床面板的左上方,包括 CRT 显示屏及软键,如图 5.9 所示。

2. 编辑面板

FANUC0i Mate－MC 数控系统的编辑面板通常位于 CRT 显示区的右侧,如图 5.10 所示,各按键名称及功能见表 5.1 和表 5.2。

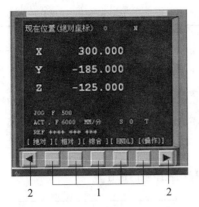 

图 5.9　FANUC0i Mate－MC 数控系统 CRT 显示区　图 5.10　FANUC0i Mate－MC 数控系统的编辑面板

1—功能软件；2—扩展软件

表 5.1　FANUC0i Mate－MC 数控系统编辑面板主功能键及用途

序号	按键符号	按键名称	用　途
1	POS	位置显示键	显示刀具的坐标位置
2	PROG	程序显示键	在 EDIT 模式下，显示存储器内的程序；在 MDI 模式下，输入和显示 MDI 数据；在 AUTO 模式下，显示当前待加工或正在加工的程序
3	OFFSET SETTING	参数设定/显示键	设定并显示刀具补偿值、工件坐标系及宏程序变量
4	SYSTEM	系统显示键	系统参数设定与显示，以及自诊断功能数据显示等
5	MESSAGE	报警信息显示键	显示 NC 报警信息
6	CUSTOM GRAPH	图形显示键	显示刀具轨迹等图形

表 5.2　FANUC0i Mate－MC 数控系统编辑面板其他按键及用途

序号	按键符号	按键名称	用　途
1	RESET	复位键	用于使所有操作停止或解除报警、CNC 复位
2	HELP	帮助键	提供与系统相关的帮助信息
3	DELETE	删除键	在 EDIT 模式下，删除已输入的字及在 CNC 中存在的程序
4	INPUT	输入键	加工参数等数值的输入
5	CAN	取消键	清除输入缓冲器中的文字或符号
6	INSERT	插入键	在 EDIT 模式下，在光标后输入的字符
7	ALTER	替换键	在 EDIT 模式下，替换光标所在位置的字符

续表 5.2

序号	按键符号	按键名称	用途
8	SHIFT	上挡键	用于输入处于上挡位置的字符
9	(程序编辑键图)	程序编辑键	用于 NC 程序的输入
10	(方向键图)	光标移动键	用于改变光标在程序中的位置
11	PAGE↑ PAGE↓	光标翻页键	向上或向下翻页

3. 控制面板

FANUC0i Mate－MC 数控系统的控制面板通常位于 CRT 显示区的下侧，如图 5.11 所示，各按键（旋钮）名称及功能见表 5.3。

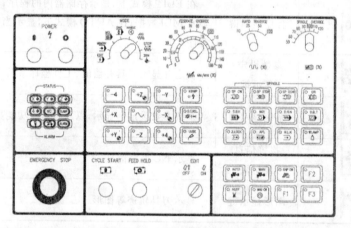

图 5.11　FANUC0i Mate－MC 数控系统的控制面板

表 5.3　FANUC0i Mate－MC 数控系统控制面板各键及用途

序号	键、旋钮符号	按键(旋钮)名称	功能说明
1	EMERGENCY STOP	急停旋钮	紧急情况下按下此按钮，机床停止一切运动
2	MODE (MDI DNC HANDLE JOG MEMORY STEP EDIT ZRN)	模式选择旋钮	用于选择机床工作模式： EDIT 模式：程序的输入及编辑操作 MEMORY 模式：自动运行程序 MDI 模式：手动数据输入操作 DNC 模式：在线加工 HANDLE 模式：手轮操作 JOG 模式：手动操作 STEP 模式：增量进给操作 ZRN 模式：回参考点操作

续表5.3

序号	键、旋钮符号	按键(旋钮)名称	功能说明
3	FEEDRATE OVERRIDE	进给倍率旋钮	在JOG或MEMORY模式下,通过此旋钮可改变机床各轴的移动速度。移动速度等于编程值乘以外圈所对应的值再乘以1/100
4	RAPID TRAVERSE	快速倍率旋钮	用于调整手动或自动模式下的快速进给速度:在JOG模式下,调整快速进给及返回参考点时的进给速度。在MEMORY模式下,调整G00、G28和G30指令进给速度
5	SPINDLE OVERRIDE	主轴倍率旋钮	在自动或手动操作主轴时,转动此旋钮可调整主轴的转速
6	(轴方向键图)	轴进给方向键	在JOG模式下,按下某一运动轴按键,被选择的轴会以进给倍率的速度移动,松开按键则轴停止移动
7	S.B.K.	单段执行开关键	在MEMORY模式下,此键ON时(指示灯亮),每按一次循环启动键,机床执行一段程序后暂停;此键OFF时(指示灯灭),按一次循环启动键,机床连续执行程序段
8	M01	选择停止开关键	在MEMORY模式下,此键ON时(指示灯亮),程序中的M01有效;此键OFF时(指示灯灭),程序中的M01无效
9	D.R.N	空运行开关键	在MEMORY模式下,此键ON时(指示灯亮),程序以快速方式运行;此键OFF时(指示灯灭),程序以F指令所设定的进给速度运行
10	B.D.T	程序跳段开关键	在MEMORY模式下,此键ON时(指示灯亮),程序中加"/"的程序段被跳过执行;此键OFF时(指示灯灭),完全执行程序中所有程序段
11	Z.LOCK	Z轴锁定开关键	在MEMORY模式下,此键ON时(指示灯亮),机床Z轴被锁定
12	AFL MST	辅助功能开关键	在MEMORY模式下,此键ON时(指示灯亮),机床辅助功能指令无效
13	M.L.X	机床锁定开关键	在MEMORY模式下,此键ON时(指示灯亮),系统连续执行程序,但机床所有轴被锁定,无法移动
14	WLAMP	机床照明开关键	此键ON时(指示灯亮),打开机床照明灯;此键OFF时(指示灯灭),关闭机床照明灯

续表 5.3

序号	键、旋钮符号	按键(旋钮)名称	功能说明
15	CYCLE START	循环启动键	在 MDI 或 MEMORY 模式下,按下此键,机床自动执行当前程序
16	FEED HOLD	循环启动停止键	在 MDI 或 MEMORY 模式下,按下此键,机床暂停程序自动运行,直到再一次按下循环启动键
17	SP CW	主轴正转键	在 JOG 模式下按下此键,主轴正转
18		主轴停转键	在 JOG 模式下按下此键,主轴停止
19	SP STOP	主轴反转键	在 JOG 模式下按下此键,主轴反转
20	MAG CW	刀库正转键	在 JOG 模式下按下此键,刀库顺时针转动
21	ORI	主轴准停键	在 JOG 模式下,按下此键,主轴准确停止,停止角度可由系统参数设定
22	O.T.REL	超程释放键	当机床出现超程报警时,按下此键,同时再按超程方向的反向轴进给键,即可解除超程报警
23	LUBE	机床润滑键	给机床加润滑油
24	AUTO	冷却液自动控制开关键	在 MEMORY 模式下,此键 ON 时(指示灯亮),冷却液的开闭由程序指令控制
25	MAN	冷却液自动控制开关键	按下此键使指示灯亮,手动打开冷却液;按此键使指示灯灭,手动关闭冷却液
26	EDIT OFF ON	程序保护锁	处于 ON 时,允许程序和参数的修改;处于 OFF 时,不允许程序和参数的修改
27	POWER	系统电源开关键	按下左侧的绿色键,机床电源打开;按下右侧的红色键,机床电源关闭

5.3.2 机床操作

1.开机

打开机床总电源,按系统电源打开键,直至 CRT 显示屏出现 NOT READY 提示后,旋开急停旋钮,当 NOT READY 提示消失后,开机成功。

> **技术提示:**
>
> 在开机前,应先检查机床润滑油是否充足,电源柜门是否关好,操作面板各按键是否处于正常位置,否则将可能影响机床正常开机。

2. 机床回参考点

将操作模式选择旋钮置于 ZRN 模式,将进给倍率旋钮旋至最大倍率 150%,快速倍率旋钮置于最大倍率 100%,依次按+Z、+X、+Y 轴进给方向键(必须先按+Z 键确保回参考点时不会使刀具撞上工件),待 CRT 显示屏中各轴机械坐标值均为零时,如图 5.12 所示,回参考点操作成功。

机床回参考点操作应注意以下几点:

①当机床工作台或主轴当前位置接近机床参考点或处于超程状态时,应采用手动方式,将机床工作台或主轴移至各轴行程中间位置,否则无法完成回参考点操作。

②机床正在执行回参考点动作时,不允许旋动模式选择旋钮,否则回参考点操作失败。

③回参考点操作完成后,将模式选择旋钮旋到 JOG 模式,依次按住各轴选择键-X、-Y、-Z,让机床回退一段约 100 mm 的距离,如图 5.13 所示。

图 5.12 系统回参考点时的画面　　　图 5.13 手动操作后系统坐标状态

3. 关机

按下急停旋钮,关闭系统电源,再关闭机床总电源,关机成功。

> **技术提示:**
>
> 关机后应立即进行加工现场及机床的清理与保养。

4. 手动模式操作

手动模式操作主要包括手动移动刀具、手动控制主轴及手动开关冷却液等。

(1)手动移动刀具。将模式选择旋钮旋到 JOG 模式,分别按住各轴选择键+Z、+X、+Y、-X、-Y、-Z,即可使机床向选定轴方向连续进给,若同时按快速移动键,则可快速进给。通过调节进给倍率旋钮、快速倍率旋钮,可控制进给、快速进给移动的速度。

(2)手动控制主轴。将模式选择旋钮旋到 JOG 模式,按 O SP CW 键,此时主轴按系统指定的速度顺时针转动;若按 O SP CCW 键,主轴则按系统指定的速度逆时针转动;按 O SP STOP 键,主轴停止转动。

(3)手动开关冷却液。将模式选择旋钮旋到 JOG 模式,按 MAN 键,此时冷却液打开,若再按一次该键,冷却液关闭。

5. 手轮模式操作

将模式选择旋钮旋到 HANDLE 模式,通过手轮上的轴向选择旋钮可选择轴向运动——顺时针转动手轮脉冲器,轴正移,反之,则轴负移。通过选择脉动量×1、×10、×100(分别是 0.001、0.01、0.1 毫米/格)来确定进给速度。手轮构造如图 5.14 所示。

6. 手动数据输入模式(MDI 模式)

将模式选择旋钮旋到 MDI 模式,按编辑面板上的 PROG 键,选择程序屏幕按 CRT 显示区的 MDI

功能软键,系统会自动加入程序号 O0000,并输入 NC 程序,如图 5.15 所示,将光标移到程序首段,按循环启动键运行程序。

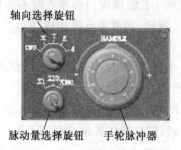

图 5.14　手轮构造图　　　　图 5.15　FANUC0i Mate－MC 数控系统 MDI 编辑画面

7. 程序编辑

(1)创建新程序。将模式选择旋钮旋到 EDIT 模式,将程序保护锁调到 ON 状态下按 PROG 键,按 LIB 功能软键,进入程序列表画面,如图 5.16(a)所示,输入新程序名(如 O0001),按 INSERT 键,完成新程序创建,如图 5.16(b)所示。

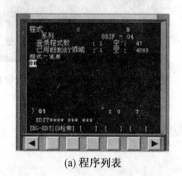

(a) 程序列表　　　　(b) 程序编辑

图 5.16　创建新程序的操作画面

(2)打开程序。将模式选择旋钮旋到 EDIT 模式,将程序保护锁调到 ON 状态下,按 PROG 键,按 LIB 功能软键进入程序列表画面,输入要打开的程序名(如 O0002),按 ↓ 光标键,即可完成 NC 程序打开操作,如图 5.17 所示。

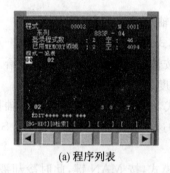
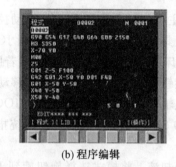

(a) 程序列表　　　　(b) 程序编辑

图 5.17　打开程序的操作画面

(3)编辑程序。编辑程序主要包括字的插入、字的替换、字的删除、字的检索及程序复位。

① 字的插入。

a. 使用光标移动键,将光标移至要插入程序字的前一位字符上,如图 5.18(a)所示。

b. 键入要插入的程序字,如 G17,再按 INSERT 键。

光标所在的字符(G40)之后出现新插入的程序字(G17),同时光标移至该程序字上,如图 5.18(b)所示。

② 字的替换。

(a) 插入前的画面　　　　　　(b) 插后的画面

图 5.18　程序字插入操作

a. 使用光标移动键,将光标移至要替换的程序字符上。
b. 键入要替换的程序字,按 ALTER 键。
光标所在的字符被替换成新的字符,同时光标移到下一个字符上。
③ 字的删除。
a. 使用光标移动键,将光标移至要删除的程序字符上。
b. 按 DELETE 键。
即完成了字符的删除操作。
④ 字的检索
a. 输入要检索的程序字符,例如,要检索 M09,则输入 M09。
b. 按 ↓ 光标键,光标即定位在要检索的字符位置。

> **技术提示:**
> 　　按 ↓ 光标键,表示从光标所在位置开始向程序结束的方向检索;按 ↑ 光标键,表示从光标所在位置开始向程序开始的方向检索。

⑤ 删除程序。删除程序有以下两种操作:
a. 删除单一程序文件:输入要删除的程序名(如 O10),按 DELETE 键,即可删除程序文件(O10)。
b. 删除内存中所有程序文件:输入 O－9999,按 DELETE 键,即删除内存中全部程序文件。
⑥ 程序复位。
按 RESET 键,光标即可返回到程序首段。

8. 刀具补偿参数的设置

刀具补偿参数输入界面如图 5.19 所示,界面中各参数含义如下。
(1) 番号:对应于每一把刀具的刀具号。
(2) 形状(H):表示刀具的长度补偿。
(3) 磨耗(H):表示刀具在长度方向的磨损量。

$$刀具的实际长度补偿 = 形状(H) + 磨耗(H)$$

(4) 形状(D):表示刀具的半径补偿。
(5) 磨耗(D):表示刀具的半径磨损量。

$$刀具的实际半径补偿 = 形状(D) + 磨耗(D)$$

刀具输入补偿参数的操作步骤如下。
(1) 按 OFFSET SETING 键,进入刀具补偿参数输入界面。
(2) 将光标移至要输入参数的位置,键入参数值,按 INPUT 键,即完成刀具补偿参数的输入。

例如：1号刀直径为8 mm，长度为100 mm；2号刀直径为10 mm，长度为110 mm；3号刀直径为16 mm，长度为130 mm。将3把刀的补偿参数输入至系统后如图5.20所示。

9.空运行操作

FANUC0i Mate—MC 数控系统提供了两种模式的程序空运行，即机床锁定空运行及机床空运行。

图 5.19 刀具补偿值输入界面

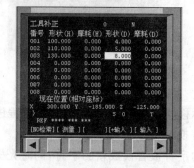
图 5.20 刀具补偿参数输入示例

在完成刀具补偿参数的设置后，即可进行空运行操作。

(1)机床锁定空运行。机床锁定空运行就是系统在执行 NC 程序时，机床自身不运动，只在加工画面显示程序运行过程或运行轨迹，常用来检查加工程序的正确性，相关的操作步骤如下。

① 在"编辑"或"自动"模式下打开要运行的程序。

② 将模式选择旋钮旋到 MEMORY 模式，按 MLK 键（该键指示灯亮），按 DRN 键（该键指示灯亮），使机床置于锁定的空运行状态。

③ 将"进给倍率"旋钮调至最小，按 S.B.K 键，使机床置于单段模式下。

④ 按 CYCLE START 键，调整"进给倍率"旋钮，以单段方式空运行程序。

(2)机床空运行。机床空运行即机床运动部件在不锁定情况下，系统快速运行 NC 程序，主要用于检查刀具在加工过程中是否与夹具等发生干涉、工件坐标系设置是否正确等情况。

① 按 OFFSET SETING 键，按"坐标系"功能软键，在图 5.21 光标所示位置输入一数值（如50.0），将工件坐标系上移至一定高度。

② 在"编辑"或"自动"模式下打开要运行的程序。

③ 将模式选择旋钮旋到 MEMORY 模式，按 DRN 键（该键指示灯亮），使机床置于无锁定的空运行状态。

④ 将"进给倍率"旋钮调至最小，按 S.B.K 键，使机床置于单段模式下。

图 5.21 工件坐标系上移参数设置示例

⑤ 按 CYCLE START 键，调整"进给倍率"旋钮，以单段方式空运行程序，检查程序编制的合理性。如确认程序无误，也可在连续模式下空运行程序。

10.程序自动运行

在确定程序正确、合理后，将机床置于自动加工模式，实施零件首件加工，相关操作步骤如下。

(1)在"编辑"或"自动"模式下打开要运行的程序。

(2)将模式选择旋钮旋到 MEMORY 模式，使机床置于正常的自动加工状态。

(3)将"进给倍率"旋钮调至最小，按 S.B.K 键，使机床置于单段模式下。

(4)按 CYCLE START 键，调整"进给倍率"旋钮，以单段方式空运行程序。

如确认程序无误，也可在连续模式下空运行程序。

5.4 数控铣床/加工中心常用刀具的安装

5.4.1 初识数控铣床/加工中心刀具系统

1. 数控铣床/加工中心刀具系统特点

为适应加工精度高、加工效率高、加工工序集中及零件装夹次数少等要求,数控铣床/加工中心对所用的刀具有许多性能上的要求。与普通机床的刀具相比,数控铣床/加工中心机床切削刀具及刀具系统具有以下特点:

(1)刀片和刀柄高度的通用化、规则化和系统化。
(2)刀片和刀具几何参数及切削参数的规范化和典型化。
(3)刀片或刀具材料及切削参数需与被加工件材料相匹配。
(4)刀片或刀具的使用寿命长,加工刚性好。
(5)刀片及刀柄的定位基准精度高,刀柄对机床主轴的相对位置要求也较高。

2. 刀具的材料

(1)常用刀具材料。常用的数控刀具材料有高速钢、硬质合金、涂层硬质合金、陶瓷、立方氮化硼、金刚石等。其中,高速钢、硬质合金和涂层硬质合金三类材料应用最为广泛。

(2)刀具材料性能比较。硬度和韧性是刀具材料性能的两项重要指标,上述各类刀具材料的硬度和韧性对比如图 5.22 所示。

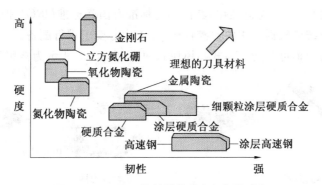

图 5.22 不同刀具材料的硬度与韧性对比

3. 数控铣床/加工中心常用切削刀具

(1)铣削刀具。铣刀是刀齿分布在旋转表面或端面上的多刃刀具,其几何形状较复杂,种类较多,常用的有面铣刀、立铣刀、键槽铣刀、模具铣刀和成形铣刀等,如图 5.23 所示。

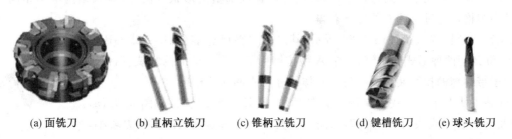

(a)面铣刀　　(b)直柄立铣刀　　(c)锥柄立铣刀　　(d)键槽铣刀　　(e)球头铣刀

图 5.23 常用的铣削刀具

(2)孔加工刀具。常用的孔加工刀具有中心钻、麻花钻(直柄、锥柄)、扩孔钻、锪孔钻、铰刀、镗刀、丝锥等,如图 5.24 所示。

(a) 中心钻　　(b) 标准麻花钻　　(c) 标准扩孔钻

(d) 机用铰刀　　(e) 单刃粗镗刀　　(f) 可调精镗刀　　(g) 机用丝锥

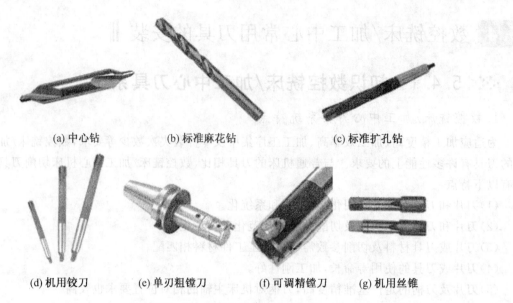

图 5.24　常用的孔加工刀具

4. 数控铣床/加工中心的刀柄系统

数控铣床/加工中心的刀柄系统主要由三部分组成，即刀柄、拉钉和夹头(或中间模块)。

(1)刀柄。切削刀具通过刀柄与机床主轴连接，其强度、刚性、耐磨性、制造精度以及夹紧力等对加工有直接影响。数控铣床/加工中心用的刀柄一般采用 7∶24 锥面与主轴锥孔配合定位，刀柄及其尾部供主轴内拉紧机构用的拉钉已实现标准化，其使用的标准有国际标准(ISO)和中国、美国、德国、日本等国的标准。因此，刀柄系统应根据所用的数控铣床/加工中心要求进行配备。

数控铣床/加工中心刀柄可分为整体式与模块式两类，图 5.25 所示为常用的镗孔刀刀柄。

(a) 整体式刀柄　　(b) 模块式刀柄

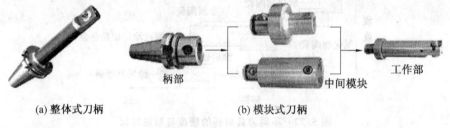

图 5.25　镗孔刀刀柄类型

根据刀柄柄部形式及标准，我国使用的刀柄常分成 BT(日本 MAS 403—75 标准)、JT(GB/T 10944—1989 与 ISO 7388—1983 标准，带机械手夹持槽)、ST(ISO 或 GB，不带机械手夹持槽)和 CAT(美国 ANSI 标准)等几个系列，这几个系列的刀柄除局部槽的形状不同外，其余结构基本相同，刀柄的具体型号和规格可通过查阅有关标准获得。

(2)拉钉。拉钉的形状如图 5.26 所示，其尺寸目前已标准化，ISO 或 GB 规定了 A 型和 B 型两种形式的拉钉，其中 A 型拉钉用于不带钢球的拉紧装置，而 B 型拉钉用于带钢球的拉紧装置。拉钉的具体尺寸可查阅有关标准。

图 5.26　拉钉

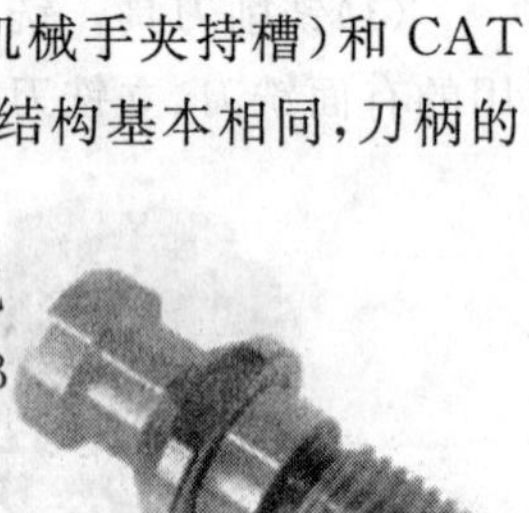

(3)弹簧夹头及中间模块。弹簧夹头有两种，即 ER 弹簧夹头，如图 5.27(a)所示，以及 KM 弹簧夹头，如图 5.27(b)所示。其中，ER 弹簧夹头的夹紧力较小，适用于切削力较小的场合；KM 弹簧夹头的夹紧力较大，适用于强力铣削。

(4)中间模块。中间模块是刀柄和刀具之间的中间连接装置，如图 5.28 所示。通过中间模块的使用，可提高刀柄的通用性能。例如，镗刀、丝锥与刀柄的连接就经常使用中间模块。

(a)ER弹簧夹头　　　　　(b)KM弹簧夹头

图5.27　弹簧夹头

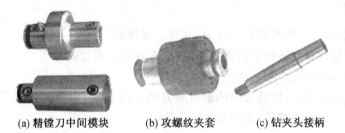

(a) 精镗刀中间模块　　(b) 攻螺纹夹套　　(c) 钻夹头接柄

图5.28　镗孔刀刀柄类型

5.刀具安装辅件

只有配备相应的刀具安装辅件,才能将刀具装入相应刀柄中。常用的刀具安装辅件有锁刀座、专用扳手等。一般情况下需将刀柄放在锁刀座上,锁刀座上的键对准刀柄上的键槽,使刀柄无法转动,然后用专用扳手拧紧螺母。

5.4.2　刀具的装夹

1.常用铣刀的装夹

(1)直柄立铣刀的装夹。以强力铣夹头刀柄装夹立铣刀为例,其安装步骤如下。

① 根据立铣刀直径选择合适的弹簧夹头及刀柄,并擦净各安装部位。

② 按图5.29(a)所示的安装顺序,将刀具和弹簧夹头装入刀柄中。

③ 再将刀柄放在锁刀座上,使锁刀座的键对准刀柄上的键槽,用专用扳手顺时针拧紧刀柄,再将拉钉装入刀柄并拧紧,如图5.29(b)所示。

(a) 刀具装夹关系图　　　　　(b) 装夹完成后的直柄立铣刀

图5.29　直柄立铣刀的装夹

1—立铣刀;2—弹簧夹头;3—刀柄;4—拉钉

(2)锥柄立铣刀的装夹。通常用莫氏锥度刀柄来夹持锥柄立铣刀,其安装步骤如下。

① 根据锥柄立铣刀直径及莫氏号选择合适的莫氏锥度刀柄,并擦净各安装部位。

② 按图5.30(a)所示的安装顺序,将刀具装入刀柄中。

③ 再将刀柄放在锁刀座上,使锁刀座的键对准刀柄上的键槽,用内六角扳手按顺时针方向拧紧紧固刀具用的螺钉,再将拉钉装入刀柄并拧紧,如图5.30(b)所示。

(3)削平型立铣刀的装夹。通常选用专用的削平型刀柄来装夹削平型立铣刀,其安装步骤如下。

① 根据削平型立铣刀直径选择合适的削平型刀柄,并擦净各安装部位。

② 按图5.30(a)所示的安装顺序,将刀具装入刀柄中。

③ 再将刀柄放在锁刀座上,使锁刀座的键对准刀柄上的键槽,用扳手顺时针拧紧拉钉。

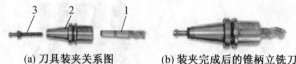

(a) 刀具装夹关系图　　　(b) 装夹完成后的锥柄立铣刀

图 5.30 锥柄立铣刀的装夹

1—锥柄立铣刀；2—刀柄；3—拉钉

2. 面铣刀的装夹

通常选用专用的平面铣刀柄来装夹面铣刀，其安装步骤如下。

(1) 根据面铣刀直径选择合适的平面铣刀柄，并擦净各安装部位。

(2) 按图 5.31(a)所示的安装顺序，将刀盘装入刀柄中。

(3) 再将刀柄放在锁刀座上，使锁刀座的键对准刀柄上的键槽，用内六角扳手顺时针拧紧紧固刀盘用的螺栓，再将拉钉装入刀柄并拧紧，如图 5.31(b)所示。

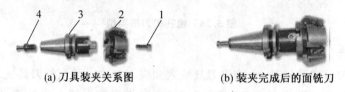

(a) 刀具装夹关系图　　　(b) 装夹完成后的面铣刀

图 5.31 面铣刀的装夹

1—刀盘固定螺栓；2—面铣刀刀盘；3—刀柄；4—拉钉

3. 钻头及铰刀的安装

(1) 直柄钻头及铰刀的安装。通常用钻夹头及刀柄来夹持直柄钻头及铰刀，以钻头为例，其安装步骤如下。

① 根据钻头直径选择合适的钻夹头及刀柄，并擦净各安装部位。

② 按照安装顺序，将刀盘装入刀柄中。

③ 再将刀柄放在锁刀座上，使锁刀座的键对准刀柄上的键槽，用专用扳手顺时针拧动刀柄并夹紧钻头，最后将拉钉装入刀柄并拧紧。

(2) 带扁尾的锥柄钻头及铰刀的安装。通常用扁尾莫氏锥度刀柄夹持带扁尾的锥柄钻头及铰刀，以钻头为例，其安装步骤如下。

① 根据钻头直径及莫氏号选择合适的莫氏刀柄，并擦净各安装部位。

② 按照安装顺序，将刀盘装入刀柄中。

③ 用刀柄顶部快速冲击垫木，靠惯性力将钻头紧固，最后将拉钉装入刀柄并拧紧。

4. 镗刀的装夹

镗刀的类型很多，其安装过程也各不相同，以整体式刀柄夹持镗刀为例，其安装步骤如下：

(1) 根据镗刀柄部形状及尺寸，选择合适的整体式刀柄，并擦净各安装部位。

(2) 按图 5.32(a)所示的安装顺序，把镗刀装入刀柄中，根据所镗孔的直径，用机外对刀仪调整其伸长长度，并用扳手转动螺钉，将镗刀紧固，最后将拉钉装入刀柄并拧紧，如图 5.32(b)所示。

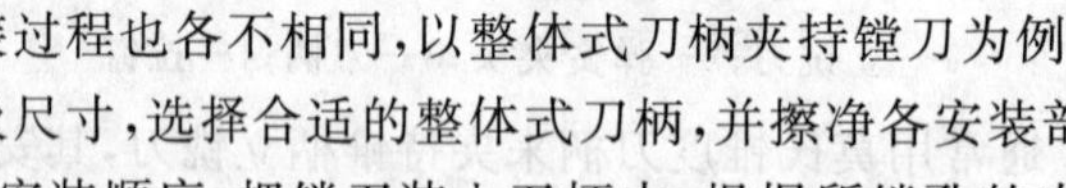

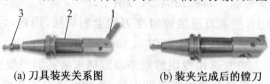

(a) 刀具装夹关系图　　　(b) 装夹完成后的镗刀

图 5.32 镗刀的装夹

1—镗刀；2—刀柄；3—拉钉

5.安装刀具时的注意事项

(1)安装直柄立铣刀时,一般使立铣刀的夹持柄部伸出弹簧夹头约3~5 mm,伸出过长将减弱刀具铣削刚性。

(2)禁止将加长套筒套在专用扳手上拧紧刀柄,也不允许用铁锤敲击专用扳手的方式紧固刀柄。

(3)装卸刀具时务必弄清扳手旋转方向,特别是拆卸刀具时的旋转方向,否则将影响刀具的装卸,甚至损坏刀具或刀柄。

(4)安装铣刀时,操作者应先在铣刀刃部垫上棉纱方可进行铣刀安装,以防止刀具刃口划伤手指。

(5)拧紧拉钉时,其拧紧力要适中,力过大拧紧易损坏拉钉,且拆卸也较困难;力过小则拉钉不能与刀柄可靠连接,加工时易产生事故。

5.4.3 将刀具装入机床

完成刀具装夹后,操作者即可将装夹好的刀具装入数控铣床的主轴上或加工中心机床的刀库中。

1.将刀具装入数控铣床主轴的操作

用刀柄装夹好刀具后,即可将其装入数控铣床的主轴中,操作过程如下。

(1)用干净的擦布将刀柄的锥部及主轴锥孔擦净。

(2)将刀柄装入主轴中。其步骤是:将机床置于JOG(手动)模式下,按松刀键一次,机床执行松刀动作将刀柄装入主轴中,再按松刀键一次,即完成装刀操作。

2.将刀具装入加工中心机床刀库的操作实训

加工中心机床刀库主要有斗笠式刀库、链式刀库等类型,如图5.33所示。

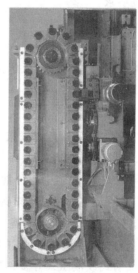

(a) 斗笠式刀库　　　　　　(b) 链式刀库

图5.33 加工中心机床刀库

以斗笠式刀库为例,将夹有刀具的刀柄装入加工中心机床刀库的操作步骤如下。

(1)用干净的擦布将刀柄的锥部及主轴锥孔擦净。

(2)将刀柄装入主轴中。

(3)执行一次换刀动作,就可将刀柄转移到刀库中。若刀库当前刀位为1号位,将主轴上的刀柄转移到刀库1号位的操作是:将机床置于MDI模式下,若数控系统为FANUC,输入并执行T2 M06。

5.5 夹具安装与工件装夹

5.5.1 初步认识数控铣床/加工中心的夹具系统

1. 机床夹具的基本知识

所谓机床夹具，就是在机床上使用的一种工艺装备，用它来迅速准确地安装工件，使工件获得并保证在切削加工中所需要的正确加工位置。所以机床夹具是用来使工件定位和夹紧的机床附加装置，一般简称为夹具。

(1)机床夹具的组成。一般来说，机床夹具由定位元件、夹紧元件、安装连接元件和夹具体等几部分组成，如图5.34所示。

定位元件是夹具的主要元件之一，其定位精度将直接影响工件的加工精度。常用的定位元件有V形块、定位销、定位块等。

夹紧元件的作用是保持工件在夹具中的正确位置，使工件不会因加工时受到外力的作用而发生位置的改变。

连接元件用于确定夹具在机床上的位置，从而保证与机床之间加工位置的正确。

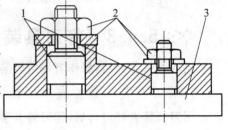

图5.34 机床夹具结构图
1—定位元件；2—夹紧元件；3—夹具体

夹具体是夹具的基础元件，用于连接夹具上各个元件或装置，使之成为一个整体，以保证工件的精度和刚度。

(2)数控机床对夹具的基本要求。
① 精度和刚度要求。
② 定位要求。
③ 敞开性要求。
④ 快速装夹要求。
⑤ 排屑容易。

2. 数控铣床/加工中心夹具的类型

根据工件生产规模的不同，数控铣床/加工中心常用夹具主要有以下几种类型。

(1)装夹单件、小批量工件的夹具。

① 平口钳是数控铣床/加工中心最常用的夹具之一，这类夹具具有较大的通用性和经济性，适用于尺寸较小的方形工件的装夹。精密平口钳通常采用机械螺旋式、气动式或液压式夹紧方式。

② 分度头。这类夹具常配装有卡盘及尾座，工件横向放置，从而实现对工件的分度加工，主要用于轴类或盘类工件的装夹。根据控制方式的不同，分度头可分为普通分度头和数控分度头，其卡盘的夹紧也有机械螺旋式、气动式或液压式等多种形式。

③ 压板。对于形状较大或不便用平口钳等夹具夹紧的工件，可用压板直接将工件固定在机床工作台上，如图5.35(a)所示，但这种装夹方式只能进行非贯通的挖槽或钻孔、部分外形等加工；也可在工件下面垫上厚度适当且加工精度较高的等高垫块后再将其夹紧，如图5.35(b)所示，这种装夹方法可进行贯通的挖槽、钻孔或部分外形加工。另外，压板通过T形螺母、螺栓、垫铁等元件将工件压紧。

(2)装夹中、小批量工件的夹具。中、小批量工件在数控铣床/加工中心上加工时，可采用组合夹具进行装夹。组合夹具由于具有可拆卸和重新组装的特点，是一种可重复使用的专用夹具系统。但组合夹具各元件间相互配合的环节较多，夹具刚性和精度比不上其他夹具。其次，使用组合夹具首次投资大，总体显得笨重，还有排屑不便等不足。

目前，常用的组合夹具系统有槽系组合夹具系统和孔系组合夹具系统，如图5.36所示。

(3)装夹大批量工件的夹具。大批量工件加工时，为保证加工质量、提高生产率，可根据工件形状和

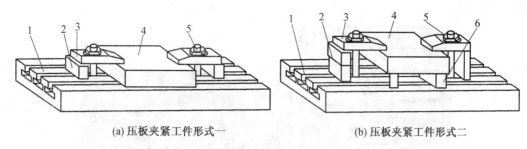

(a) 压板夹紧工件形式一　　　　　　　　(b) 压板夹紧工件形式二

图 5.35　压板夹紧工件

1—工作台；2—支承块；3—压板；4—工件；5—双头螺栓；6—等高垫块

加工方式采用专用夹具装夹工件。

专用夹具是根据某一零件的结构特点专门设计的夹具，具有结构合理、刚性强、装夹稳定可靠、操作方便、装夹速度快等优点，因而可极大提高生产效率。但是，由于专用夹具加工适应性差（只能定位夹紧某一种零件），且设计制造周期长、投资大等缺点，因而通常用于工序多、形状复杂的零件加工。图 5.37 所示为连杆专用夹具。

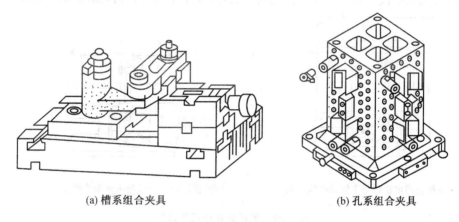

(a) 槽系组合夹具　　　　　　　　(b) 孔系组合夹具

图 5.36　组合夹具

图 5.37　连杆专用夹具

5.5.2　夹具安装与工件装夹

1. 利用平口钳装夹工件

（1）平口钳的安装。在安装平口钳之前，应先擦净钳座底面和机床工作台面，然后将平口钳轻放到机床工作台面上。应根据加工工件的具体要求，选择好平口钳的安装方式。通常，平口钳有两种安装方式,如图 5.38 所示。

(a) 固定钳口与主轴轴心线垂直　　　　　(b) 固定钳口与主轴轴心线平行

图 5.38 平口钳的安装方式

(2)用百分表校正平口钳。在校正平口钳之前,用螺栓将其与机床工作台固定约六成紧。将磁性表座吸附在机床主轴或导轨面上,百分表安装在表座接杆上,通过机床手动操作模式,使表测量触头垂直接触平口钳,百分表指针压缩量为 2 圈(5 mm 量程的百分表),来回移动工作台,根据百分表的读数调整平口钳位置,直至表的读数在钳口全长范围内一致,并完全紧固平口钳,如图 5.39 所示。

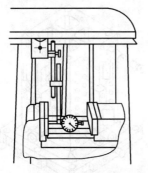
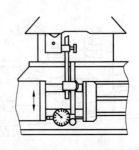

(a) 校正固定钳口与主轴轴心线垂直　　　　　(b) 校正固定钳口与主轴轴心线平行

图 5.39 用百分表校正平口钳

(3)工件在平口钳上的装夹。

① 毛坯件的装夹。装夹毛坯件时,应选择一个平整的毛坯面作为粗基准,靠向平口钳的固定钳口。装夹工件时,在活动钳口与工件毛坯面间垫上铜皮,确保工件可靠夹紧。工件装夹后,用划针盘校正毛坯的上平面,基本上与工件台面平行,如图 5.40 所示。

② 具有已加工表面工件的装夹。在装夹表面已加工的工件时,应选择一个已加工表面作基准面,将这个基准面靠向平口钳的固定钳口或钳体导轨面,完成工件装夹。

图 5.40 钳口垫铜皮装夹毛坯件

工件的基准面靠向平口钳的固定钳口时,可在活动钳口间放置一圆棒,并通过圆棒将工件夹紧,这样能够保证工件基准面与固定钳口很好地贴合。圆棒放置时,要与钳口上平面平行,其高度在钳口所夹持工件部分的高度中间,或者稍偏上一点,如图 5.41 所示。

工件的基准面靠向钳体导轨面时,在工件基准面和钳体导轨平面间垫一大小合适且加工精度较高的平行垫铁。夹紧工件后,用铜锤轻击工件上表面,同时用手移动平行垫铁,垫铁不松动时,工件基准面与钳身导轨平面贴合好,如 5.42 所示。敲击工件时,用力大小要适当,并与夹紧力的大小相适应。敲击的位置应从已经贴合好的部位开始,逐渐移向没有贴合好的部位。敲击时不可连续用力猛敲,应克服垫铁和钳身反作用力的影响。

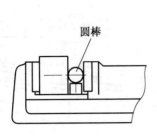

图 5.41 用圆棒夹持工件

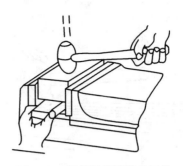

图 5.42 用平行垫铁装夹工件

(4)工件在平口钳上装夹时的注意事项。

① 安装工件时,应擦净钳口平面、钳体导轨面及工件表面。

② 工件应安装在钳口比较中间的位置,并确保钳口受力均匀。

③ 工件安装时其铣削余量应高出钳口上平面,装夹高度以铣削尺寸高出钳口平面的 3～5 mm 为宜。

④ 如工件为批量生产,因其尺寸、形状等各项精度指标均在公差范围内,故加工时无须再校正工件,可直接装夹工件并加工;而对于加工精度不高且单件生产的工件,加工前必须对工件进行校正方可加工。

图 5.43 所示为使用平口钳装夹工件的几种情况。

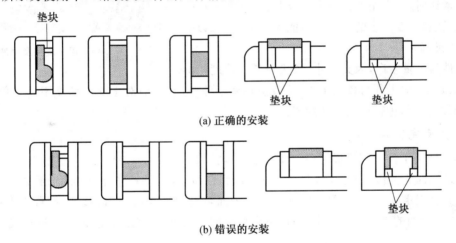

图 5.43 使用平口钳装夹工件的几种情况

2. 利用分度头装夹工件

当工件需水平安装时,常采用分度头、尾座顶尖装夹工件,具体操作步骤如下。

(1)安装与校正分度头。

① 擦净分度头底面及机床工作台面后,用螺栓将分度头固定在机床工作台面上。

② 然后校正分度头主轴的上素线及侧素线。校正方法是:选用一标准检验芯轴,用三爪卡盘夹紧,纵向、横向移动工作台,使百分表通过芯轴最大直径测出 a 和 a' 两点处的高度误差,并通过调整分度头主轴的角度,使 a 和 a' 两点的高度误差符合要求,则分度头主轴的上素线就与机床工作台面平行,如图 5.44 所示;用同样方法使 b 和 b' 两点的误差符合要求,则分度头主轴侧素线与纵向工作台进行方向平行,如图 5.45 所示。

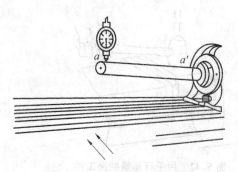
图 5.44 校正分度头主轴上素线

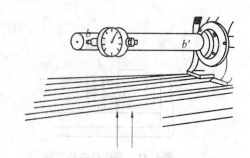
图 5.45 校正分度头主轴侧素线

(2)安装并校正尾座。将尾座擦净并安装在工作台面上,用顶尖将标准检验芯轴顶紧。

重复上述步骤完成芯轴上素线及侧素线的校正,若校正百分表读数不变,说明尾座与分度头主轴同轴;若校正时百分表读数有变化,则调整尾座顶尖,使之到第一次校正读数即可。

(3)装夹工件。完成分度头及尾座的安装校正后,即可进行工件装夹。用分度头及尾座装夹工件的方式如图 5.46 所示。

(4)安装校正注意事项。

① 校正素线用的标准芯轴的形位公差和尺寸精度应符合要求。

② 校正素线时,不得用手锤敲击检验芯轴、分度头及尾座。

③ 校正素线时,百分表的压紧数不能太大或太小,以免读错数值或测量不准确。

图 5.46 用分度头及尾座装夹工件

④ 如工件为批量生产,因其尺寸、形状等各项精度指标均在公差范围内,故加工时无须再校正工件,可直接装夹工件并加工;而对于加工精度不高且单件生产的工件,加工前必须对工件进行校正才能加工。

3.用压板装夹工件

(1)用压板装夹工件。用压板装夹工件的主要步骤如下。

① 将工件底面及工作台面擦净,并将工件轻放到台面上,用压板进行固定约七成紧。

② 将百分表固定在主轴上,测头接触工件上表面,沿前后、左右方向移动工作台或主轴,找正工件上下平面与工作台面的平行度。若不平行,可用垫片的办法进行纠正,然后再重新进行找正,如图 5.47(a)所示。

③ 用同样步骤找正工件侧面与轴进给方向的平行度,如果不平行,可用铜棒轻轻敲工件的方法纠正,然后再重新校正,如图 5.47(b)所示。

(a)压板装夹与找正示意图

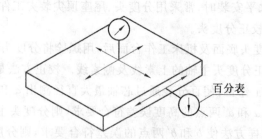
(b)找正时百分表的移动方向

图 5.47 用压板装夹及校正工件

(2)用压板夹紧工件的安装注意事项。

① 在工件的光洁表面或材料硬度较低的表面与压板之间,必须放置垫片(铜片或厚纸片),进而避免工件表面因受压力而损伤。

② 压板的位置要安排得当,要压在工件刚性最好的地方,不得与刀具发生干涉,夹紧力大小也要适当,以避免工件产生变形。

③ 支撑压板的支承块高度要与工件相同或略高于工件,压板螺栓必须尽量靠近工件,并且螺栓到工件的距离应小于螺栓到支承块的距离,以便增大压紧力。

④ 确保压板与工件接触良好、夹紧可靠,以免铣削时工件松动。

5.6 数控铣/加工中心对刀操作

5.6.1 数控铣/加工中心的坐标系统

1. 数控铣/加工中心机床坐标系

(1)机床坐标系的定义及规定。在数控机床上加工零件,机床动作是由数控系统发出的指令来控制的。为了确定机床的运动方向和移动距离,就要在机床上建立一个坐标系,这个坐标系称为机床坐标系,也称标准坐标系。

数控机床的加工动作主要有刀具的动作和工件的动作两种类型,在确定数控机床坐标系时通常有以下规定。

① 永远假定刀具相对于静止的工件运动。

② 采用右手直角笛卡尔坐标系作为数控机床的坐标系,如图 5.48 所示。

③ 规定刀具远离工件的运动方向为坐标的正方向。

(2)数控铣床/加工中心机床坐标系方向。

① Z 轴。规定平行于主轴轴线(即传递切削动力的主轴轴线)的坐标轴为机床 Z 轴。

对于数控铣床/加工中心,其 Z 轴方向就是机床主轴轴线方向,同时刀具沿主轴轴线远离工件的方向为 Z 轴的正方向。

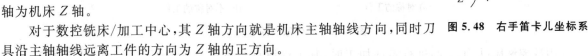

图 5.48 右手笛卡儿坐标系

② X 轴。X 坐标一般取水平方向,它垂直于 Z 轴且平行于工件的装夹面。

对于立式数控铣床/加工中心,机床 X 正方向的确定方法是:操作者站立在工作台前,沿刀具主轴向立柱看,水平向右方向为 X 轴的正方向。

对于卧式数控铣床/加工中心,其 X 轴正方向的确定方法是:操作者面对 Z 轴正向,从刀具主轴向工件看(即从机床背面向工件看),水平向右方向为 X 轴正方向。

③ Y 轴。Y 坐标轴垂直于 X、Z 坐标轴,根据右手直角笛卡尔坐标系来进行判别。

④ 旋转坐标轴方向。旋转坐标轴 A、B、C 对应表示其轴线分别平行于 X、Y、Z 坐标轴的旋转运动。A、B、C 的正方向,相应地表示在 X、Y、Z 坐标正方向上按照右旋旋进的方向。

图 5.49 所示标出了立式和卧式两类数控铣床的机床坐标系及其方向。

(a) 立式数控铣床机床坐标系　　　(b) 卧式数控铣床机床坐标系

图 5.49 数控铣床机床坐标系

(3)数控铣床/加工中心的机床原点。机床原点即机床坐标系原点,是机床生产厂家设置的一个固定点。它是数控机床进行加工运动的基准参考点。数控铣床/加工中心的机床原点一般设在各坐标轴极限位置处,即各坐标轴正向极限位置或负向极限位置,并由机械挡块来确定其具体的位置。

2. 数控铣/加工中心工件坐标系及原点的选择

(1)工件坐标系的定义。机床坐标系的建立保证了刀具在机床上的正确运动。但是,零件加工程序的编制通常是根据零件图样进行的,为便于编程,加工程序的坐标原点一般都与零件图纸的尺寸基准相一致。这种针对某一工件根据零件图样建立的坐标系称为工件坐标系。

(2)工件原点及选择。工件装夹完成后,选择工件上的某一点作为编程或工件加工的原点,这一点就是工件坐标系的原点,也称工件原点。

工件原点的选择,通常遵循以下几点原则。

① 工件原点应选在零件图的尺寸基准上,以便于坐标值的计算,并减少错误。

② 工件原点应尽量选在精度较高的工件表面上,以提高被加工零件的加工精度。

③ Z 轴方向上的工件坐标系原点,一般取在工件的上表面。

④ 当工件对称时,一般以工件的对称中心作为 XY 平面的原点,如图 5.50(a)所示。

⑤ 当工件不对称时,一般取工件其中的一个垂直交角处作为工件原点,如图 5.50(b)所示。

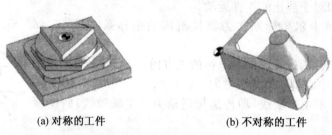

(a) 对称的工件　　　　　　(b) 不对称的工件

图 5.50　工件原点的选择

利用数控铣床/加工中心进行零件加工时,其工件原点与机床坐标系原点之间的关系如图 5.51 所示。

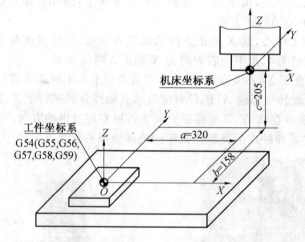

图 5.51　工件原点和机床原点的关系

5.6.2　数控铣/加工中心对刀原理及方法

1. 对刀原理

这里所说的对刀就是通过一定方法找出工件原点相对于机床原点的坐标值,如图 5.51 所示,其中 a,b,c 就是工件原点相对机床原点分别在 X,Y,Z 向的坐标值。如将 a,b,c 值输入至数控系统工件坐标系设定界面 G54 中,如图 5.52 所示,加工时调用 G54 即可将 O 点作为工件坐标系原点进行零件加工。

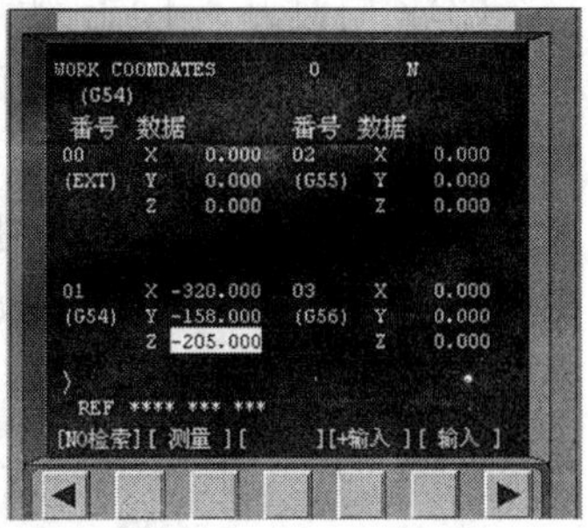

2. 对刀方法

一般情况下,数控铣/加工中心对刀包括 XY 向对刀及 Z 向对刀两方面内容。

(1) XY 向对刀。

① 当工件原点与方形坯料对称中心重合时。

a. X 向对刀过程:让刀具或找正器缓慢靠近并接触工件侧边 A,记录此时的机床坐标值 X_1;再用相同的方法使对刀器接触工件侧边 B,记录此时的机床坐标值 X_2;通过公式 $X=(X_1+X_2)/2$ 计算出工件原点相对机床原点在 X 向的坐标值,如图 5.53 所示。

b. Y 向对刀过程:重复上述步骤,最终找出工件原点相对机床原点在 Y 向的坐标值。

在进行对刀操作时,必须根据工件加工精度要求来选择合适的对刀工具。

c. 对于精度要求不高的工件,常用立铣刀代替找正器以试切工件的方式找出工件原点相对机床原点的坐标值 X,Y。

d. 对于精度要求很高的工件,常用寻边器(见图 5.54)找出工件原点相对机床原点的坐标值 X,Y。

图 5.52 工件坐标系设定界面

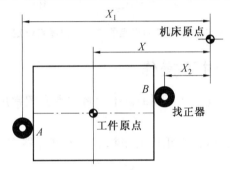

图 5.53 工件原点与方形坯料中心重合时的 X 向对刀示意图

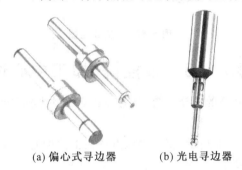

(a) 偏心式寻边器　　(b) 光电寻边器

图 5.54 常用的寻边器

② 工件原点与圆形结构回转中心重合。

a. 用定心锥轴对刀。如图 5.55 所示,根据孔径大小选用相应的定心锥轴,使锥轴逐渐靠近基准孔的中心,通过调整锥轴位置,使其能在孔中上下轻松移动,记下此时机床坐标系中的 X,Y 坐标值,即为工件原点的位置坐标。

b. 用百分表对刀。如图 5.56 所示,用磁性表座将百分表吸在机床主轴端面上,通过手动操作,将百分表测头接近工件圆孔,继续调整百分表位置,直到表测头旋转一周时,其指针的跳动量在允许的找正误差内(如 0.02 mm),记下此时机床坐标系中的 X,Y 坐标值,即为工件原点的位置坐标。

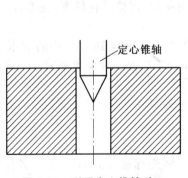

图 5.55 利用定心锥轴对刀

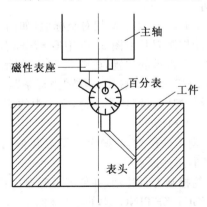

图 5.56 利用百分表对刀

(2)Z向对刀。不同形状的工件,其工件坐标系的Z向零点位置可能有不同的选择。有的工件需要将Z向零点选择在工件上表面,也有的工件需要选择机床工作台面作为Z向零点位置。通过Z向对刀操作,实现Z向零点的设定。Z向对刀操作有两种方式,一种方法是用刀具端刃直接轻碰工件;另一种方法是利用Z向设定器(见图5.57)精确设定Z向零点位置。现仅介绍用Z向设定器将Z向零点设定在工件上表面的操作方法。如图5.58所示,Z向设定器的标准高度为50 mm,将设定器放置在工件上表面,当刀具端刃与设定器接触致指示灯亮时,此时刀具在机床坐标系中的Z坐标值减去50 mm后即为工件原点相对机床原点的Z向坐标值。

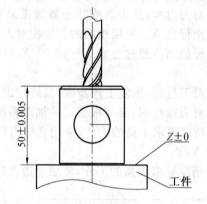

图5.57 Z向设定器　　　图5.58 利用Z向设定器进行Z向零点设定

5.6.3 数控铣/加工中心试切对刀操作

不同品牌的数控系统,其对刀建立工件坐标系的操作过程是不同的。下面将重点介绍常用数控系统试切法对刀操作。

如图5.59所示,将工件原点选在工件中心上表面位置,并将相应的坐标值存入寄存器G54中,其操作步骤如下。

1. 在FANUC0i Mate－MC数控系统的对刀操作

(1)启动主轴(转速350~400 r/min)。

(2)设定X向工件原点(刀具运动顺序如图5.59所示)。

① 将模式选择旋钮旋到HANDLE模式,按编辑面板上的POS键,再按"相对"功能软键。通过手轮移动刀具,使刀具轻碰工件,如图5.59中的2号位所示。

② 按字符键X,再按CRT显示区下方的"起源"功能软键,将X轴相对坐标清零,如图5.60(a)所示。

③ 通过手轮控制刀具沿图5.59中2→3→4→5→6所示路径移动,并使刀具轻碰工件,如图5.59中的6号位所示。

④ 记下屏幕此时显示的X相对坐标值(如图5.60(b)中的-61.932),并将该值除2。

⑤ 通过手轮控制刀具沿图5.59中6→7→8所示路径移动,调整手轮倍率,使刀具准确到达相对坐标$X=-61.932/2$指示的位置,如图5.60(c)所示。

⑥ 按OFFSET SETING键,再按"坐标系"功能软键,将光标移动到G54中的X位置,输入X0,如图5.60(d)所示。按"测量"功能软键,G54中的X值299.967即为工件原点相对于机床原点在X向的坐标值,如图5.60(e)所示。

(3)设定Y向工件原点,其操作过程与X向相似,此处略。

(4)设定Z向工件原点。

① 通过手轮控制刀具移动,并使刀具轻碰工件上表面。

② 按OFFSET SETING键,再按"坐标系"功能软键,将光标移动到G54中的Z位置,输入Z0,按"测量"功能软键,G54中的Z值-203.512即为工件原点相对于机床原点在Z向的坐标值,如图5.60(e)所示。

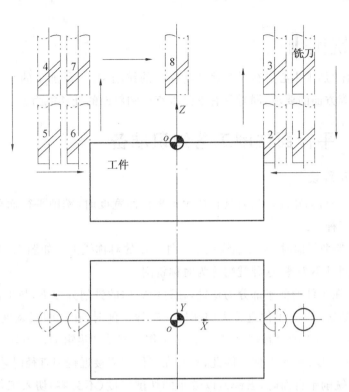

图 5.59　X 向对刀刀具运动示意图

(a) 刀具在 2 位置的相对坐标界面

(b) 刀具在 6 位置的相对坐标界面

(c) 刀具在 8 位置的相对坐标界面

(d) 测量刀具在机床坐标系中的坐标

(e) X 向对刀结束后的界面

图 5.60　FANUC0i Mate-MC 系统对刀过程

数控铣床/加工中心进行平行面及阶梯面的铣削加工,所加工的平面应满足尺寸公差、形状精度等方面的要求,同时具有铣削垂直面和斜面的迁移能力。

5.7.1 平行面铣削工艺知识准备

1. 平行面铣削刀路设计

(1)刀具直径大于平行面宽度。当刀具直径大于平行面宽度时,铣削平行面可分为对称铣削、不对称逆铣与不对称顺铣三种方式。

① 对称铣削。铣削平行面时,铣刀轴线位于工件宽度的对称线上。如图5.61(a)所示,刀齿切入与切出时的切削厚度相同且不为零,这种铣削称为对称铣削。

对称铣削时,刀齿在工件的前半部分为逆铣,在进给方向的铣削分力F_{2f}与工件进给方向相反;刀齿在工件的后半部分为顺铣,F_{1f}与工件进给方向相同。对称铣削时,在铣削层宽度较窄和铣刀齿数少的情况下,由于F_f在进给方向上的交替变化,使工件和工作台容易产生窜动。另外,在横向的水平分力F_c较大,对窄长的工件易造成变形和弯曲。因此,只有在工件宽度接近铣刀直径时才采用对称铣削。

② 不对称逆铣。铣削平行面时,当铣刀以较小的切削厚度(不为零)切入工件,以较大的切削厚度切出工件时,这种铣削称为不对称逆铣,如图5.61(b)所示。

不对称逆铣时,刀齿切入没有滑动,因此,也没有铣刀进行逆铣时所产生的各种不良现象。而且采用不对称逆铣,可以调节切入与切出的切削厚度。切入厚度小,可以减小冲击,有利于提高铣刀的耐用度,适合铣削碳钢和一般合金钢。这是最常用的铣削方式。

③ 不对称顺铣。铣削平行面时,当铣刀以较大切削厚度切入工件,以较小的切削厚度切出工件时,这种铣削称为不对称顺铣,如图5.61(c)所示。

不对称顺铣时,刀齿切入工件时虽有一定冲击,但可避免刀刃切入冷硬层。在铣削冷硬性材料或不锈钢、耐热钢等材料时,可使切削速度提高40%~60%,并可减少硬质合金刀具的热裂磨损。

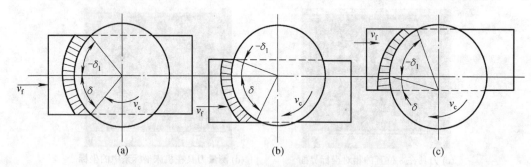

图5.61 当刀具大于平行面宽度时刀路设计

(2)刀具直径小于平行面宽度。当工件平面较大、无法用一次进给切削完成时,就需采用多次进刀切削,而两次进给之间就会产生重叠接刀痕。一般大面积平行面铣削有以下三种进给方式。

① 环形进给,如图5.62(a)所示。这种加工方式的刀具总行程最短,生产效率最高。如果采用直角拐弯,则在工件四角处由于要切换进给方向,造成刀具停在一个位置无进给切削,使工件四角被多切了一薄层,从而影响了加工面的平面度,因此在拐角处应尽量采用圆弧过渡。

② 周边进给,如图5.62(b)所示。这种加工方式的刀具行程比环形进给要长,由于工件的四角被横向和纵向进刀切削两次,其精度明显低于其他平面。

③ 平行进给,如图5.62(c),(d)所示。

平行进给就是在一个方向单程或往复直线走刀切削,所有接刀痕都是方向平行的直线。加工平面精度高,但切削效率低(有空行程),往复走刀平面精度低(因顺、逆铣交替),但切削效率高。要求精度较高的大型平面,一般都采用单向平行进刀方式。

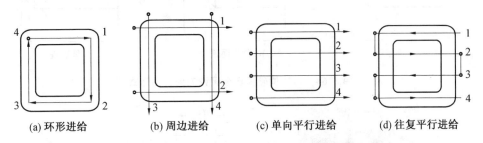

图 5.62　当刀具小于平行面宽度时的刀路设计

2. 平面铣削常用刀具类型

(1)可转位硬质合金面铣刀。这类刀具由一个刀体及若干硬质合金刀片组成,其结构如图 5.63 所示,刀片通过夹紧元件夹固在刀体上。按主偏角 K_r 值的大小分类,可转位硬质合金面铣刀可分为 45°, 90° 等类型。

可转位硬质合金面铣刀具有铣削速度高,加工效率高,所加工的表面质量好,并可加工带有硬皮和淬硬层的工件,因而得到了广泛的应用。适用于平面铣、台阶面铣及坡走铣等场合,如图 5.64 所示。

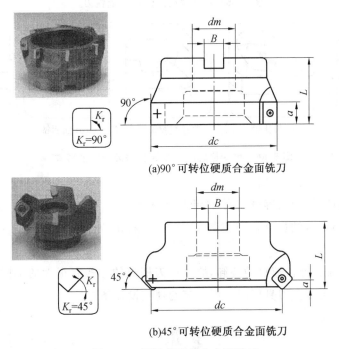

图 5.63　可转位硬质合金面铣刀

(2)可转位硬质合金 R 面铣刀。这类刀具的结构与可转位硬质合金面铣刀相似,只是刀片为圆形,如图 5.65 所示。可转位 R 面铣刀的圆形刀片结构赋予其更大的使用范围,它不仅能执行平面铣、坡走铣,还能进行型腔铣、曲面铣、螺旋插补等,如图 5.66 所示。

(3)立铣刀。在特殊情况下,也可用立铣刀进行平行面铣削。常用立铣刀的结构形式及材料如图 5.67 所示。立铣刀的圆柱表面和端面上都有切削刃,它们可同时进行切削,也可单独进行切削,立铣刀圆柱表面的切削刃为主切削刃,端面上的切削刃为副切削刃。主切削刃一般为螺旋齿,可以增加切削平稳性,提高加工精度。由于普通立铣刀端面中心处无切削刃,所以,立铣刀通常不能作轴向进给,端面刃

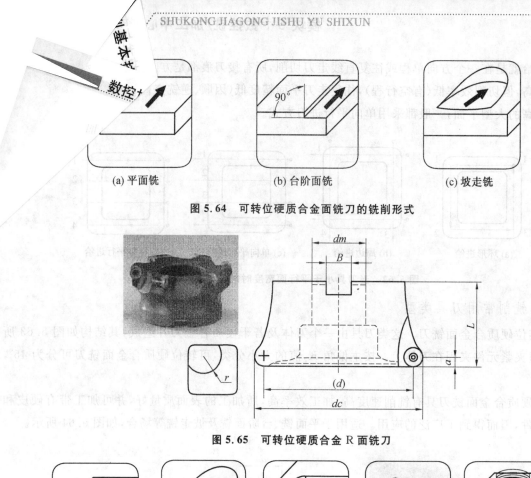

图 5.64 可转位硬质合金面铣刀的铣削形式

图 5.65 可转位硬质合金 R 面铣刀

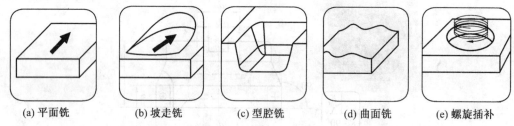

图 5.66 可转位硬质合金 R 面铣刀的铣削形式

主要用来加工与侧面相垂直的底平面。

为了改善切屑卷曲情况,增大容屑空间,防止切屑堵塞,刀齿数比较小,容屑槽圆弧半径则较大。一般粗齿立铣刀齿数 $z=3\sim 4$,细齿立铣刀齿数 $z=5\sim 8$。标准立铣刀的螺旋角 β 为 $40°\sim 50°$(粗齿)和 $30°\sim 35°$(细齿)。

由于数控机床要求铣刀能快速自动装卸,故立铣刀柄部的形式有很大的不同,有的制成带柄形式,有的制成套式结构,一般由专业刀具厂商按照一定的规范设计制造。

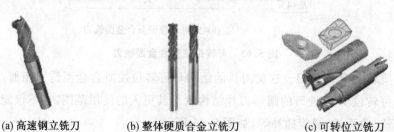

图 5.67 常用立铣刀结构形式及材料

3. 刀具直径的确定

平面铣削时刀具直径可根据以下方法来确定。

(1)最佳铣刀直径应根据工件宽度来选择,D 的范围为$(1.3\sim 1.5)WOC$(切削宽度),如图 5.68(a)所示。

(2)如果机床功率有限或工件太宽,应根据两次进给或依据机床功率来选择铣刀直径,当机床功率不够大时,选择适当的铣削加工位置也可获得良好的效果,此时,$WOC=0.75D$,如图 5.68(b)所示。

一般情况下,在机床功率满足加工要求的前提下,可根据工件尺寸,主要是工件宽度来选择铣刀直径,同时也要考虑刀具加工位置和刀齿与工件接触类型等。进行大平面铣削时铣刀直径应比切削宽度大 20%~50%。

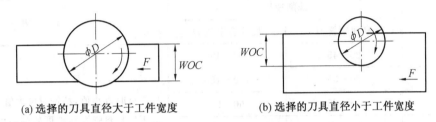

(a)选择的刀具直径大于工件宽度　　　　(b)选择的刀具直径小于工件宽度

图 5.68　平面铣削时铣刀直径的选择

4.切削用量的选择

平面铣削切削用量主要包含铣削深度 a_p(背吃刀量)、铣削速度 V_c 及进给速度 F,如图 5.69 所示。

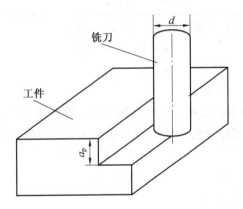

图 5.69　铣削用量示意图

(1)背吃刀量 a_p 的选择。在加工平面余量不大的情况下,应尽量一次进给铣去全部的加工余量。只有当工件的加工精度较高时,才分粗、精加工平面;而当加工平面的余量较大、无法一次去除时,则要进行分层铣削,此时背吃刀量 a_p 值可参考表 5.4 来选择。原则上尽可能选大些,但不能太大,否则会由于切削力过大而造成"闷车"或崩刃现象。

表 5.4　铣削深度选择推荐表

工件材料	高速钢铣刀		硬质合金铣刀	
	粗铣	精铣	粗铣	精铣
铸铁	5~7	0.5~1	10~18	1~2
低碳钢	<5	0.5~1	<12	1~2
中碳钢	<4	0.5~1	<7	1~2
高碳钢	<3	0.5~1	<4	1~2

当 a_p 选定后,应在保证合理刀具寿命的前提下,确定其铣削速度 V_c。在……的铣削速度。粗铣时,确定铣削速度必须考虑到机床的许用功率。如果超过……适当降低铣削速度。精铣时,一方面应考虑合理的铣削速度,以抑制积屑瘤的产……另一方面,由于刀尖磨损往往会影响加工精度,因此,应选用耐磨性较好的刀具材……使其在最佳铣削速度范围内工作。铣削速度太高或太低,都会降低生产效率。……度可在表5.5推荐的范围内选取,并根据实际情况进行试切后的调整。

表5.5 铣削速度推荐表

工件材料	铣削速度		说　　明
	高速钢铣刀	硬质合金铣刀	
低碳钢	20～45	150～190	
中碳钢	20～35	120～150	
合金钢	15～25	60～90	1.粗铣时取小值,精铣时取大值
灰口铸铁	14～22	70～100	2.工件材料强度和硬度较高时取小值,反之取大值
黄铜	30～60	120～200	3.刀具材料耐热性好时取大值,反之取小值
铝合金	112～300	400～600	
不锈钢	16～25	50～100	

在完成 V_c 值的选择后,应根据下式计算出主轴转速 n 值

$$n = 1\,000\,V_c/\pi D \tag{4.1}$$

式中　n——主轴转速,r/min;

　　　D——铣刀直径,mm。

(3)确定进给速度 F。铣刀的进给速度大小直接影响工件的表面质量及加工效率,因此进给速度选择的合理与否非常关键。在确定好背吃刀量 a_p 及铣削速度 V_c 后,接下来就是确定刀具的进给速度 F,通常根据下式4.2计算

$$F = f \cdot z \cdot n \tag{4.2}$$

式中　f——铣刀每齿进给量,mm/z;

　　　z——铣刀齿数;

　　　n——主轴转速,r/min。

一般来说,粗加工时,限制进给速度的主要因素是切削力,确定进给量的主要依据是铣床进给机床的强度、刀杆刚度、刀齿强度以及机床、夹具、工件等工艺系统的刚度。在强度、刚度许可的条件下,进给量应尽量取得大些。半精加工和精加工时,限制进给速度的主要因素是表面粗糙度,为了减小工艺系统的振动,提高已加工表面的质量,一般应选取较小的进给量。刀具铣削时的每齿进给量 f 值可参考表5.6来选取。

表5.6 铣刀每齿进给量 f 选择推荐表

刀具名称	高速钢铣刀		硬质合金铣刀	
	铸铁	钢件	铸铁	钢件
圆柱铣刀	0.12～0.2	0.1～0.15	0.2～0.5	0.08～0.20
立铣刀	0.08～0.15	0.03～0.06	0.2～0.5	0.08～0.20
套式面铣刀	0.15～0.2	0.06～0.10	0.2～0.5	0.08～0.20
三面刃铣刀	0.15～0.25	0.06～0.08	0.2～0.5	0.08～0.20

5.7.2 程序指令准备

1. 辅助功能指令(M 指令)

辅助功能指令又称 M 指令,其主要作用是控制机床各种辅助动作及开关状态,如主轴的转动停止、冷却液的开与关闭等,通常是靠继电器的通断来实现控制过程的,用地址字符 M 及两位数字表示。程序的每一个程序段中 M 代码只能出现一次。

常用辅助功能 M 指令及其说明见表 5.7。

表 5.7 常用辅助功能代码表

指令	功 能	指令	功 能
M00	程序暂停	M05	主轴停止
M01	程序有条件暂停	M07	第一冷却介质开
M02	程序结束	M08	第二冷却介质开
M03	主轴正转	M09	冷却介质关闭
M04	主轴反转	M30	程序结束(复位)并回到程序头

2. 主轴转速功能指令(S 指令)

主轴转速功能指令也称 S 功能指令,其作用是指定机床主轴的转速。

输入格式:S□□
　　　　　主轴速度

3. 进给速度功能指令(F 指令)

进给速度功能指令也称 F 功能指令,其作用是指定刀具的进给速度。

输入格式:F□□
　　　　　刀具进给速度

进给单位可以是 mm/min,也可以是 mm/r。编程时,程序中若输入了 G94 指令或省略,此时进给单位为 mm/min,如输入 F120,表示刀具进给速度为 120 mm/min;若输入了 G95 指令,则进给单位为 mm/r,如输入 F0.2,表示刀具进给速度为 0.2 mm/r。

4. 准备功能指令(G 指令)

准备功能指令也称 G 指令,是建立机床工作方式的一种指令。用字母 G 加数字构成。进行零件平面加工所需的 G 指令见表 5.8。

表 5.8 FANUC0i－MC 部分准备功能指令

指令	功 能	指令	功 能
G00*	快速定位	G54*～G59	工件坐标系的选择
G01	直线插补	G90*	绝对值编程
G17*	XY 平面选择	G91	增量值编程
G18	XZ 平面选择	G94*	每分钟进给
G19	YZ 平面选择	G95	每转进给
G20	英寸输入		
G21	毫米输入		

注:带"*"号的 G 指令表示机床开机后的默认状态。

(1)G00——快速定位指令。该指令控制刀具以点定位从当前位置快速移动到坐标系中的另一指

序指令 F 设定,而是由厂家预先设定。

__为刀具运动的目标点坐标,当使用增量编程时,X __ Y __ Z __ 为目标点相对于
定位量坐标,同时不运动的坐标可以不写。

所示,刀具从当前点 O 点快速定位至目标点 A(X45 Y30 Z20),若按绝对坐标编程,其程

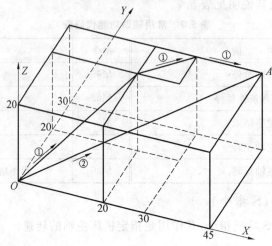

图 5.70　G00/G01 指令的运动轨迹

G00 X45 Y30 Z20

执行此程序段后,刀具的运动轨迹由标志①所示的三段折线组成。由此可看出,刀具在以三轴联动方式定位时,首先沿正方体(三轴中最小移动量为边长)的对角线移动,然后再以正方形(剩余两轴中最小移动量为边长)的对角线运动,最后再走剩余轴长度。

因此,在执行 G00 时,为避免刀具与工件或夹具相撞,通常采用以下两种方式编程。

① 刀具从上向下移动时。

编程格式:G00 X __ Y __

Z __

② 刀具从下向上移动时。

编程格式:G00 Z __

X __ Y __

(2)G01——直线插补指令。该指令控制刀具从当前位置沿直线移动到目标点,其移动速度由程序指令 F 控制。它适合加工零件中的直线轮廓。

指令格式:G01 X __ Y __ Z __ F __

其中,X __ Y __ Z __ 为刀具运动的目标点坐标。当使用增量编程时,X __ Y __ Z __ 为目标点相对于刀具当前位置的增量坐标,同时不运动的坐标可以不写。

F __ 为指定刀具切削时的进给速度。刀具的实际进给速度通常与操作面板进给倍率开关所处的位置有关,当进给倍率开关处于 100% 位置时,进给速度与程序中的速度相等。

如图 5.70 所示,刀具从当前点 O 点以 F 为 120 mm/min 的进给速度切削至目标点 A(X45 Y30 Z20),若按绝对坐标编程,其程序段如下:

G01 X45 Y30 Z20 F120

执行此程序段后,刀具的运动轨迹为标志②所示的一段直线。由此看出,G01 指令的运动轨迹为当前点与目标点之间的连线。

(3)G17/G18/G19——坐标平面选择指令。应用数控铣床/加工中心进行工件加工前,只有先指定一个坐标平面,即确定一个二坐标的坐标平面,才能使机床在加工过程中正常执行刀具半径补偿及刀具长度补偿功能,如图5.71所示。坐标平面选择指令的主要功能就是指定加工时所需的坐标平面。

指令格式:G17/(G18/G19)

其中,G17表示指定XY坐标平面,G18表示指定XZ坐标平面,G19表示指定YZ坐标平面。

一般情况下,机床开机后,G17为系统默认状态,在编程时G17可省略。

G17,G18,G19三个坐标平面的含义见表5.9。

(4)G20/G21——FANUC0i-MC系统单位输入设定指令。单位输入设定指令是用来设置加工程序中坐标值的单位是使用英制还是公制的。FANUC0i-MC系统采用G20/G21来进行英制和公制的切换。

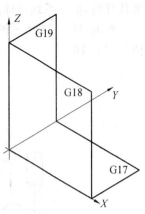

图5.71 坐标平面选择指令示意图

英制单位输入:G20;

公制单位输入:G21。

机床出厂前,机床生产厂商通常将公制单位输入设定为系统默认状态。

表5.9 G17,G18,G19三个坐标平面的含义

指令	坐标平面	垂直坐标
G17*	XY	Z
G18	XZ	Y
G19	YZ	X

(5)G54～G59——工件坐标系选择指令。

G54～G59指令的功能是在加工程序中用零点偏置方法设定工件坐标系原点。

指令格式:G54/(G55/G56/G57/G58/G59)。

为工件设定工件坐标系,能有效地简化零件加工程序,并减小编程错误(例如,加工图5.72所示的两型腔),其编程思路如下。

N10 G54 G00 Z100

N20 M03 S500

N30 G00 X0 Y0

⋮

N90 G00 Z100

N100 G55

N110 G00 X0 Y0

⋮

N200 M30

其中,N10～N90段程序通过设定G54来完成轮廓1的加工,N100～N200段程序通过设定G55完成轮廓2的加工。

(6)G90/G91——绝对值编程与增量值编程指令。

指令格式:G90/(G91)

其中,G90指令按绝对值编程方式设定坐标,即移动指令终点的坐标值X,Y,Z都是以当前坐标系原点为参照来计算。

G91指令按增量值编程方式设定坐标,即移动指令中目标点的坐标值X,Y,Z都是以前一点为参照

来计算的,前一点到目标点的方向与坐标轴同向取正,反向则取负。

例如,图 5.73 所示的模板工件图,分别用绝对坐标和增量坐标描述 $A \to B \to C \to D \to A$ 时,各点坐标值见表 5.10。

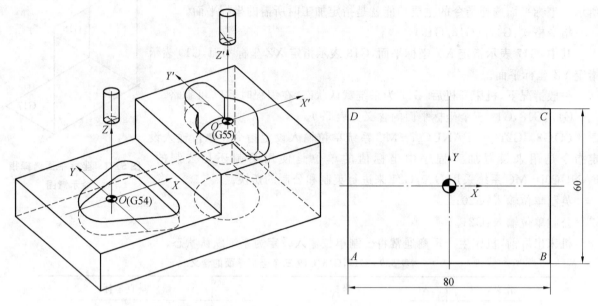

图 5.72 工件坐标系在加工中的应用　　　　图 5.73 模板工件图

表 5.10 $A \to B \to C \to D \to A$ 各点坐标值

轨迹路线	绝对值坐标	增量值坐标
$A \to B$	X40,Y−30	X80,Y0
$B \to C$	X40,Y30	X0,Y60
$C \to D$	X−40,Y30	X−80,Y0
$D \to A$	X−40,Y−30	X0,Y−60

(7)G94/G95——进给速度单位控制指令。该指令主要用于指定刀具移动时的速度单位。

编程格式:G94/G95

G94 指令指定刀具进给速度的单位为毫米/分钟(mm/min);

G95 指令指定刀具进给速度单位为毫米/转(mm/r)。

5.8 台阶面铣削

5.8.1 台阶面铣削工艺知识准备

台阶面铣削在刀具、切削用量选择等方面与平行面铣削基本相同,但由于台阶面铣削除了要保证其底面精度之外,还应控制侧面精度,如侧面的平面度、侧面与底面的垂直度等,因此,在铣削台阶面时,刀具进给路线的设计与平行面铣削有所不同。以下介绍的是台阶面铣削常用的进刀路线。

1.一次铣削台阶面

当台阶面深度不大时,在刀具及机床功率允许的前提下,可以一次完成台阶面铣削,刀具进给路线如图 5.74 所示。如台阶底面及侧面加工精度要求高时,可在粗铣后留 0.3~1 mm 余量进行精铣。

2.在宽度方向分层铣削台阶面

当宽度较大,不能一次完成台阶面铣削时,可采取图 5.75 所示的进刀路线,在宽度方向分层铣削台阶面。但这种铣削方式存在"让刀"现象,将影响台阶侧面相对于底面的垂直度。

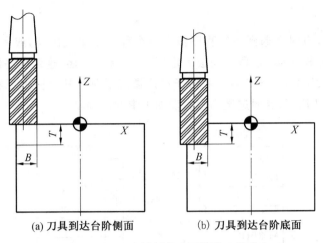

图 5.74 一次铣削台阶面的进刀路线

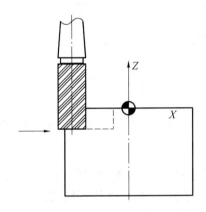

图 5.75 在宽度方向分层铣削台阶面的进刀路线

3. 在深度方向分层铣削台阶面

当台阶面深度很大时,也可采取图 5.76 所示的进刀路线,在深度方向分层铣削台阶面。这种铣削方式会使台阶侧面产生"接刀痕"。在生产中,通常采用高精度且耐磨性能好的刀片来消除侧面"接刀痕"或台阶的侧面留 0.2～0.5 mm 余量作一次精铣。

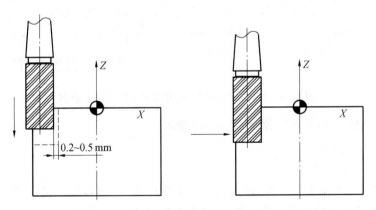

图 5.76 在深度方向分层铣削台阶面的进刀路线

5.8.2 程序指令准备

在数控铣/加工中心机床通常采用子程序调用指令来执行分层铣削。

1. 子程序定义

在编制加工程序时,有时会遇到一组程序段在一个程序中多次出现,或者在几个程序中都要使用到,编程者可将这组多次出现的程序段编写成固定程序,并单独命名,这组程序段就称为子程序。

图 5.77 所示为 FANUC0i－MC 数控系统子程序调用示例。从示例中可看出,子程序一般都不可以作为独立的加工程序使用,只能通过调用来实现加工中的局部动作。

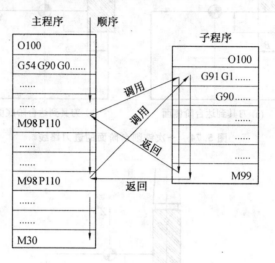

图 5.77　FANUC0i－MC 系统子程序调用示例

2. 子程序嵌套

在一个子程序中调用另一个子程序,这种编程方式称为子程序嵌套,如图 5.78 所示。当主程序调用子程序时,该子程序被认为是一级子程序,数控系统不同,其子程序的嵌套级数也不相同,图 5.78 所示为 FANUC0i－MC 系统的四层子程序嵌套。

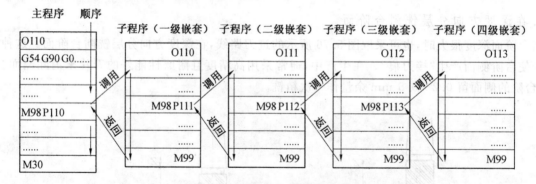

图 5.78　FANUC0i－MC 系统四层子程序嵌套示例

3. FAUNC 系统子程序调用指令(M98/M99)

(1) M98——调用子程序。

指令格式:M98 P××××　××××

其中,在地址 P 后面的 8 位数字中,前 4 位表示子程序调用次数,后 4 位表示子程序名。调用次数前面的 O 可以省略不写;当调用次数为 1 时,前 4 位数字可省略。例如:

M98 P51002;表示调用 O1002 号子程序 5 次。

M98 P1002;表示调用 O1002 号子程序 1 次。

M98 P30004;表示调用 O0004 号子程序 3 次。

(2) M99——子程序调用结束,并返回主程序。FANUC0i－MC 系统常用 M99 指令结束子程序。

指令格式:M99

(3)子程序编程应用格式。在 FANUC0i-MC 系统中,子程序与主程序一样,必须建立独立的文件名,但程序结束必须用 M99。其编程应用格式如图 5.77 及图 5.78 所示,此处略。

5.8.3 案例工作任务(二)——台阶面铣削加工

1.任务描述

应用数控铣床完成图 5.79 所示的某台阶平面的铣削,工件材料为 45 钢。生产规模:单件。

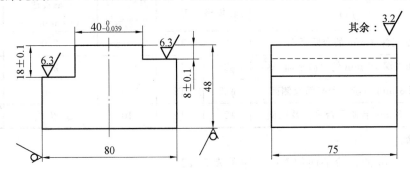

图 5.79 台阶面零件图

2.应用"六步法"完成此工作任务

完成该项加工任务的工作过程如下。

(1)资讯——分析零件图,明确加工内容。

图 5.79 零件的加工部位为台阶表面及侧面,该零件可用普通铣床或数控铣床等机床加工,铣台阶面是在上一道铣平面基础上进行的后续加工,在此选用数控铣床加工该零件,其中 $40_{-0.039}^{0}$、18 ± 0.1、8 ± 0.1 和 $Ra3.2$、$Ra6.3$ 为重点保证的尺寸和表面质量。

(2)决策——确定加工方案。

① 机床及装夹方式选择。由于零件轮廓尺寸不大,且为单件加工,根据车间设备状况,决定选择 XK714 型加工中心完成本次任务。由于零件毛坯为 80 mm×75 mm×48 mm 方钢,故决定选择平口钳、垫铁等配合装夹工件。

② 刀具选择及刀路设计。由图可知,两台阶面的最大宽度为 20 mm,并根据车间刀具配备情况,决定用 φ25 mm 立铣刀铣削待加工的台阶面,此时刀具直径大于台阶宽度。

为有效保护刀具,提高加工表面质量,采用不对称顺铣方式铣削工件,XY 向刀路设计如图 5.80 所示。

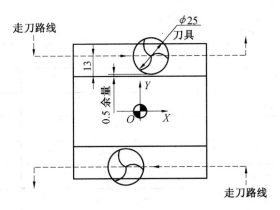

图 5.80 台阶面铣削刀路示意图

从零件图可以看出,两台阶面虽然宽度相等,但左侧台阶深 18 mm,右侧台阶深 8 mm,深度相差较大,因此,尺寸深(8±0.1) mm 的台阶面采用一次粗铣,尺寸深(18±0.1) mm 的台阶面采用在深度方向分层粗铣,两台阶底面、侧面各留0.5 mm余量进行精加工。

③切削用量选择。详见表5.11,此处略。

④工件原点的选择。本次加工两台阶面,选取工件上表面中心O处作为工作原点。

(3)计划——制定加工过程文件。

①加工工序卡。本次加工任务的工序卡内容见表5.11。

表5.11 台阶面零件铣削加工工序卡

工步	加工内容	刀具规格	刀号	刀具半径补偿/mm	主轴转速/($r \cdot min^{-1}$)	进给速度/($mm \cdot min^{-1}$)
1	粗加工深8 mm的台阶平面	φ25	T1	10.5	250	40~50
2	粗加工深18 mm的台阶平面	φ25	T1	10.5	250	40~50
3	精铣深8 mm台阶凸台平面及侧面	φ25	T2	10	250	80~100
4	精铣深18 mm台阶凸台平面及侧面	φ25	T2	10	250	80~100

②NC程序单。

a.粗加工深8 mm的台阶平面的NC程序见表5.12。

表5.12 粗加工深8 mm的台阶平面的NC程序

段号	FANUC0i-MC系统程序	段号	FANUC0i-MC系统程序
	O0001	N80	Y33
N10	G54 G90 G40 G17 G64 G21	N90	X60
N20	M03 S250	N100	Y45
N30	M08	N110	G0 Z100 M09
N40	G00 Z100	N120	M30
N50	X-60 Y45		
N60	Z5		
N70	G01 Z-7.5 F100		

b.粗加工深18 mm的台阶平面的NC程序见表5.13。

表5.13 粗加工深18 mm的台阶平面的NC程序

段号	FANUC0i-MC系统程序	段号	FANUC0i-MC系统程序
	O0001		O0010
N10	G54 G90 G40 G17 G64 G21	N10	G91 G01 Z-6
N20	M03 S250	N20	G90 X60 Y-33
N30	M08	N30	X-60
N40	G00 Z100	N40	Y-60
N50	X60 Y-60	N60	X60 Y-60
N60	Z5	N70	M99
N70	G01 Z0.5 F100		
N80	M98 P30010		
N90	G0 Z100 M09		
N100	M30		

c.精铣深8 mm台阶凸台平面及侧面NC程序见表5.14。

表 5.14　精铣深 8 mm 台阶凸台平面及侧面 NC 程序

段号	FANUC0i-MC 系统程序	程序说明
	O0001	主程序名
N10	G55 G90 G40 G17 G64 G21	程序初始化
N20	M03 S250	主轴正转,速度为 250 r/min
N30	M08	开冷却液
N40	G00 Z100	Z 轴快速定位
N50	X-60 Y45	XY 快速定位
N60	Z5	快速下刀
N70	G01 Z-8 F100	Z 轴定位到加工深度 Z-8
N80	Y32.5	Y 方向进刀
N90	X60	X 方向进给
N100	Y45	Y 方向退刀
N110	G0 Z100 M09	快速提刀至安全高度,关冷却液
N120	M30	程序结束

d. 精铣深 18 mm 台阶凸台平面及侧面 NC 程序见表 5.15。

表 5.15　精铣深 18 mm 台阶凸台平面及侧面 NC 程序

段号	FANUC0i-MC 系统程序	程序说明
	O0001	主程序名
N10	G55 G90 G40 G17 G64 G21	程序初始化
N20	M03 S250	主轴正转,速度为 250 r/min
N30	M08	开冷却液
N40	G00 Z100	Z 轴快速定位
N50	X60 Y-45	XY 快速定位
N60	Z5	快速下刀
N70	G01 Z-18 F100	Z 轴定位到加工深度 Z-18
N80	Y-32.5	Y 方向进刀
N90	X-60	X 方向进给
N100	Y45	Y 方向退刀
N110	G0 Z100 M09	快速提刀至安全高度,关冷却液
N120	M30	程序结束

(4)实施——加工零件。

① 开机前的准备。与平行面铣削案例操作过程相同。

② 加工前的准备。与平行面铣削案例操作过程相同。

③ 安装工件及刀具。与平行面铣削案例操作过程相同。

④ 对刀,建立工件坐标系。由于本次加工使用了粗、精两把立铣刀,因而必须用两把刀进行两次对刀,为操作方便,决定先用 2 号刀(精铣刀)对刀,建立工件坐标系 G55,再换 1 号刀(粗铣刀)并对刀,建立工件坐标系 G54,此时当前刀具为 1 号刀(粗铣刀)。

⑤ 输入并检验程序。

a. 在"编辑"模式下,将粗、精铣程序全部输入数控系统中,检查程序并确保程序正确无误。
　　b. 打开粗铣程序,将当前工件坐标系抬高至一安全高度,设置好刀具等加工参数,将机床状态调整为"空运行"状态空运行程序,检查台阶面铣削轨迹是否正确,是否与机床夹具等发生干涉,如有干涉则要调整程序。
　　⑥ 执行零件加工。
　　a. 将当前工件坐标系恢复至原位,取消空运行,将机床状态调整为"自动运行"状态,对零件进行粗铣加工。
　　b. 在手动模式下换2号刀(精铣刀),同时调用台阶面精铣程序,再次设定刀具相关参数,然后进行零件半精铣加工。
　　c. 半精铣加工完成后,对工件去毛刺,测量相关尺寸,根据测量结果修改程序相关坐标值,以修改程序的方式来控制零件凸台的高度及侧面加工精度。
　　⑦ 加工后的处理与平行面铣削案例操作过程相同,此处略。
　　(5)检查——检验者验收零件。
　　(6)评估——加工者与检验者共同评价本次加工任务的完成情况。

5.9　数控铣床/加工中心的保养、维护

　　要充分发挥数控机床的使用效果,除了正确操作机床外,还必须做好预防性维护工作。通过对数控机床进行预防性的维护,使机床的机械部分和电气部分少出故障,才能延长其平均无故障时间。对数控铣床/加工中心开展预防性维护,就是要做好日常维护与定期维护。

5.9.1　数控铣床/加工中心的日常维护

　　数控铣床的日常维护包括每班维护和周末维护,由操作人员负责。

1.每班维护

(1)机床上的各种铭牌及警告标志需小心维护,不清楚或损坏时需更换。
(2)检查空压机是否正常工作,压缩空气压力一般控制为0.588～0.784 MPa,供应量为200 L/min。
(3)检查数控装置上各个冷却风扇是否正常工作,以确保数控装置的散热通风。
(4)检查各油箱的油量,必要时须添加。
(5)电器箱与操作箱必须确保关闭,以避免切削液或灰尘进入。机加工车间空气中一般都含有油雾、漂浮的灰尘甚至金属粉末。一旦它们落在数控装置内的印制电路板或电子器件上,就容易引起元器件间绝缘电阻下降,并导致元器件及印制电路板损坏。
(6)加工结束后,操作人员需清理干净机床工作台面上的切屑,离开机床前,必须关闭主电源。

2.周末维护

　　在每周末和节假日前,需要彻底清洗设备,清除油污,并由机械员(师)组织维修组检查评分进行考核,公布评分结果。

5.9.2　数控铣床/加工中心的定期维护

　　对数控铣床/加工中心的定期维护是在维修工辅导配合下,由操作人员进行的定期维护作业,按设备管理部门的计划执行。在维护作业中发现的故障隐患,一般由操作人员自行调整,不能自行调整的则以维修工为主,操作人员配合,并按规定做好记录,报送机械员(师)登记,转设备管理部门存查。设备定期维护后要由机械员(师)组织维修组逐台验收,设备管理部门抽查,作为对车间执行计划的考核。数控铣床/加工中心定期维护的主要内容有以下几项。

1. 每月维护

(1)认真清扫控制柜内部。
(2)检查、清洗或更换通风系统的空气滤清器。
(3)检查全部按钮和指示灯是否正常。
(4)检查全部电磁铁和限位开关是否正常。
(5)检查并紧固全部电缆接头并查看有无腐蚀、破损。
(6)全面查看安全防护设施是否完整牢固。

2. 每两月维护

(1)检查并紧固液压管路接头。
(2)查看电源电压是否正常,有无缺相和接地不良。
(3)检查全部电动机,并按要求更换电池。
(4)检查液压马达是否渗漏并按要求更换油封。
(5)开动液压系统,打开放气阀,排出液压缸和管路中的空气。
(6)检查联轴节、带轮和带是否松动和磨损。
(7)清洗或更换滑块和导轨的防护毡垫。

3. 每季维护

(1)清洗切削液箱,更换切削液。
(2)清洗或更换液压系统的滤油器及伺服控制系统的滤油器。
(3)清洗主轴箱和齿轮箱,并重新注入新润滑油。
(4)检查连锁装置、定时器和开关是否正常运行。
(5)检查继电器接触压力是否合适,并根据需要清洗和调整触点。
(6)检查齿轮箱和传动部件的工作间隙是否合适。

4. 每半年维护

(1)抽取液压油液化验,根据化验结果,对液压油箱进行清洗换油,疏通油路,清洗或更换滤油器。
(2)检查机床工作台水平,全部锁紧螺钉及调整垫铁是否锁紧,并按要求调整水平。
(3)检查镶条、滑块的调整机构,并调整间隙。
(4)检查并调整全部传动丝杠负荷,清洗滚动丝杠并涂新油。
(5)拆卸、清理电动机,加注润滑油脂,检查电动机轴承,酌情予以更换。
(6)检查、清洗并重新装好机械式联轴器。
(7)检查、清洗和调整平衡系统,酌情更换钢缆或链条。
(8)清扫电气柜、数控柜及电路板,定期更换电池。

拓展与实训

基础训练

一、选择题(每题有四个选项,请选择一个正确的填在括号里)

1. 数控机床电气柜的空气交换部件应(　　)清除积尘,以免温升过高产生故障。
A. 每日　　　　B. 每周　　　　C. 每季度　　　　D. 每年

2. 下列刀具中,(　　)的刀位点是刀头底面的中心。

A. 车刀 B. 镗刀 C. 立铣刀 D. 球头铣刀

3. 加工中心每次接通电源后在运行前首先应做的是（　　）。
A. 给机床各部分加润滑油   B. 检查刀具安装是否正确
C. 机床各坐标轴回参考点   D. 工件是否安装正确

4. 加工中心电源接通后，是（　　）状态。
A. G16 B. G17 C. G18 D. G19

5. 在一个程序段中，（　　）应采用M代码。
A. 点位控制 B. 直线控制 C. 圆弧控制 D. 主轴旋转控制

6. 在立式加工中心中，主轴轴线方向应为（　　）轴。
A. X B. Y C. Z D. U

7. 在加工中心中，软磁盘属于（　　）的一种。
A. 控制介质 B. 控制装置 C. 伺服系统 D. 机床

8. （　　）属于伺服机构的组成部分。
A. CPU B. CRT C. 同步交流电机 D. 指示光栅

9. 编写程序的最小数值是由（　　）决定。
A. 加工精度 B. 滚珠丝杠精度 C. 脉冲当量 D. 位置精度

10. 在加工中心编程代码中，设定坐标可应用（　　）代码。
A. G90 B. G91 C. G92 D. G94

二、判断题（对的在题号前的括号内填Y，错的在题号前的括号内填N）。

（　）1. 退火的目的是：改善钢的组织；提高强度；改善切削加工性能。
（　）2. 进行刀补就是将编程轮廓数据转换为刀具中心轨迹数据。
（　）3. 换刀点应设置在被加工零件的轮廓之外，并要求有一定余量。
（　）3. 加工任一斜线段轨迹时，理想轨迹不可能与实际轨迹完全重合。
（　）4. 欠定位是不完全定位。
（　）5. 编写曲面加工程序时，步长越小越好。
（　）6. 在切削过程中，刀具切削部分在高温时仍需保持其硬度，并能继续进行切削。这种具有高温硬度的性质称为红硬性。
（　）7. 在立式铣床上加工封闭式键槽时，通常采用立铣刀铣削，而且不必钻工艺孔。
（　）8. 水平仪不但能检验平面的位置是否成水平，而且能测出工件上两平面的平行度。
（　）9. 圆弧插补用半径编程时，当圆弧所对应的圆心角大于180°时半径取负值。
（　）10. 在开环和半闭环数控机床上，定位精度主要取决于进给丝杠的精度。

技能实训

技能实训5.1　数控铣床/加工中心的结构认识与拆装

1. 识别典型数控铣床/加工中心主要组成

认识数控铣床/加工中心的各组成部分，观察机床的布局，如现场观察，记录数控铣床/加工中心的典型部件、拆装过程与方法以及用到的工具；现场识别典型数控铣床/加工中心主要组成，包括以下几个部分。

①计算机数字控制系统：包括输入装置、监视器等。
②主运动系统及主轴部件：使刀具（或工件）产生主切削运动。
③进给运动系统：使工件（或刀具）产生进给运动并实现定位。

④基础件:床身、导轨等。
⑤辅助装置:虎钳、刀架、尾座。
⑥其他辅助装置:如液压、气动、润滑、切削液等系统装置。
⑦强电控制柜:机床强电控制的各种电气元器件。

2. 典型加工中心技术规格参数识读

(1)识读立式数控铣床/加工中心主要技术参数。

(2)立式数控铣床/加工中心主要技术参数识读要点。立式数控铣床/加工中心的主要技术参数可分成尺寸参数、接口参数、运动参数、动力参数、精度参数、其他参数几个方面来认识。

①尺寸参数。包括工作台面积、工作台左右行程、工作台前后行程、主轴上下行程。影响到加工工件的尺寸范围、大小、重量,影响到编程范围及刀具、工件、机床之间的干涉。

②接口参数。包括主轴通孔直径、刀架刀位数、刀具安装尺寸、工具孔直径、尾座套筒直径、行程、锥孔尺寸等,影响到工件、刀具安装及加工适应性和效率。

③运动参数。包括各坐标行程、主轴转速范围、各坐标快速进给速度、切削进给速度范围,影响到加工性能及编程参数。

④动力参数。包括主轴电机功率、伺服电机额定转矩,影响到切削负荷。

⑤精度参数。包括定位精度和重复定位精度,影响到加工精度及其一致性。

⑥其他参数。包括外形尺寸、重量,影响到使用环境。

3. 检测与评价(表 5.16)

表 5.16　检测与评价

序号	检测项目	检测内容及要求	检测	评价
1	基本知识	加工中心组成部分 加工中心功能认识		
2	实践操作	识别加工中心主要组成 识别加工中心主要技术参数		
3	安全文明	安全操作 设备维护保养		
	综合评价			

技能实训 5.2　参观数控实训基地,明确安全规程

1. 实训内容

(1)了解数控实训课的教学特点,树立信念:在教师的指导下完成好每一次实训任务。
(2)了解文明生产和安全操作技术知识。
(3)了解本校的实训设备状况。
(4)学习安全操作规程,培养安全意识。
(5)提高执行纪律的自觉性,养成文明操作的好习惯。

2. 机床安全操作规程现场实践

安全操作规程是保证操作人员安全、设备安全、产品质量等的重要措施。

①人身安全规程现场演示及实践;
②机床和刀具操作安全规程现场演示及实践;
③加工时的安全规程现场演示及实践;
④车间环境安全规程现场演示及实践。

3. 总结

总结上述的学习内容:机床操作应按安全操作规程。它是保证操作人员安全、设备安全、产品质量等的重要措施。同学们可把数控铣削/加工中心加工过程与数控加工安全操作实践联系起来学习,更容易理解安全操作要点。

技能实训 5.3　数控系统的参数输入与调整练习

1. 实训目的与要求

(1)熟悉并掌握数控系统参数的含义及调整方法。

(2)了解参数的设置对参数系统运行的作用的影响。

2. 实训仪器与设备

QS－CNC－TI智能化网络化数控系统综合试验台。

3. 实训内容与步骤

(1)掌握数控系统常用参数的功能及设置方法。

(2)对轴数据、传动系统参数、主轴参数、软限位等相关参数进行设定。

(3)观察参数修改后对机床运行状态的影响。

①轴数据设置与调整;

②传动系统的机械参数设定与调整;

③系统重新上电;

④设定坐标软限位与调整;

⑤主轴参数调试;

⑥数据保护设置。

4. 检测与评价(表 5.17)

表 5.17　检测与评价

序号	检测项目	检测内容及要求	检测	评价
1	基本知识	数控机床参数设置过程 数控机床安全操作		
2	实践操作	加工中心参数设置过程观察 坐标软限位的设定 主轴参数调试		
3	安全文明	安全操作 设备维护保养		
	综合评价			

技能实训 5.4　数控面板的操作

1. 实训目的

(1)了解 FANUC 0i Mate－MC 数控系统面板各按键功能。

(2)熟练掌握 FANUC 0i Mate－MC 数控系统的基本操作。

2. 实训项目

(1)认识 FANUC 0i Mate－MC 数控系统面板各按键及功能,FANUC 0i Mate－MC 数控系统面板主要由三部分组成,即 CRT 显示屏、编辑面板及操作面板。

①FANUC 0i Mate－MC 数控系统 CRT 显示屏及按键。FANUC 0i Mate－MC 数控系统 CRT 显

示屏及按键分布如图 5.81 所示。

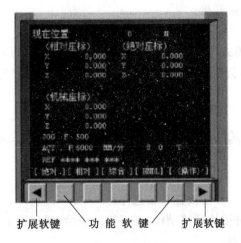

图 5.81　FANUC 0i Mate－MC 数控系统 CRT 显示屏

②FANUC 0i Mate－MC 数控系统编辑面板按键。FANUC 0i Mate－MC 数控系统编辑面板如图 5.82 所示。

图 5.82　FANUC 0i Mate－MC 数控系统编辑面板

③FANUC 0i Mate－MC 数控系统操作面板按键及旋钮。FANUC 0i Mate－MC 数控系统操作面板如图 5.83 所示。

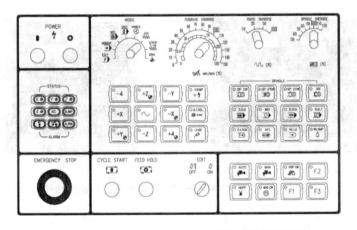

图 5.83　FANUC 0i Mate－MC 数控系统操作面板

(2)掌握 FANUC 0i Mate－MC 数控系统常用的几项基本操作。

①开机操作。

a.打开机床总电源——按系统电源开键,直至 CRT 显示屏出现"NOT READY"提示后,旋开急停旋钮,当"NOT READY"提示消失后,开机成功。

b.注意:在开机前,应先检查机床润滑油是否充足,电源柜门是否关好,操作面板各按键是否处于正常位置,否则将可能影响机床正常开机。

②机床回零操作。

将操作模式旋钮旋至回零模式,将快速倍率旋钮旋至最大倍率100%,依次按+Z,+Y轴进给方向键(必须先按+Z,确保回零时不会使刀具撞上工件),待CRT显示屏中各轴机械坐标值均为零时,回零操作成功。

③关机操作。

按下急停旋钮,按系统电源关闭键,关闭机床总电源,关机成功。注意:关机后应立即进行加工现场及机床的清理与保养。

④手动模式操作。

操作模式旋钮旋至手动模式,分别按住各轴选择键+Z,+X,+Y,-X,-Y,-Z即可使机床向"键名"的轴和方向连续进给,若同时按快速移动键,则可快速进给,通过调节进给倍率旋钮、快速倍率旋钮,可控制进给、快速进给移动的快慢。

⑤手轮模式操作。

操作模式旋钮旋至手轮模式,通过手轮上的轴向选择旋钮可选择轴向运动,顺时针转动手轮脉冲器,轴正移,反之,则轴负移,通过选择倍率×1,×10,×100(分别是0.001,0.01,0.1毫米/格)来确定进给快慢。

⑥手动数据模式(MDI模式)。

将操作模式旋钮旋至MDI模式,按编辑面板上的程序键,选择程序屏幕,按下对应CRT显示区的软键【MDI】,系统会自动加入程序号O0000;用通常的程序编辑操作编制一个要执行的程序,在程序段的结尾不能加M30(在程序执行完毕后,光标将停留在最后一个程序段)。要删除在MDI方式中编制的程序可输入地址O0000,然后按下MDI面板上的删除键或直接按复位键。

⑦程序编辑操作。

创建新程序;打开程序;程序的字录入和修改;程序编辑的字检索;程序的复制;程序的删除(删除一个完整的程序;删除内存中的所有程序)。

⑧刀具补偿的设定操作。

按刀补设定键——按软键【补正】,出现如图5.84所示画面;按光标移动键,将光标移至需要设定刀补的相应位置(如图5.84(a)光标停在D01位置);输入补偿量;按输入键,结果如图5.84(b)所示。

(a)   (b)

图5.84 FANUC 0i Mate-MC 数控系统刀补设定操作

3.检测与评价(表 5.18)

表 5.18 检测与评价

序号	检测项目	检测内容及要求	检测	评价
1	基本知识	数控系统组成 数控系统控制功能		
2	实践操作	CRT/MDI 键盘认识 机床控制面板认识		
3	安全文明	安全操作 设备维护保养		
综合评价				

技能实训 5.5　数控铣刀安装与对刀操作练习

任务:如图 5.85 所示,进行对刀练习,在数控铣床上装夹工件,在刀架上安装刀具并对刀,最后验证对刀的正确性。

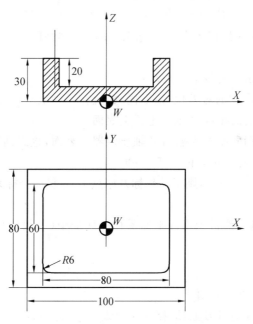

图 5.85　对刀操作示意图

工具:数控机床、毛坯、立铣刀、卡尺。

1.工件的装夹

在安装平口钳之前,应先擦净钳座底面和机床工作台面,然后将平口钳轻放到机床工作台面上。应根据加工工件的具体要求,选择好平口钳的安装方式。再利用百分表校正平口钳,在工件基准面和钳体导轨平面间垫一大小合适且加工精度较高的平行垫铁。夹紧工件后,用铜锤轻击工件上表面,同时用手移动平行垫铁,垫铁不松动时,工件基准面与钳身导轨平面贴合好。敲击工件时,用力大小要适当,并与夹紧力的大小相适应。敲击的位置应从已经贴合好的部位开始,逐渐移向没有贴合好的部位。敲击时不可连续用力猛敲,应克服垫铁和钳身反作用力的影响。

2.刀具的安装

操作如下:
①根据立铣刀直径选择合适的弹簧夹头及刀柄,并擦净各安装部位。
②按照确定的安装顺序,将刀具和弹簧夹头装入刀柄中。

③再将刀柄放在锁刀座上,使锁刀座的键对准刀柄上的键槽,用专用扳手顺时针拧紧刀柄,再将拉钉装入刀柄并拧紧。

④完成刀具装夹后,操作者即可将装夹好的刀具装入数控铣床的主轴上。

3. 采用寻边器对刀

如图5.85内轮廓型腔零件图,其详细步骤如下:

(1)X,Y向对刀。

①将工件通过夹具装在机床工作台上,装夹时,工件的四个侧面都应留出寻边器的测量位置;

②快速移动工作台和主轴,让寻边器测头靠近工件的左侧;

③改用微调操作,让测头慢慢接触到工件左侧,直到寻边器发光,记下此时机床坐标系中的X坐标值,如-310.300;

④抬起寻边器至工件上表面之上,快速移动工作台和主轴,让测头靠近工件右侧;

⑤改用微调操作,让测头慢慢接触到工件右侧,直到寻边器发光,记下此时机床坐标系中的X坐标值,如-200.300;

⑥若测头直径为10 mm,则工件长度为$-200.300-(-310.300)-10=100$,据此可得工件坐标系原点$W$在机床坐标系中的$X$坐标值为$-310.300+100/2+5=-255.300$;

⑦同理可测得工件坐标系原点W在机床坐标系中的Y坐标值。

(2)Z向对刀。

①卸下寻边器,将加工所用刀具装上主轴;

②将Z轴设定器(或固定高度的对刀块,以下同)放置在工件上平面上;

③快速移动主轴,让刀具端面靠近Z轴设定器上表面;

④改用微调操作,让刀具端面慢慢接触到Z轴设定器上表面,直到其指针指示到零位;

⑤记下此时机床坐标系中的Z值,如-250.800;

⑥若Z轴设定器的高度为50 mm,则工件坐标系原点W在机床坐标系中的Z坐标值为$-250.800-50=-310.800$;

(3)将测得的X,Y,Z值输入到机床工件坐标系存储地址中(一般使用G54～G59代码存储对刀参数)。

4. 注意事项

在对刀操作过程中需注意以下问题:

(1)根据加工要求采用正确的对刀工具,控制对刀误差。

(2)在对刀过程中,可通过改变微调进给量来提高对刀精度。

(3)对刀时需小心谨慎操作,尤其要注意移动方向,避免发生碰撞危险。

(4)对刀数据一定要存入与程序对应的存储地址,防止因调用错误而产生严重后果。

5. 刀具补偿值的输入和修改

根据刀具的实际尺寸和位置,将刀具半径补偿值和刀具长度补偿值输入到与程序对应的存储位置。需注意的是,补偿的数据正确性、符号正确性及数据所在地址正确性都将威胁到加工,从而导致撞车危险或加工报废。

6. 检测与评价(表 5.19)

表 5.19 检测与评价

序号	检测项目	检测内容及要求	检测	评价
1	基本知识	坐标系的用途 坐标系的规定 工件坐标系的建立 长度补偿零点偏置的应用		
2	实践操作	基于零点偏置的对刀操作 基于长度补偿的对刀操作		
3	安全文明	安全操作 设备维护保养		
综合评价				

技能实训 5.6　准备功能、辅助功能练习

1.实训目的
(1)熟悉各指令功能的意义。
(2)巩固掌握使用多把刀具时程序编制方法。
(3)熟练掌握数控铣床的各种操作方法。
(4)运用各指令进行编程练习。

2.实训仪器与设备
TK7640数控铣床、游标卡尺、钢皮尺、立铣刀、键槽铣刀等。

3.实训过程
以图5.86为例,进行练习。

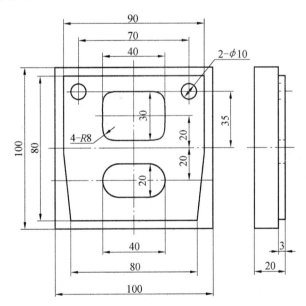

图 5.86　准备、辅助功能综合练习

(1)编制下列零件的数控铣削加工工艺(包括毛坯选用、装夹方案、刀具选用、工序安排、切削用量选用等)。
(2)加工程序编制。
(3)程序输入与检查。

(4)毛坯与刀具安装。
(5)试切对刀与参数输入。
(6)自动加工。
(7)工件检测与分析。

4. 检测与评价(表5.20)

表5.20 检测与评价

序号	检测项目	检测内容及要求	检测	评价
1	基本知识	工艺知识 数控面板操作方法 程序输入与自动运行		
2	实践操作	手动操作 手动加工零件 输入程序 自动运行加工		
3	安全文明	安全操作 设备保养		
综合评价				

模块 6

数控铣/加工中心切削中级工技能

知识目标
◆通过对零件图纸的工艺分析,能编制相应的工艺卡,完成数控程序的编写;
◆掌握加工中心编程工件坐标系的合理建立;
◆掌握常见零件的平面、槽、台阶的加工工艺;
◆掌握常见零件的加工工艺方法;
◆掌握刀具补偿的应用;
◆掌握加工中心编程加工的一般流程。

技能目标
◆根据零件图纸选择合理的加工工艺;
◆根据零件合理选用夹具;
◆根据零件合理选用工具和量具;
◆根据零件合理选择刀具;
◆根据零件选择切削参数;
◆根据首件零件的误差,选择合理的补偿办法。

课时建议
90 课时

课堂随笔

6.1 工件坐标系建立

6.1.1 基础知识

工件坐标系的建立,对于不同的数控系统,在准备功能字的格式上有所不同,但设定方式不外乎以下三种:

(1)使用 G50 建立工件坐标系(HNC 为 G92)。

(2)使用 G54~G59 建立工件坐标系。

(3)通过刀具长度参数的设定和调用,自动建立坐标系。

通过对刀操作,建立如图 6.1 所示型腔零件的工件坐标系,已知毛坯高为 30 mm。

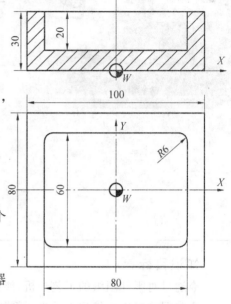

图 6.1 型腔零件图

6.1.2 对刀操作

1. X、Y 向对刀

① 将工件通过夹具装在机床工作台上,装夹时,工件的 4 个侧面都应留出寻边器的测量位置。

② 快速移动工作台和主轴,让寻边器测头靠近工件的左侧。

③ 改用微调操作,让测头慢慢接触到工件左侧,直到寻边器发光,记下此时机床坐标系中的 X 坐标值,如 -310.300。

④ 抬起寻边器至工件上表面之上,快速移动工作台和主轴,让测头靠近工件右侧。

⑤ 改用微调操作,让测头慢慢接触到工件右侧,直到寻边器发光,记下此时机床坐标系中的 X 坐标值,如 $X=-200.300$。

⑥ 由图可知,工件坐标系原点为工件底面中心,可得工件坐标系原点 W 在机床坐标系中的 X 坐标值为 $X=-255.300$。

⑦ 同理可测得工件坐标系原点 W 在机床坐标系中的 Y 坐标值为 $Y=-213.50$。

2. Z 向对刀

① 卸下寻边器,将加工所用刀具装上主轴。

② 将 Z 轴设定器(或固定高度的对刀量块,以下同)放置在工件上平面上。

③ 快速移动主轴,让刀具端面靠近 Z 轴设定器上表面。

④ 改用微调操作,让刀具端面慢慢接触到 Z 轴设定器上表面,直到其指针指示到零位。

⑤ 记下此时机床坐标系中的 Z 值,如 -250.700。

⑥ 若 Z 轴设定器的高度为 100 mm,则工件坐标系原点 W 在机床坐标系中的 Z 坐标值为 $Z=-250.700-100-30=-380.700$。

3. 设置工作坐标系

进入工作坐标系设定界面,将测得的 X,Y,Z 值输入到机床工件坐标系存储地址 G54 中,如图 6.2 所示。在程序中编写 G54 G00 X0 Y0 Z30;刀具自动运行到 W 点正上方 30 mm 处。

图 6.2 设置型腔零件工作坐标(FANUC-0i)

6.1.3 注意事项

1. G54 与 G55~G59 的区别

G54~G59 设置加工坐标系的方法是一样的,但在实际情况下,机床厂家为了用户的不同需要,在使用中有以下区别:利用 G54 设置机床原点的情况下,进行回参考点操作时机床坐标值显示为 G54 的设定值,且符号均为正;利用 G55~G59 设置加工坐标系的情况下,进行回参考点操作时机床坐标值显示零值。

2. G50(G92) 与 G54~G59 的区别

G50(G92) 指令与 G54~G59 指令都是用于设定工件加工坐标系的,但在使用中是有区别的。G50(G92) 指令是通过程序来设定、选用加工坐标系的,它所设定的加工坐标系原点与当前刀具所在的位置有关,这一加工原点在机床坐标系中的位置是随当前刀具位置的不同而改变的。

3. G54~G59 的修改

G54~G59 指令是通过 MDI 在设置参数方式下设定工件加工坐标系的,一旦设定,加工原点在机床坐标系中的位置是不变的,它与刀具的当前位置无关,除非再通过 MDI 方式修改。

4. 应用范围

本课程所列加工坐标系的设置方法,仅是 FANUC-0i 系统中常用的方法之一,其余不一一列举。其他数控系统的设置方法应按随机说明书执行。

5. 常见错误

当执行程序段"G92 X10 Y10"时,常会认为是刀具在运行程序后到达(X10,Y10)点上。其实,G92 指令程序段只是设定加工坐标系,并不产生任何动作,这时刀具已在加工坐标系中的(X10,Y10)点上。

G54~G59 指令程序段可以和 G00,G01 指令组合,如 G54 G90 G01 X10 Y10 时,运动部件在选定的加工坐标系中进行移动。程序段运行后,无论刀具当前点在哪里,它都会移动到加工坐标系中的(X10,Y10)点上。

6.2 手动操作

6.2.1 基础知识

手动操作是通过控制机床操作面板上的坐标轴进给按钮或手摇进行工作台移动控制的方式。通过手摇进给操作和手动进给操作完成图 6.3 所示零件孔的手动加工。

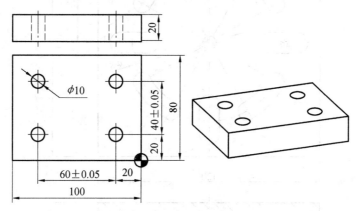

图 6.3 手动加工零件图

6.2.2 实际操作

(1)安装好工件和刀具(选用 φ10 的键槽铣刀)。

(2)机床回零并通过对刀操作建立好工件坐标系(以零件的右下端和工件上表面为坐标原点)。

(3)在 MDI 模式下编写以下指令并执行,使刀具移动到工件坐标原点正上方 30 mm 处,见表 6.1。

表 6.1 移动机床的指令

G54 G90 G17 G00 X0 Y0	建立工件坐标系,移动到(X0,Y0)处
M03 S400;	主轴正转 400 r/min
T0101;	选用 1 号刀具(φ10 键槽铣刀)
G00 Z30;	移动到工件上表面正上方 30 mm 处

(4)在手动模式下,摇动手摇脉冲发生器控制刀具的 X,Y 轴,移动到工件坐标(X-20,Y20),接着摇动手摇控制刀具 Z 轴进行下刀切削。切到一定深度后抬刀,继续控制刀具的 X,Y 轴,移动到工件坐标(X-80,Y20),下刀切削。然后分别移动到工件坐标(X-80,Y60)和(X-20,Y60)进行手动切削加工。

注意事项:

(1)进行手动操作时必须建立好工件坐标系或者建立一个相对坐标系,否则手动操作时将不能进行尺寸定位。

(2)主轴未旋转时,请勿移动刀具,不然容易产生撞刀事故,损坏刀具和工件。

(3)由于手摇控制机床移动时每次只能控制一个坐标轴移动,所以要换轴移动时需切换坐标轴。

(4)手摇制机床移动的速度有倍率选择,×1,×10,×100,×1 000,速度由慢到快,操作时要注意所选倍率的速度。

(5)由于坐标进给按钮控制机床移动速度过快,尺寸定位不宜控制,所以进行切削加工时请用手摇控制机床,不建议使用坐标进给按钮。

6.3 简单直线、圆弧、沟槽的铣削

6.3.1 基础知识

简单直线、圆弧、沟槽在铣削加工时,我们不需要进行刀具半径补偿加工,直接计算刀具中心轨迹,铣削的键槽大小和刀具直径大小一致。

直线键槽加工采用 G01 指令,圆弧键槽加工采用 G02/G03 指令。

通过计算刀具中心轨迹,完成图 6.4 所示零件的键槽加工。

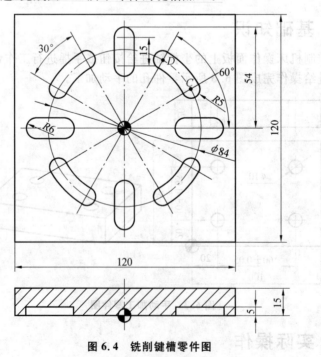

图 6.4 铣削键槽零件图

6.3.2 实际操作

1. 工艺分析

该零件是加工平面上的键槽,所以不需要进行刀具补偿指令,直接计算刀具中心轨迹进行加工。由于键槽是对称分布,所以工件坐标系原点建立在零件上表面的正中心。加工工艺路线如图6.5所示。

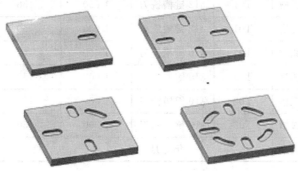

图 6.5　加工工艺路线

2. 加工顺序

(1)加工第一条直槽。
(2)加工其余直槽。
(3)加工第一条圆弧槽。
(4)加工其余圆弧槽,如图6.5所示。

3. 工件装夹

采用机用平口虎钳装夹的方法,底部用垫块垫起。用百分表调整工件水平。

4. 刀具选择

由于直线键槽宽度是12 mm,所以选择φ12键槽铣刀。圆弧键槽宽度是10 mm,所以选择φ10键槽铣刀(表6.2)。

表6.2　数控加工刀具卡片

产品名称或代号	××		零件名称	凹槽板	零件图号	××
序号	刀具号	刀具规格名称	数量	加工表面	刀尖半径 R/mm	刀尖方位 T	备注
1	T01	φ12 mm 键槽铣刀	1	直线槽			
2	T02	φ10 mm 键槽铣刀	1	圆弧槽			
编制	××	审核	××	批准	××	共　页	第　页

5. 加工工艺卡

任务中零件加工工步及切削用量见表6.3。

表6.3　数控加工工艺卡片

单位名称	××	产品名称或代号	××	零件名称	凹槽板	零件图号	××
工序号	程序编号		夹具名称		使用设备		车间
001	××		机用虎钳		数控铣床		××

续表 6.3

工步号	工步内容	刀具号	刀具规格/mm	主轴转速 $n/(\text{r}\cdot\text{min}^{-1})$	进给速度 $f/(\text{mm}\cdot\text{min}^{-1})$	背吃刀量 a_p/mm	备注
1	铣+X 轴上直线槽	T01	φ12 键槽铣刀	1 000	150	5	自动
2	铣-X 轴上直线槽	T01	φ12 键槽铣刀	1 000	150	5	自动
3	铣+Z 轴上直线槽	T01	φ12 键槽铣刀	1 000	150	5	自动
4	铣-Z 轴上直线槽	T01	φ12 键槽铣刀	1 000	150	5	自动
5	铣第一象限圆弧槽	T02	φ10 键槽铣刀	1 000	150	5	自动
6	铣第四象限圆弧槽	T02	φ10 键槽铣刀	1 000	150	5	自动
7	铣第三象限圆弧槽	T02	φ10 键槽铣刀	1 000	150	5	自动
8	铣第二象限圆弧槽	T02	φ10 键槽铣刀	1 000	150	5	自动
编制	××	审核	××	批准	××	年 月 日	共 页 第 页

6. 程序编制

凹槽板数控加工程序清单见表 6.4。

表 6.4 数控加工程序清单

O1030

N010	G94 G90 G21;	N280	G00 Z5;
N020	T0101;	N290	G01 Z-5 F50;
N030	S1000 M03;	N300	G02 X36.373 Y21 R42 F150;
N040	G54 G00 X49.5 Y0 M08;	N310	G01 Z5 F50;
N050	G00 Z100;	N320	G00 X36.373 Y-21;
N060	G00 Z5;	N330	G00 Z5;
N070	G01 Z-5 F50;	N340	G01 Z-5;
N080	G01 X34.5 F150;	N350	G02 X21 Y-36.373 R42 F150;
N090	G01 Z5 F50;	N360	G01 Z5 F50;
N100	G00 X-34.5;	N370	G00 X-21 Y-36.373;
N110	G01 Z-5;	N380	G00 Z5;
N120	G01 X-49.5 F150;	N390	G01 Z-5;
N130	G01 Z5 F50;	N400	G02 X-36.373 Y-21 R42 F150;
N140	G00 X0 Y49.5;	N410	G01 Z5 F50;
N150	G01 Z-5;	N420	G00 X-36.373 Y21;
N160	G01 Y34.5 F150;	N430	G00 Z5;
N170	G01 Z5 F50;	N440	G01 Z-5;
N180	G00 Y-34.5;	N450	G02 X-21 Y36.373 R42 F150;
N190	G01 Z-5;	N460	G01 Z5 F50;
N200	G01 Y-49.5 F150;	N470	G00 Z200;
N210	G01 Z5 F50;	N480	G00 X150 Y150;
N220	G00 Z200;	N490	M05;

续表 6.4

	O1030		
N230	M05;	N500	M09;
N240	M00;	N510	M30;
N250	T0202;		
N260	S1000 M03;		
N270	G00 X21 Y36.373;		

技术提示：

(1)工件的底面和侧面为定位安装面，用平行垫铁垫起毛坯，零件的底面上要保证垫出一定厚度的标准块，用机用虎钳装夹工件，伸出钳口 8～10 mm。定位时要利用百分表调整工件与机床 X 轴的平行度，控制在 0.02 mm 之内。

(2)加工多个直线槽时，加工路径应该是沿一个坐标轴的方向优先加工，如从右向左加工 $+X$、$-X$ 上的槽，从上向下加工 $+Y$、$-Y$ 上的槽或者从左向右加工 $-X$、$+X$ 上的槽，从下向上加工 $-Y$、$+Y$ 上的槽。加工一直线上的槽时，尽量不要更改进给方向。

(3)圆弧槽加工时，G02 为顺时针加工，G03 为逆时针加工，不要弄错方向。

(4)Z 轴下刀切削和抬刀时进给速度要放慢，下到加工深度后，进行水平切削时可以加大进给速度。

6.4 台阶、平面与倒角的铣削

6.4.1 基础知识

台阶平面工件在加工时一般选用的是大直径的面铣刀，如图 6.6 所示。端面铣削方式有三种：图 6.7(a)为对称铣削；图 6.7(b)为不对称逆铣；图 6.7(c)为不对称顺铣。

图 6.6 面铣刀

常用的平面铣削的工艺路径有以下三种：图 6.8(a)为单向平行切削；图 6.8(b)为往复平行切削；图 6.8(c)为环切切削。

$X-Y$ 平面上的倒角可直接当作直线来加工；$X-Z$、$Y-Z$ 平面的倒角一般铣刀不能加工，需用专门的倒角刀进行切削，把倒角看成是一条直线用 G01 编程，或者运用宏程序进行编程加工。

以图 6.9 所示零件为例，进行台阶平面零件的加工。

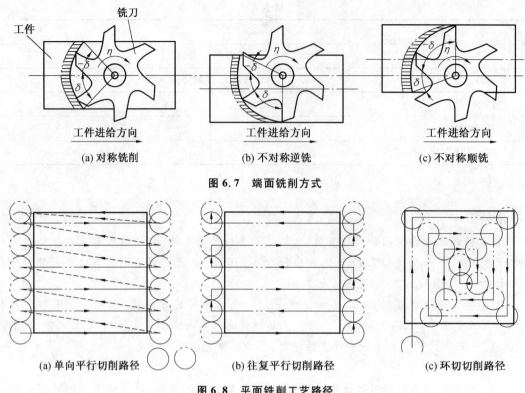

图 6.7 端面铣削方式

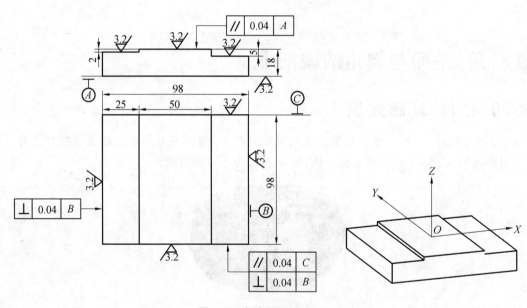

图 6.8 平面铣削工艺路径

图 6.9 台阶平面工件加工

6.4.2 实际操作

1. 工艺分析

该零件是加工台阶平面,所以不需要进行刀具补偿指令,直接计算刀具中心轨迹进行加工(见图 6.9)。由于零件尺寸是对称的,所以工件坐标系原点建立在零件上表面的正中心。

2. 加工顺序

(1)运用往复平行切削方法加工零件的上表面。

(2)运用单向切削方法加工左边的台阶。
(3)运用单向切削方法加工右边的台阶。

3. 工件装夹

采用机用平口虎钳装夹的方法,底部用垫块垫起。用百分表调整工件水平。

4. 刀具选择

由于台阶宽度是 23 mm,25 mm 和 50 mm,所以选择 φ40 的面铣刀(表 6.5)。

表 6.5　数控加工刀具卡片

产品名称或代号		××	零件名称		凹槽板	零件图号		××
序号	刀具号	刀具规格名称	数量	加工表面	刀尖半径 R/mm	刀尖方位 T		备注
1	T01	φ40 的面铣刀	1	上表面				
编制	××	审核	××	批准	××	共　页		第　页

5. 加工工艺卡

任务中零件加工工步及切削用量见表 6.6。

表 6.6　数控加工工艺卡片

单位名称	××		产品名称或代号		零件名称		零件图号	
			××		凹槽板		××	
工序号	程序编号		夹具名称		使用设备		车间	
001	××		机用虎钳		数控铣床		××	
工步号	工步内容	刀具号	刀具规格 /mm	主轴转速 $n/(r \cdot min^{-1})$	进给速度 $f/(mm \cdot min^{-1})$	背吃刀量 a_p/mm		备注
1	铣上表面	T01	φ40 的面铣刀	800	100	5		自动
2	铣左边台阶	T01	φ40 的面铣刀	800	100	5		自动
3	铣右边台阶	T01	φ40 的面铣刀	800	100	5		自动
编制	××	审核	××	批准	××	年　月　日	共　页	第　页

6. 程序编制

台阶平面零件数控加工程序清单见表 6.7。

表 6.7　数控加工程序清单

O1040			
N010	G94 G90 G21;	N150	G01 Z5 F50;
N020	T0101;	N160	G00 X−44 Y75;
N030	S800 M03;	N170	G01 Z−5 F50;
N040	G54 G00 X−75 Y−49 M08;	N180	G01 Y−75;
N050	G00 Z100;	N190	G01 Z5 F50;
N060	G00 Z5;	N200	G00 X44 Y75;
N070	G01 Z−5 F50;	N210	G01 Z−5 F50;
N080	G01 X49 F100;	N220	G01 Y−75;
N090	G01 Y−29;	N230	G01 Z5 F50;
N100	G01 X−49;	N240	G00 Z200;
N110	G01 Y19;	N250	G00 X150 Y150;
N120	G01 X49;	N260	M05;
N130	G01 Y49;	N270	M09;
N140	G01 X−75;	N280	M30;

技术提示：

(1)用端面铣刀进行切削时,尽量不要垂直下刀切削,所以下刀位置一般在工件毛坯的尺寸外围,然后再进行水平切削,使刀具侧边刃进行加工。

(2)每次Y轴进刀的位移值不超过端面铣刀的直径,如果进刀位移等于铣刀直径,零件表面上将会留下接刀痕,影响表面加工精度。

(3)进行台阶平面铣削时也可用手动模式进行切削,通过观测增量坐标值的变化来进行平面切削。

6.5 刀具长度和半径补偿加工

6.5.1 基础知识

1. 刀具半径补偿

(1)刀具半径补偿含义。用铣刀铣削工件的轮廓时,由于刀具总有一定的半径(如铣刀半径或线切割机的钼丝半径等),刀具中心的运动轨迹与所需加工零件的实际轮廓并不重合。如在图 6.10 中,粗实线为所需加工的零件轮廓,点划线为刀具中心轨迹。由图 6.10 可见在进行内轮廓加工时,刀具中心偏离零件的内轮廓表面一个刀具半径值。

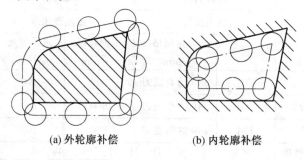

(a)外轮廓补偿　　　　(b)内轮廓补偿

图 6.10　刀具半径补偿

(2)编程格式。刀具半径补偿指令为 G41(左补偿),G42(右补偿),G40(取消补偿)。

$$\text{执行刀补}:\begin{Bmatrix}G17\\G18\\G19\end{Bmatrix}\begin{Bmatrix}G41\\G42\end{Bmatrix}\begin{Bmatrix}G00\\G01\end{Bmatrix}\begin{Bmatrix}X\_Y\_\\X\_Z\_\\Y\_Z\_\end{Bmatrix}D\_$$

$$\text{取消刀补}:G40\begin{Bmatrix}G00\\G01\end{Bmatrix}\begin{Bmatrix}X\_Y\_\\X\_Z\_\\Y\_Z\_\end{Bmatrix}$$

左右补偿的判别如图 6.11 所示。沿着刀具的前进方向看过去,如果刀具在工件的左面就是左补偿,即 G41。如果刀具在工件的右面就是右补偿,即 G42。

(3)刀具半径补偿的建立与取消。刀具半径补偿的执行过程分为三步,刀补建立、刀补进行、刀补撤销,如图 6.12 所示。

2. 刀具长度补偿

(1)刀具长度补偿的含义。刀具长度补偿原理如图 6.13 所示。设定工作坐标系时,让主轴锥孔基准面与工件上的理论表面重合,在使用每一把刀具时可以让机床按刀具长度升高一段距离,使刀尖正好在工件表面上,这段高度就是刀具长度补偿值,其值可在刀具预调仪或自动测长装置上测出。实现这种功能的 G 代码是 G43,G44 和 G49(见图 6.14)。

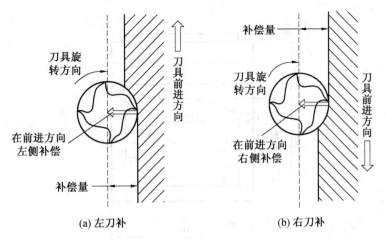

(a) 左刀补　　　　　　(b) 右刀补

图 6.11　刀具半径补偿方向

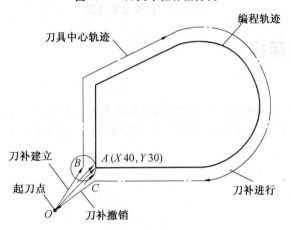

图 6.12　刀具半径补偿的建立与取消

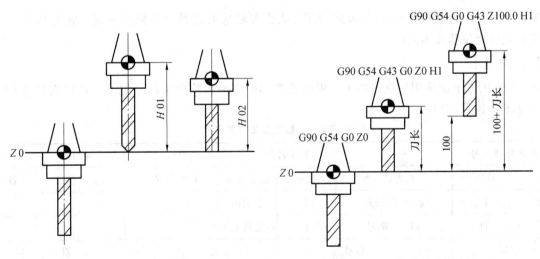

图 6.13　刀具长度补偿原理　　　图 6.14　刀具长度补偿应用

(2)编程格式。

执行刀补：$\begin{Bmatrix} G43 \\ G44 \end{Bmatrix} \begin{Bmatrix} G00 \\ G01 \end{Bmatrix} Z\_ H\_$

取消刀补：$G49 \begin{Bmatrix} G00 \\ G01 \end{Bmatrix} Z\_$

运用刀具半径补偿和刀具长度补偿指令加工如图 6.15 所示凸模板零件。

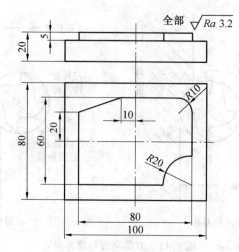

图 6.15 凸模板零件图

6.5.2 实际操作

1. 工艺分析

该零件主要由平面及外轮廓组成。上表面、凸模板轮廓和凸台底面的表面粗糙度为 $Ra3.2$,要求较高,无垂直度要求。该零件材料为 45 钢,切削加工性能较好。选取零件上表面正中心为工件坐标系原点。

2. 加工顺序

(1)粗、精加工上表面。

(2)粗、精加工外轮廓。

3. 工件装夹

零件毛坯外形为规则的长方形,因此加工上表面与轮廓时选择平口机用虎钳。装夹高度 25 mm,因此需在虎钳定位基面加垫铁。

4. 刀具选择

100×80 的大平面采用面铣刀加工。周边轮廓和较小的台阶面采用立铣刀。所以选择 ϕ100 的面铣刀和 ϕ16 立铣刀(表 6.8)。

表 6.8 数控加工刀具卡片

产品名称或代号		×××	零件名称		凸模板	零件图号	×××
序号	刀具号	刀具规格名称	数量	加工表面	刀尖半径 R/mm	刀尖方位 T	备注
1	T01	ϕ100 面铣刀	1	上表面			
2	T02	ϕ16 立铣刀	1	外轮廓加工			
编制		×××	审核	×××	批准	×××	共 页 第 页

5. 加工工艺卡

任务中零件加工工步及切削用量见表 6.9。

表6.9 数控加工工艺卡片

单位名称	×××	产品名称或代号		零件名称	零件图号
		×××		凸模板	×××
工序号	程序编号	夹具名称		使用设备	车间
001	×××	机用虎钳		数控铣床	×××
工步号	工步内容	刀具号	刀具规格/mm	主轴转速 $n/(\text{r}\cdot\text{min}^{-1})$	进给速度 $f/(\text{mm}\cdot\text{min}^{-1})$	背吃刀量 a_p/mm	备注

工步号	工步内容	刀具号	刀具规格/mm	主轴转速	进给速度	背吃刀量	备注
1	粗铣顶面留余量0.2	T01	φ100面铣刀	380	200	1.8	自动
2	精铣顶面控制高度尺寸达Ra3.2	T01	φ100面铣刀	500	150	0.2	自动
3	粗铣外轮廓留侧余量0.5,底余量0.2	T02	φ16立铣刀	2 000	180	4.5	自动
4	精铣外轮廓达图纸要求	T02	φ16立铣刀	2 800	250	0.2	自动
5	粗铣顶面留余量0.2	T01	φ100面铣刀	380	200	1.8	自动
编制 ×××	审核 ×××	批准 ×××		年 月 日		共 页	第 页

6. 程序编制

凸模板零件数控加工程序清单见表6.10。

表6.10 数控加工程序清单

O1050			
N010	G54 G90 G94 G21 G17 G40 G49;	N210	T0202;
N020	M03 S380;	N220	G43 G00 Z100 H02;
N030	M08;	N230	G00 X-60 Y-60;
N040	T0101;	N240	G00 Z2;
N050	G43 G00 Z100 H01;	N250	G01 Z-5 F250;
N060	G00 X-120 Y0;	N260	G41 G01 X-40 Y-40 D02;
N070	G00 Z2;	N270	Y20;
N080	G01 Z-1.8 F200;	N280	X-10 Y30;
N090	X120;	N290	X30;
N100	M03 S500;	N300	G02 X40 Y20 R10;
N110	Z-2;	N310	G01 Y-10;
N120	X-120 F150;	N320	G03 X10 Y-30 R20;
N130	G01 Z5;	N330	G01 X-50;
N140	G49 G00 Z0;	N340	G40 G00 X-60 Y-60;
N150	M09;	N350	G01 Z2;
N160	M05;	N360	G49 G00 Z0;
N170	M00;	N370	M09;
N180	G54 G90 G94 G21 G17 G40 G49;	N380	M05;
N190	M03 S2800;	N390	M30;
N200	M08;		

技术提示：

（1）使用刀具半径补偿时应避免过切削现象。启用刀具半径补偿和取消刀具半径补偿时，刀具必须在所补偿的平面内移动，移动距离应大于刀具补偿值。加工半径小于刀具半径的内圆弧时，进行半径补偿将产生过切削。只有过渡圆角尺寸≥刀具半径R＋精加工余量的情况下才能正常切削。被铣削槽底宽小于刀具直径时将产生过切削。

（2）D00～D99为刀具补偿号，D00意味着取消刀具补偿。刀具补偿值在加工或试运行之前须设定在补偿存储器中。

（3）刀具半径补偿除方便编程外，还可灵活运用。在实际加工中，如果工件的加工余量比较大，利用刀具半径补偿，可以实现利用同一程序进行粗、精加工。即：粗加工刀具半径补偿＝刀具半径＋精加工余量；精加工刀具半径补偿＝刀具半径＋修正量。

（4）刀具因磨损、重磨、换新刀而引起刀具直径改变后，不必修改程序，只需在刀具参数设置中输入变化后的刀具半径即可。

（5）在程序开始端就应编写G40、G49指令来取消机床内部保留的上次刀补数据，防止撞刀事故产生。

（6）如果在对刀操作过程中，长度补偿"H"参数数据是参考机床坐标的$Z0$点的话，需把"G54"的参数设置中"Z"轴参数设定为"0"，否则会产生撞刀事故。

6.6 钻孔加工及孔加工循环

6.6.1 基础知识

孔作为机械零件上最常见和最常用的特征，起着不同的作用和用途，有定位孔、基准孔、装配孔、工艺孔等等。孔的加工方法有很多，常见的有钻、扩、铰、镗等。

1. 孔加工循环指令

常用加工指令中，每一个G指令一般都对应机床的一个动作，它需要用一个程序段来实现。为了进一步提高编程工作效率，FANUC-0i系统设计有固定循环功能，它规定对于一些典型孔加工中的固定、连续的动作，用一个G指令表达，即用固定循环指令来选择孔加工方式。

2. 子程序

当一个工件上有相同的加工内容时，常采用调子程序的方法进行编程。调用子程序的程序称为主程序，被调用的程序称为子程序。子程序的编制与一般程序基本相同，只是程序结束代码为M99，表示子程序结束并返回到调用子程序的主程序中。

调用子程序的指令格式

$$\text{M98 P}\times\times\times\times \text{ L}\times\times\times\times$$

式中　P——调用的子程序号，后面跟4位阿拉伯数字；

　　　L——调用次数，后面跟4位阿拉伯数字。

当子程序的最后程序段只用M99时，子程序结束返回，返回到调用程序段后面的一个程序段。

3. 坐标系旋转功能（G68、G69）

使用坐标系旋转功能可以旋转一个编程图形，相当于实际位置相对于编程位置旋转了某一角度。当一个图形由若干个相同形状的图形组成，且分布在由一个图形旋转便可得到的位置上时，只要编这个形状的程序并进行旋转，就可以得到这个图形。

坐标系旋转指令格式：
G68 X_ Y_ R_；
G69（取消坐标系旋转）

式中 X,Y——旋转中心的坐标值；
R——旋转角度,(°),指定范围为±360°,"＋"表示逆时针方向,"－"表示顺时针方向。可为绝对值,也可为增量值。

孔在零件上的布局很多情况是对称、等角度的圆周分布,所以子程序和坐标系旋转指令在孔的加工中应用很广泛。

运用孔加工循环指令、子程序和坐标系旋转完成图6.16所示零件的孔的加工。

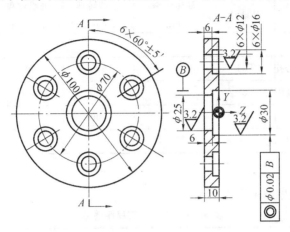

图6.16 孔加工零件图

6.6.2 实际操作

1. 工艺分析

零件需加工 $\phi70$ 圆周上的6个台阶孔和圆心处的大台阶孔。选取零件上表面正中心为工件坐标系原点。

2. 加工顺序

加工工艺路线:装夹,找正→对刀→中心钻钻 $\phi70$ 圆周上的6个中心孔→麻花钻钻 $\phi70$ 圆周上的6个通孔→平底立铣刀铣 $\phi70$ 圆周上的6个 $\phi11$ 的通孔至 $\phi12$→平底立铣刀铣6个 $\phi12$ 的通孔至 $\phi16$,深度为4 mm的台阶孔→平底立铣刀铣削大圆心处的大台阶孔,深度为4 mm。

3. 工件装夹

采用机用虎钳装夹的方法,底部用垫块垫起。装夹高度5 mm。用百分表调平。

4. 刀具选择

数控加工刀具卡片见表6.11。

表6.11 数控加工刀具卡片

产品名称或代号	×××		零件名称	孔加工零件	零件图号	×××
序号	刀具号	刀具规格名称	数量	加工表面	刀尖半径R/mm	刀尖方位T	备注
1	T01	A2中心钻	1	钻 $\phi70$ 圆周上6个中心孔			
2	T02	$\phi11$ 麻花钻	1	钻 $\phi70$ 圆周上6个通孔			
3	T03	$\phi12$ 平底立铣刀	1	铣台阶孔			
编制	×××		审核	×××	批准	×××	共 页 第 页

5. 加工工艺卡

任务中零件加工工步及切削用量见表 6.12。

表 6.12 数控加工工艺卡片

单位名称	×××	产品名称或代号		零件名称		零件图号	
		×××		孔加工零件		×××	
工序号	程序编号	夹具名称		使用设备		车间	
001	×××	机用虎钳		数控铣床		×××	
工步号	工步内容	刀具号	刀具规格 /mm	主轴转速 $n/(\text{r}\cdot\text{min}^{-1})$	进给速度 $f/(\text{mm}\cdot\text{min}^{-1})$	背吃刀量 a_p/mm	备注
1	装夹,找正,对刀						手动
2	钻 φ70 圆周上 6 个中心孔	T01		600	80		自动
3	钻 φ70 圆周上 6 个通孔	T02		300	80		自动
4	铣台阶孔	T03		100	80		自动
编制	×××	审核 ×××	批准 ×××	年 月 日		共 页	第 页

6. 程序编制

孔加工零件数控加工程序清单见表 6.13。

表 6.13 数控加工程序清单

O1060			
N010	G54 G90 G94 G21 G17 G40 G49 G80;	N440	G81 X0 Y35 Z－11 R2 F80;
N020	M03 S600;	N450	X－30.311 Y17.5;
N030	M08;	N460	Y－17.5;
N040	T0101;	N470	X0 Y－35;
N050	G43 G00 Z100 H01;	N480	X30.311 Y－17.5;
N060	G00 X0 Y0;	N490	Y17.5;
N070	G00 Z20;	N500	G80 G00 Z100;
N080	G99 G81 X0 Y35 Z－2 R5 F80;	N510	M98 P1061;
N090	X－30.311 Y17.5;	N520	G68 X0 Y0 R60;
N100	Y－17.5;	N530	M98 P1061;
N110	X0 Y－35;	N540	G69;
N120	X30.311 Y－17.5;	N550	G68 X0 Y0 R120;
N130	X30.311 Y17.5;	N560	M98 P1061;
N140	G80 G00 Z200;	N570	G69;
N150	G49 G00 Z0;	N580	G68 X0 Y0 R180;
N160	M09;	N590	M98 P1061;
N170	M05;	N600	G69;
N180	M00;	N610	G68 X0 Y0 R240;
N190	G54 G90 G94 G21 G17 G40 G49;	N620	M98 P1061;
N200	M03 S300;	N630	G69;

续表 6.13

O1060			
N210	M08；	N640	G68 X0 Y0 R300；
N220	T0202；	N650	M98 P1061；
N230	G43 G00 Z100 H02；	N660	G69；
N240	G00 X0 Y0；	N670	G00 Z100；
N250	G00 Z20；	N680	X0 Y0；
N260	G99 G81 X0 Y35 Z−15 R2 F80；	N690	Z10；
N270	X−30.311 Y17.5；	N700	G01 Z−11 F80；
N280	Y−17.5；	N710	Y2.5；
N290	X0 Y−35；	N720	G41 X10 D03；
N300	X30.311 Y−17.5；	N730	G03 X0 Y12.5 R10；
N310	Y17.5；	N740	G03 J−12.5；
N320	G80 G00 Z200；	N750	X−10 Y2.5 R10；
N330	G49 G00 Z0；	N760	G40 G01 X0 Y0；
N340	M09；	N770	G01 Z−4；
N350	M05；	N780	G41 Y15 D03；；
N360	M00；	N790	G03 J−15；
N370	G54 G90 G94 G21 G17 G40 G49；	N800	G40 G01 X0 Y0；
N380	M03 S100；	N810	G0 Z100；
N390	M08；	N820	G49 G00 Z0；
N400	T0303；	N830	M09；
N410	G43 G00 Z100 H03；	N840	M05；
N420	G00 X0 Y0；	N850	M30；
N430	G00 Z20；		
O1061			
N10	G90 G00 X0 Y35；	N22	G03 J−8；
N12	Z10；	N24	G03 X−7 Y36 R7；
N14	G01 Z−4 F80；	N26	G40 G01 X0；
N16	Y36；	N28	G0 Z10；
N18	G41 X7 D03；	N30	M99；
N20	G03 X0 Y43 R7；		

技术提示：

(1)如果不想用坐标系旋转指令来加工孔,那就需要把每个孔的中心坐标值求解出来,每次加工孔时把刀具移动到要加工孔的中心上方即可。

(2)钻孔前需打一个中心孔,否则钻孔时刀具容易偏移孔的中心。

(3)在子程序调用过程一定要注意 G90,G91 的状态变化,防止坐标进给错误。

6.7 螺纹加工及螺纹加工循环

6.7.1 基础知识

1. 数控铣床进行螺纹加工一般有四种方法

(1) 使用丝锥和弹性攻丝刀柄,即柔性攻丝方式。

使用这种加工方式时,数控机床的主轴的回转和 Z 轴的进给一般不能够实现严格同步,而弹性攻丝刀柄恰好能够弥补这一点,以弹性变形保证两者的一致,如果扭矩过大,就会脱开,以保护丝锥不断裂。编程时,使用固定循环指令 G84(或 G74 左旋攻丝)代码,同时主轴转速 S 代码与进给速度 F 代码的数值关系是匹配的。

(2) 使用丝锥和弹簧夹头刀柄,即刚性攻丝方式。

使用这种加工方式时,要求数控机床的主轴必须配置有编码器,以保证主轴的回转和 Z 轴的进给严格地同步,即主轴每转一圈,Z 轴进给一个螺距。由于机床的硬件保证了主轴和进给轴的同步关系,因此刀柄使用弹簧夹头刀柄即可,但弹性夹套建议使用丝锥专用夹套,以保证扭矩的传递。编程时,也使用 G84(或 G74 左旋攻丝)代码和 M29(刚性攻丝方式)。同时 S 代码与 F 代码的数值关系是匹配的。R 点位置应距离加工表面一定高度,待主轴到达指令转速后,再开始加工。

(3) 使用 G33 螺纹切削指令。

使用这种加工方式时,要求数控机床的主轴必须配置有编码器,同时刀具使用定尺寸的螺纹刀。这种方法使用较少。

(4) 使用螺纹铣刀加工。

上述三种方法仅用于定尺寸的螺纹刀,一种规格的刀具只能够加工同等规格的螺纹,而使用螺纹刀铣削螺纹的特点是:可以使用同一把刀具加工直径不同的左旋和右旋螺纹,如果使用单齿螺纹铣刀,还可以加工不同螺距的螺纹孔,编程时使用螺旋插补指令。

2. 编程指令

① 右旋攻螺纹循环指令 G84。G84 右旋攻螺纹时从 R 点到 Z 点主轴正转,在孔底暂停后,主轴反转,然后退回。

② 左旋攻螺纹循环指令 G74。G74 左旋攻螺纹时从 R 点到 Z 点主轴反转,在孔底暂停后,主轴正转,然后退回。

G74 与 G84 的区别是:进给时为反转,退出时为正转。G74 格式与 G84 相同,如图 6.17 所示。

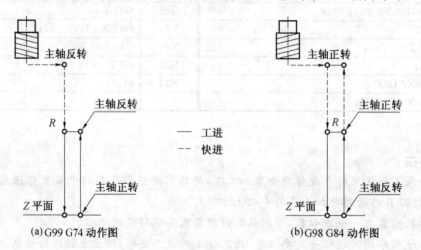

图 6.17 攻螺纹动作图

运用螺纹加工指令完成图 6.18 所示零件的螺纹加工。

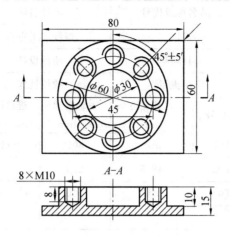

图 6.18 螺纹加工零件图

6.7.2 实际操作

1. 工艺分析

零件需加工 8 个螺纹孔。选取零件表面正中心为工件坐标系原点。

2. 加工顺序

装夹,找正→对刀→中心钻钻中心孔→麻花钻钻 8—M10 螺纹底孔→丝锥攻 8—M10 螺纹孔。

3. 工件装夹

采用机用虎钳装夹的方法,底部用垫块垫起。装夹高度 10 mm。

4. 刀具选择

数控加工刀具卡片见表 6.14。

表 6.14 数控加工刀具卡片

产品名称或代号	×××		零件名称	螺纹加工零件	零件图号	×××
序号	刀具号	刀具规格名称	数量	加工表面	刀尖半径 R/mm	刀尖方位 T	备注
1	T01	A2 中心钻	1	钻 8 个中心孔			
2	T02	φ8.5 麻花钻	1	钻 8 个 M10 螺纹底孔			
3	T03	M10 机用丝锥	1	M10 螺纹孔			
编制	×××	审核	×××	批准	×××	共 页	第 页

5. 加工工艺卡

任务中零件加工工步及切削用量见表 6.15。

表 6.15 数控加工工艺卡片

单位名称	×××	产品名称或代号		零件名称		零件图号	
		×××		螺纹加工零件		×××	
工序号	程序编号	夹具名称		使用设备		车间	
001	×××	机用虎钳		数控铣床		×××	
工步号	工步内容	刀具号	刀具规格 /mm	主轴转速 $n/(r \cdot min^{-1})$	进给速度 $f/(mm \cdot min^{-1})$	背吃刀量 a_p/mm	备注
1	钻 8 个 M10 中心孔	T01	A2	800	60		自动
2	钻 8 个 M10 底孔	T02	φ8.5	250	60		自动
3	攻螺纹	T03	M10	100	200		自动
编制	×××	审核	×××	批准	×××	年 月 日	共 页 第 页

6. 程序编制

螺纹加工零件数控加工程序清单见表 6.16。

表 6.16 数控加工程序清单

O1070			
N010	G54 G90 G94 G21 G17 G40 G49 G80；	N310	Y135；
N020	M03 S800；	N320	Y180；
N030	M08；	N330	Y225；
N040	T0101；	N340	G99 G83 X22.5 Y0 Z−10 R5 Q3 F60；
N050	G43 G00 Z100 H01；	N350	Y270；
N060	G00 X22.5 Y0；	N360	Y315；
N070	G00 Z20；	N370	G15 G80 Z200；
N080	G99 G81 X22.5 Y0 Z−2 R5 F60；	N380	G49 G00 Z0；
N090	G16 Y45；	N390	M09；
N100	Y90；	N400	M05；
N110	Y135；	N410	M00；
N120	Y180；	N420	G54 G90 G94 G21 G17 G40 G49；
N130	Y225；	N430	M03 S100；
N140	Y270；	N440	M08；
N150	Y315；	N450	T0303；
N160	G15 G80 G00 Z200；	N460	G43 G00 Z100 H03；
N170	G49 G00 Z0；	N470	G00 X22.5 Y0；
N180	M09；	N480	G00 Z20；
N190	M05；	N490	M29 S100；
N200	M00；	N500	G99 G84 X22.5 Y0 Z−8 R5 Q4 F200；
N210	G54 G90 G94 G21 G17 G40 G49；	N510	G16 Y45；
N220	M03 S250；	N520	Y90；
N230	M08；	N530	Y135；
N240	T0202；	N540	Y180；
N250	G43 G00 Z100 H02；	N550	Y225；
N260	G00 X22.5 Y0；	N560	Y270；

续表6.16

	O1070		
N270	G00 Z20；	N570	Y315；
N280	G99 G83 X22.5 Y0 Z-10 R5 Q3 F60；	N580	G15 G80 G00 Z200；
N290	G16 Y45；	N590	G49 G00 Z0；
N300	Y90；	N600	M09；
		N610	M05；
		N620	M30；

技术提示：

(1) 在 G84 切削螺纹期间速度倍率、进给保持均不起作用；进给速度 $f=$ 主轴转速 × 螺纹导程，否则会产生乱扣。因此，编程时要根据主轴转速计算进给速度；该指令执行前，用辅助功能使主轴旋转。

(2) 丝锥分为通孔丝锥和盲孔丝锥两种，区别是通孔从前端排屑，盲孔从后端排屑。当使用盲孔丝锥时，丝锥排屑槽的长度必须大于螺纹孔的深度。

6.8 轮廓零件加工

6.8.1 基础知识

平面零件加工一般指在同一深度下进行 $X-Y$ 平面的切削，加工过程 Z 轴无进给。根据零件形状可分为外轮廓和内轮廓。外、内轮廓零件也分别称为凸台零件和凹槽零件。对图6.19所示零件的内外轮廓进行加工。

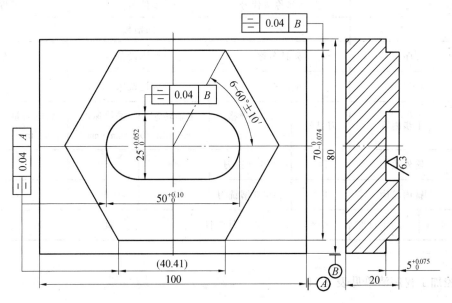

图 6.19 加工零件图

6.8.2 实际操作

1. 工艺分析

零件需加工内外两个轮廓。选取零件表面正中心为工件坐标系原点。

2. 加工顺序

先加工外轮廓,再加工内轮廓。外轮廓加工时进刀位置在零件左上角,内轮廓进刀位置为工件坐标系原点。外轮廓加工时选用左补偿 G41 加工,内轮廓加工时选用右补偿 G42 加工。

3. 工件装夹

采用机用虎钳装夹的方法,底部用垫块垫起。装夹高度 10 mm。

4. 刀具选择

数控加工刀具卡片见表 6.17。

表 6.17 数控加工刀具卡片

产品名称或代号		×××	零件名称	凹槽板	零件图号	×××
序号	刀具号	刀具规格名称	数量	加工表面	刀尖半径 R/mm	刀尖方位 T	备注
1	T01	ϕ16 立铣刀	1	铣外轮廓			
2	T02	ϕ16 键槽铣刀	1	铣内轮廓			
编制		×××	审核	×××	批准	×××	共 页	第 页

5. 加工工艺卡

任务中零件加工工步及切削用量见表 6.18。

表 6.18 数控加工工艺卡片

单位名称		×××	产品名称或代号	零件名称	零件图号
			×××	凹槽板	×××
工序号	程序编号		夹具名称	使用设备	车间
001	×××		机用虎钳	数控铣床	×××
工步号	工步内容	刀具号	刀具规格/mm	主轴转速 n/(r·min^{-1})	进给速度 f/(mm·min^{-1})	背吃刀量 a_p/mm	备注
1	铣外轮廓	T01	ϕ16 立铣刀	800	60		自动
2	铣内轮廓	T02	ϕ16 键槽铣刀	800	60		自动
编制 ×××	审核 ×××	批准 ×××	年 月 日	共 页	第 页

6. 程序编制

零件数控加工程序清单见表 6.19。

表 6.19　数控加工程序清单

O1080

N010	G54 G90 G94 G21 G17 G40 G49 G80;	N240	M03 S800;
N020	M03 S800;	N250	M08;
N030	M08;	N260	T0202;
N040	T0101;	N270	G43 G00 Z100 H02;
N050	G43 G00 Z100 H01;	N280	G00 X0 Y0;
N060	G00 X−60 Y60;	N290	G00 Z5;
N070	G00 Z5;	N300	G01 Z−5 F30
N080	G01 Z−5 F30;	N310	G42 G01 X−10 Y2.5 F60 D02;
N090	G41 G00 Y35 D01;	N320	G02 X0 Y12.5 R10;
N100	G01 X20.205 Y35 F60;	N330	G01 X12.5;
N110	G01 X40.41 Y0;	N340	G02 X12.5 Y−12.5 R12.5;
N120	G01 X20.205 Y−35;	N350	G01 X−12.5;
N130	G01 X−20.205 Y−35;	N360	G02 X−12.5 Y12.5 R12.5;
N140	G01 X−40.41 Y0;	N370	G01 X0 Y12.5;
N150	G01 X−20.205 Y35;	N380	G02 X10 Y2.5 R10;
N160	G01 X0;	N390	G40 G01 X0 Y0;
N170	G40 G00 X60;	N400	G01 Z5;
N180	G01 Z5;	N410	G49 G00 Z0;
N190	G49 G00 Z0;	N420	M09;
N200	M09;	N430	M05;
N210	M05;	N440	M30;
N220	M00;		
N230	G54 G90 G94 G21 G17 G40 G49;		

技术提示：

（1）立铣刀和键槽铣刀加工时是有区别的。立铣刀不能垂直下刀切削，所以要在零件的毛坯尺寸以外的区域下刀，用刀具的侧刃进行加工。而键槽铣刀是可以垂直下刀铣削，所以可以在工件中心下刀。

（2）铣内外轮廓时，最好用圆弧切入切出方式进刀，这样零件拐角处不会产生接刀痕。

（3）刀具半径补偿建立后，刀具加工轮廓一周形成一个循环后必须取消补偿刀具半径功能，否则会产生计算错误。一个封闭轮廓用一次刀具半径补偿，有几个封闭轮廓就要用几次。每建立一次刀具半径补偿（G41\G42）就需取消一次（G40）。

（4）外轮廓铣削一圈后可能会有一些边角料残余，这时可以手动操作机床或用 MDA 模式进行加工切除。

6.9 复合轮廓零件综合加工

6.9.1 基础知识

外形轮廓零件的综合加工是把平面、内外轮廓、沟槽和孔等综合到一起进行加工。加工时按平面→外轮廓→内轮廓→孔的顺序加工。加工图 6.20 所示的零件。

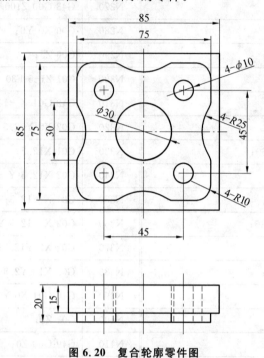

图 6.20 复合轮廓零件图

6.9.2 实际操作

1.工艺分析

零件需加工一层外轮廓,一层内轮廓,四个孔。选取零件表面正中心为工件坐标系原点。

2.加工顺序

手动铣平面→粗铣外轮廓和 φ30 mm 的内圆→精铣外轮廓和 φ30 mm 的内圆→加工 4 个 φ10 mm 的孔(钻中心孔→钻孔→铰孔)。

3.工件装夹

采用机用虎钳装夹的方法,底部用垫块垫起。装夹高度 10 mm。

4.刀具选择

数控加工刀具卡片见表 6.20。

表 6.20 数控加工刀具卡片

产品名称或代号	×××		零件名称	复合轮廓零件	零件图号	×××
序号	刀具号	刀具规格名称	数量	加工表面	刀尖半径 R/mm	刀尖方位 T	备注
1	T10	φ100 端面铣刀	1	铣平面			
2	T01	φ16 mm 键槽铣刀	1	铣内外轮廓			
3	T02	φ10 mm 中心钻	1	钻中心孔			
4	T03	φ9.8 钻头	1	钻 φ9.8 的孔			
5	T04	φ10 铰刀	1	铰 φ10 的孔			
编制	×××	审核	×××	批准	×××	共 页	第 页

5. 加工工艺卡

任务中零件加工工步及切削用量见表6.21。

表6.21 数控加工工艺卡片

单位名称	×××	产品名称或代号		零件名称	零件图号
		×××		复合轮廓零件	××
工序号	程序编号	夹具名称		使用设备	车间
001	×××	机用虎钳		数控铣床	×××
工步号	工步内容	刀具号	刀具规格/mm	主轴转速 $n/(\mathrm{r\cdot min^{-1}})$	进给速度 $f/(\mathrm{mm\cdot min^{-1}})$	背吃刀量 a_p/mm	备注
---	---	---	---	---	---	---	---
1	铣平面	T10	ϕ100 端面铣刀	800	100		手动
2	粗铣外轮廓	T01	ϕ16 键槽铣刀	800	160	1.5	自动
3	粗铣 ϕ30 mm 的内圆	T01	ϕ16 键槽铣刀	800	160	2	自动
4	精铣内外轮廓	T01	ϕ16 键槽铣刀	1 200	80	0.5	自动
5	钻中心孔	T02	ϕ10 中心钻	1 200	60	0.5	自动
6	钻 ϕ9.8 的孔	T03	ϕ9.8 钻头	750	50		自动
7	铰 ϕ10 的孔	T04	ϕ10 铰刀	150	30		自动
编制 ×××	审核 ×××	批准 ×××	年 月 日		共 页	第 页	

6. 程序编制

复合轮廓零件数控加工程序清单见表6.22。

表6.22 数控加工程序清单

O1090			
N010	G54 G90 G94 G21 G17 G40 G49 G80;	N390	G00 Z20;
N020	M03 S800;	N400	G98 G81 X-22.5 Y22.5 Z-0.5 R5 F50
N030	M08;	N410	X22.5;
N040	T0101;	N420	Y-22.5;
N050	G43 G00 Z100 H01;	N430	X-22.5;
N060	G00 X60 Y-60;	N440	G49 G00 Z0;
N070	G00 Z5;	N450	M09;
N080	G01 Z-1.5 F60;	N460	M05;
N090	M98 P1091	N470	M00;
N100	G01 Z-3 F60;	N480	G54 G90 G94 G21 G17 G40 G49 G80;
N110	M98 P1091	N490	M03 S750;
N120	G01 Z-4.5 F60;	N500	M08;
N130	M98 P1091	N510	T0303;
N140	G00 X0 Y0;	N520	G43 G00 Z100 H03;
N150	G01 Z-1.5 F60;	N530	G00 X-22.5 Y22.5;
N160	M98 P1092	N540	G00 Z20;
N170	G01 Z-3 F60;	N550	G98 G83 X-22.5 Y22.5 Z-22.89 R5 Q2;

续表 6.22

	O1090		
N180	M98 P1092	N560	X22.5;
N190	G01 Z−4.5 F60;	N570	Y−22.5;
N200	M98 P1092	N580	X−22.5;
N210	M00;	N590	G49 G00 Z0;
N220	S1200 M03;	N600	M09;
N230	G00 X60 Y−60;	N610	M05;
N240	G01 Z−5 F60;	N620	M00;
N250	M98 P1091	N630	G54 G90 G94 G21 G17 G40 G49 G80;
N260	G00 X0 Y0;	N640	M03 S150;
N270	G01 Z−5 F60;	N650	M08;
N280	M98 P1092	N660	T0404;
N290	G49 G00 Z0;	N670	G43 G00 Z100 H03;
N300	M09;	N680	G00 X−22.5 Y22.5;
N310	M05;	N690	G00 Z20;
N320	M00;	N700	G98 G83 X−22.5 Y22.5 Z−22.89 R5 Q2;
N330	G54 G90 G94 G21 G17 G40 G49 G80;	N710	X22.5;
N340	M03 S1200;	N720	Y−22.5;
N350	M08;	N730	X−22.5;
N360	T0202;	N740	G49 G00 Z0;
N370	G43 G00 Z100 H02;	N750	M09;
N380	G00 X−22.5 Y22.5;	N760	M05;
		N770	M30;
	O1091		
N010	G41 G01 X60 Y−37.5 D01 F160;	N120	G01 X27.5;
N020	G01 X15;	N130	G02 X37.5 Y27.5 R10;
N030	G03 X−15 Y−37.5 R−25;	N140	G01 Y15;
N040	G01 X−27.5	N150	G03 X37.5 Y−15 R25;
N050	G02 X−37.5 Y−27.5 R10;	N160	G01 Y−27.5
N060	G03 Y−15;	N170	G02 X27.5 Y−37.5 R10;
N070	G03 X−37.5 Y15 R25;	N180	G03 X17.5 Y−47.5 R10
N080	G01 Y27.5;;	N190	G40 G01 Y−60
N090	G02 X−27.5 Y37.5 R10;	N200	G01 Z5 F60;
N100	G01 X−15;	N210	G00 X60 Y−60;
N110	G03 X15 Y37.5 R25;	N220	M99;

续表 6.22

	O1092		
N010	G42 G01 X−10 Y5 D01 F160;	N050	G40 G01 X0 Y0;
N020	G02 X0 Y15 R10;	N060	G01 Z5;
N030	G02 X0 Y15 I0 J−15;	N070	M99
N040	G02 X10 Y5 R10;		

> **技术提示:**
> (1)粗加工时刀具半径补偿值设置为8.5,是为了给精加工留下0.5 mm的余量。所以精加工时必须把刀具半径补偿值改回刀具半径的实际值。
> (2)铣内外轮廓时,最好用圆弧切入切出方式进刀,这样零件拐角处不会产生接刀痕。
> (3)刀具半径补偿建立后,刀具加工轮廓一周形成一个循环后必须取消补偿刀具半径功能,否则会产生计算错误。一个封闭轮廓用一次刀具半径补偿,有几个封闭轮廓就要用几次。每建立一次刀具半径补偿(G41\G42)就需取消一次(G40)。
> (4)外轮廓铣削一圈后可能会有一些边角料残余,这时可以手动操作机床或用MDA模式进行加工切除。

6.10 曲面零件的加工

6.10.1 基础知识

对于曲面零件的数控铣削加工,一般情况下不建议用手动编程,一是零件轮廓基点坐标计算繁琐,另外是加工出来的零件表面精度不高。如果该零件轮廓尺寸具有固定的参数方程,可以使用宏程序进行手动编程加工,如果没有固定参数方程的轮廓建议用自动编程,通过CAD/CAM软件实行编程。

如图 6.21 所示的零件具有固定的参数方程,所以可以用宏程序编程加工。假定零件已进行粗加工和半精加工,用球头铣刀进行精加工凹球面。

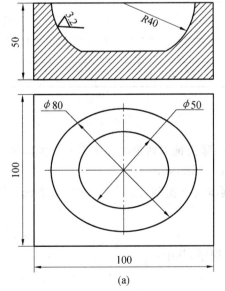
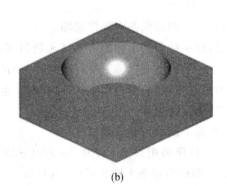

图 6.21 凹球面零件

6.10.2 实际操作

1.工艺分析

该零件外形比较简单。其主要特征为由球面内壁组成的型腔。其表面粗糙度为 $Ra3.2$,要求较高,其他形位公差要求较低。该零件材料为45钢,切削加工性能较好。

2.加工顺序

用等角度进给进行精加工内轮廓。零件毛坯外形为规则的正方形,因此加工时选择平口机用虎钳。装夹高度25 mm,因此需在虎钳定位基面加垫铁。

3.刀具选择

型腔内壁球面的加工,选择 φ10 mm 的球头铣刀,见表6.23。

表6.23 数控加工刀具卡片

产品名称或代号		×××		零件名称		凹球面		零件图号	×××
序号	刀具号	刀具规格名称		数量	加工表面		刀尖半径 R/mm	刀尖方位 T	备注
1	T01	φ10 mm 球头铣刀		1	型腔内表面				
2									
编制		×××	审核	×××		批准	×××	共 页	第 页

4.加工工艺卡

任务中零件加工工步及切削用量见表6.24。

表6.24 数控加工工艺卡片

单位名称	×××		产品名称或代号		零件名称		零件图号	
			×××		凹球面		×××	
工序号	程序编号		夹具名称		使用设备		车间	
001	×××		机用虎钳		数控铣床		×××	
工步号	工步内容	刀具号	刀具规格 /mm	主轴转速 $n/(\text{r}\cdot\text{min}^{-1})$	进给速度 $f/(\text{mm}\cdot\text{min}^{-1})$		背吃刀量 a_p/mm	备注
1	精铣型腔内壁凹球面达图纸要求	1	φ10 mm 球头铣刀	1 900	400			自动
2								
编制 ×××	审核 ×××	批准 ×××		年 月 日		共 页	第 页	

5.程序编制

(1)加工凹球面的宏程序思路。

设:球头铣刀的半径为 SR;球头铣刀 Z 向步进角为 α,则球头铣刀切削时球头刀刀心坐标为:

$$x = (40-SR)\cos\alpha, \quad z = (40-SR)\sin\alpha$$

加工过程:随着步进角 α 从0°向−90°递进,球头铣刀逐步向下铣削,当 $X=25$ 时,球头铣刀铣到零件底部,加工结束。

(2)加工凹球面的宏程序。

①主程序采用 G65 P1101 Aa Bb Cc Dd 的形式调用宏程序,其中:

Aa:凹球面顶部大圆半径(40 mm);

Bb:凹球面底部小圆半径(25 mm);

Cc:球头铣刀刃口半径(采用 φ10 球头铣刀,刀口半径为 5 mm);

Dd：步进角α的步进量（取步进角为0.5°）。

②宏程序中各变量含义。

♯101：定义凹球面顶部大圆半径；

♯102：定义凹球面底部小圆半径；

♯103：定义球头铣刀刃口半径；

♯104：定义步进角的步进量；

♯110：定义球头铣刀刀心运动的初始半径；

♯120：定义球头铣刀刀心运动的X坐标；

♯130：定义球头铣刀刀心运动的Z坐标；

♯140：定义球头铣刀下降角；

♯150：定义球头铣刀下降最大深度。

③凹球面零件数控加工程序清单见表6.25。

表6.25 数控加工程序清单

O1100			
N010	G54 G90 G94 G21 G17 G40 G49；	N080	G65 P1101 A40.0 B25.0 C5.0 D0.5；
N020	M03 S1900；	N090	G01 Z5；
N030	M08；	N100	G49 G00 Z0；
N040	T0101；	N110	M09；
N050	G43 G00 Z100 H01；	N120	M05；
N060	G00 X0 Y0；	N130	M30；
N070	G00 Z10；		
O1101			
N010	♯101=♯1；	N110	G01 Z[♯130] F50；
N020	♯102=♯2；	N120	WHILE [♯130 GT ♯150] DO 1；
N030	♯103=♯3；	N130	♯120=♯110＊COS[♯140]；
N040	♯104=♯7；	N140	♯130=♯110＊SIN[♯140]；
N050	♯110=♯101－♯103；	N150	G01 X[♯120] Z[♯130] F400；
N060	♯120=♯110；	N160	G02 I－[♯120]；
N070	♯130=0；	N170	♯140=♯140－♯104；
N080	♯140=0；	N180	END1；
N090	♯150=－SQRT[♯101－♯103]	N190	M99；
N100	G00 X[♯120]；		

技术提示：

(1)运用宏程序编程时参数方程一定要写对，特别是X,Y,Z坐标值对应的参数变量不能写错。

(2)曲面加工时一般选择球头刀加工，球头刀的半径值也要计算入长度补偿以内。

拓展与实训

基础训练

一、选择题(每题有四个选项,请选择一个正确的填在括号里)

1. 用平口虎钳装夹工件时,必须使余量层(　　)钳口。
   A. 略高于　　　B. 稍低于　　　C. 大量高出　　　D. 高度相同

2. 平面的质量主要从(　　)和表面粗糙度两个方面来衡量。
   A. 垂直度　　　B. 平行度　　　C. 平面度　　　D. 直线度

3. 镗孔时,为了保证镗杆和刀体有足够的刚性,孔径在30～120 mm范围内时,镗杆直径一般为孔径的(　　)倍较为合适。
   A. 1　　　B. 0.8　　　C. 0.5　　　D. 0.3

4. 用水平仪检验机床导轨的直线度时,若把水平仪放在导轨的右端,气泡向左偏2格;若把水平仪放在导轨的左端,气泡向右偏2格,则此导轨是(　　)。
   A. 直的　　　B. 中间凹的　　　C. 向右倾斜　　　D. 中间凸的

5. 机床夹具,按(　　)分类,可分为通用夹具、专用夹具、组合夹具等。
   A. 使用机床类型　　　B. 驱动夹具工作的动力源
   C. 夹紧方式　　　D. 专门化程度

6. 将钢加热到发生相变的温度,保温一定时间,然后缓慢冷却到室温的热处理称(　　)。
   A. 退火　　　B. 回火　　　C. 正火　　　D. 调质

7. 一般情况,制作金属切削刀具时,硬质合金刀具的前角(　　)高速钢刀具的前角。
   A. 大于　　　B. 等于　　　C. 小于　　　D. 都有可能

8. 光栅尺是(　　)。
   A. 一种极为准确的直接测量位移的工具
   B. 一种数控系统的功能模块
   C. 一种能够间接检测直线位移或角位移的伺服系统反馈元件
   D. 一种能够间接检测直线位移的伺服系统反馈元件

9. 定位基准有粗基准和精基准两种,选择定位基准应力求基准重合原则,即(　　)统一。
   A. 设计基准,粗基准和精基准　　　B. 设计基准,粗基准,工艺基准
   C. 设计基准,工艺基准和编程原点　　　D. 设计基准,精基准和编程原点

10. 在切断、加工深孔或用高速钢刀具加工时,宜选择(　　)的进给速度。
    A. 较高　　　B. 较低
    C. 数控系统设定的最低　　　D. 数控系统设定的最高

11. 下列刀具中,(　　)不适宜作轴向进给。
    A. 铣刀　　　B. 键槽铣刀
    C. 球头铣刀　　　D. A,B,C都对

12. 工件夹紧的三要素是(　　)。
    A. 夹紧力的大小,夹具的稳定性,夹具的准确性
    B. 夹紧力的大小,夹紧力的方向,夹紧力的作用点
    C. 工件变形小,夹具稳定可靠,定位准确
    D. 夹紧力要大,工件稳定,定位准确

13. 从安全高度切入工件前刀具行进的速度称(　　)。

A. 进给速度　　　B. 接近速度　　　C. 快进速度　　　D. 退刀速度

14. 数控机床的"回零"操作是指回到(　　)。
   A. 对刀点　　　B. 换刀点　　　C. 机床的零点　　　D. 编程原点

15. 加工中心的刀柄,(　　)。
   A. 是加工中心可有可无的辅具
   B. 与主机的主轴孔没有对应要求
   C. 其锥柄和机械手抓拿部分已有相应的国际和国家标准
   D. 制造精度要求比较低

16. 下列关于G54与G92指令说法中不正确的是(　　)。
   A. G54与G92都是用于设定工件加工坐标系的
   B. G92是通过程序来设定加工坐标系的,G54是通过CRT/MDI在设置参数方式下设定工件加工坐标系的
   C. G92所设定的加工坐标原点与当前刀具所在位置无关
   D. G54所设定的加工坐标原点与当前刀具所在位置无关

17. 在G43 G01 Z15.0 H15语句中,H15表示(　　)。
   A. Z轴的位置是15　　　　　　B. 刀具表的地址是15
   C. 长度补偿值是15　　　　　　D. 半径补偿值是15

18. 在三轴加工中,加工步长是指控制刀具步进方向上相邻两个刀位之间的直线距离,关于步长的说法正确的是(　　)。
   A. 步长越大,加工零件表面越光滑
   B. 步长的数值必须小于加工表面的形位公差
   C. 实际生成刀具轨迹的步长一定小于设定步长
   D. 步长的大小会影响加工效率

19. 通常用球刀加工比较平缓的曲面时,表面粗糙度的质量不会很高。这是因为(　　)而造成的。
   A. 行距不够密　　　　　　B. 步距太小
   C. 球刀刀刃不太锋利　　　D. 球刀尖部的切削速度几乎为零

20. 数控加工中心与普通数控铣床、镗床的主要区别是(　　)。
   A. 一般具有三个数控轴
   B. 配置刀库和自动换刀装置
   C. 能完成钻、铰、攻丝、铣、镗等加工功能
   D. 主要用于箱体类零件的加工

21. 切削时的切削热大部分由(　　)传散出去。
   A. 刀具　　　B. 工件　　　C. 切屑　　　D. 空气

22. 为了保证加工中心能满足不同的工艺要求,并能够获得最佳切削速度,主传动系统的要求是(　　)。
   A. 无级调速　　　　　　B. 变速范围宽
   C. 分段无级变速　　　　D. 变速范围宽且能无级变速

23. 下列型号中(　　)是一台加工中心。
   A. XK754　　　B. XH764　　　C. XK8140　　　D. CD7632

24. 一个物体在空间如果不加任何约束限制,应有(　　)自由度。
   A. 四个　　　B. 五个　　　C. 六个　　　D. 八个

25. G65指令的含义是(　　)。
   A. 精镗循环指令　　　　B. 调用宏指令

C. 指定工件坐标系指令　　　　　　D. 调用程序指令

26. 某一圆柱零件,要在V形块上定位铣削加工其圆柱表面上一个键槽,由于槽底尺寸的标注方法不同,其工序基准可能不同,那么当(　　)时,定位误差最小。
    A. 工序基准为圆柱体下母线　　　　B. 工序基准为圆柱体中心线
    C. 工序基准为圆柱体上母线　　　　D. 工序基准为圆柱体任意母线

27. 数控加工中心的固定循环功能一般适用于(　　)。
    A. 曲面形状加工　　B. 平面形状加工　　C. 孔系加工　　D. 调用程序指令

28. 用于FANUC数控系统编程,对一个厚度为10 mm,Z轴零点在下表面的零件钻孔,其一段程序表述如下:G90 G83 X10.0 Y20.0 Z4.0 R13.0 Q3.0 F100.0,它的含义是(　　)。
    A. 啄钻,钻孔位置在(10,20)点上,钻头尖钻到$Z=4.0$的高度上,安全平面在$Z=13.0$的高度上,每次啄钻深度为3 mm,进给速度为100 mm/min
    B. 啄钻,钻孔位置在(10,20)点上,钻削深度为4 mm,安全平面在$Z=13.0$的高度上,每次啄钻深度为3 mm,进给速度为100 mm/min
    C. 啄钻,钻孔位置在(10,20)点上,钻削深度为4 mm,刀具半径为13 mm,进给速度为100 mm/min
    D. 啄钻,钻孔位置在(10,20)点上,钻头尖钻到$Z=4.0$的高度上,工件表面在$Z=13.0$的高度上,刀具半径为3 mm,进给速度为100 mm/min

29. 欲加工 $\phi 6H7$ 深30 mm的孔,合理的用刀顺序应该是(　　)。
    A. $\phi 2.0$麻花钻、$\phi 5.0$麻花钻、$\phi 6.0$微调精镗刀
    B. $\phi 2.0$中心钻、$\phi 5.0$麻花钻、$\phi 6H7$精铰刀
    C. $\phi 2.0$中心钻、$\phi 5.8$麻花钻、$\phi 6H7$精铰刀
    D. $\phi 1.0$麻花钻、$\phi 5.0$麻花钻、$\phi 6.0H7$麻花钻

30. 选择"TO"方式加工零件内轮廓,刀具轨迹与加工轮廓的关系为(　　)。
    A. 重合　　　　　　　　　　　　　B. 刀具轨迹大于零件轮廓
    C. 零件轮廓大于刀具轨迹　　　　　D. 不确定

31. 数控铣床加工工件表面粗糙度通常最高可达Ra(　　)。
    A. 0.4　　　　　B. 0.8　　　　　C. 1.6　　　　　D. 3.2

32. 下列操作键中(　　)不是编辑程序时的功能键。
    A. POS　　　　　B. ALTER　　　　C. DELETE　　　　D. INSERT

33. 用$\phi 12$的刀具进行轮廓的粗、精加工,要求精加工余量为0.4,则粗加工偏移量为(　　)。
    A. 12.4　　　　　B. 11.6　　　　　C. 6.4　　　　　D. 5.6

34. 在数控机床上装夹工件,当工件形状复杂、批量较大时,应考虑采用(　　)夹具。
    A. 专用　　　　　B. 通用　　　　　C. 组合　　　　　D. 柔性

35. 用一面两孔定位时,削边销横截面长轴(　　)两销连心线。
    A. 应垂直于　　　B. 应平行于　　　C. 应成45°　　　D. 应成60°

36. 执行下列程序后,累计暂停进给时间是(　　)。
    N1 G91 G00 X120.0 Y80.0
    N2 G43 Z－32.0 H01
    N3 G01 Z－21.0 F120
    N4 G04 P1000
    N5 G00 Z21.0
    N6 X30.0 Y－50.0
    N7 G01 Z－41.0 F120
    N8 G04 X2.0

N9 G49 G00 Z55.0
N10 M02

A. 3 s　　　　　B. 2 s　　　　　C. 1 002 s　　　　D. 1.002 s

37. 数控铣床平口钳固定钳口限制了工件(　　)个自由度。
A. 六　　　　　B. 四　　　　　C. 三　　　　　　D. 二

38. 在数控铣床上铣一个正方形零件(外轮廓),如果使用的铣刀直径比原来小1 mm,则计算加工后的正方形尺寸差(　　)。
A. 小1 mm　　　B. 小0.5 mm　　C. 大1 mm　　　D. 大0.5 mm

39. 执行下列程序后,钻孔深度最有可能是(　　)。
G90 G01 G43 Z−50 H01 F100 (H01补偿值−2.00 mm)
A. 48 mm　　　B. 52 mm　　　C. 50 mm　　　　D. 60 mm

40. 在数控铣床上用φ20铣刀执行下列程序后,其加工圆弧的直径尺寸是(　　)。
N1 G90 G17 G41 G01 X18.0 Y24.0 M03 D06
N2 G02 X74.0 Y32.0 R40.0 F180(刀具半径补偿偏置值是φ20.2)
A. φ80.2　　　B. φ80.4　　　C. φ79.8　　　　D. φ79.6

41. 热继电器在控制电路中起的作用是(　　)。
A. 短路保护　　B. 过载保护　　C. 失压保护　　　D. 过电压保护

42. 数控机床加工调试中遇到问题想停机应先停止(　　)。
A. 冷却液　　　B. 主运动　　　C. 进给运动　　　D. 辅助运动

43. G02 Y_ Z_ J_ K_ F_的选择平面的命令应是(　　)。
A. G17　　　　B. G18　　　　C. G19　　　　　D. G20

44. 逆时针方向铣内圆弧时所选用的刀具补偿指令是(　　)。
A. G40　　　　B. G41　　　　C. G42　　　　　D. G43

45. 程序
N2 G00 G54 G90 G60
N6 G0 X0 Y0;
N6 G02 X50 Y0 I25 J0;
N8 M05;
加工出工件圆心在工件坐标系中距离工件零点(　　)。
A. 0　　　　　B. 25　　　　　C. −25　　　　　D. 50

46. 编排数控加工工序时,采用一次装夹多工序集中加工原则的主要目的是(　　)。
A. 减少换刀时间　　　　　　B. 减少空运行时间
C. 减少重复定位误差　　　　D. 简化加工程序

47. 程序终了时,以何种指令表示(　　)。
A. M00　　　　B. M01　　　　C. M02　　　　　D. M03

48. G91 G01 X3 Y4 F100 执行后,刀具移动了(　　)mm。
A. 7　　　　　B. 5　　　　　C. 6　　　　　　D. 8

49. 程序段 G00 G01 G02 G03 X50.0 Y70.0 R30.0 F70;最终执行(　　)指令。
A. G00　　　　B. G01　　　　C. G02　　　　　D. G03

50. 用户宏程序是指含有(　　)的程序。
A. 子程序　　　B. 变量　　　　C. 固定循环　　　D. 常量

二、判断题(对的在题号前的括号内填 Y,错的在题号前的括号内填 N)

(　)1. 在切削过程中,刀具切削部分在高温时仍需保持其硬度,并能继续进行切削。这种具有高温硬度的性质称为红硬性。

(　)2. 铣削用量是根据工件的加工性质、铣刀的使用性能及机床的刚性等因素来确定的,选择的次序是 f_z、B、a_p、v。

(　)3. 在立式铣床上加工封闭式键槽时,通常采用立铣刀铣削。

(　)4. 在卧式铣床上用三面刃铣刀铣削直角沟槽时,若上宽下窄,主要原因是工件上平面与工作台台面不平行。

(　)5. 当麻花钻的两主切削刃不对称轴线时,有可能使钻出的孔产生歪斜。

(　)6. 成形铣刀的刀齿一般做成铲齿,前角大多为零度,刃磨时只磨前刀面。

(　)7. 水平仪不但能检验平面的位置是否成水平,而且能测出工件上两平面的平行度。

(　)8. 不锈钢之所以被称为难加工材料,主要是这种材料的硬度高和不易氧化。

(　)9. 难加工材料主要是指切削加工性差的材料,不一定简单地从力学性能上来区分。如在难加工材料中,有硬度高的,也有硬度低的。

(　)10. 精加工时首先应该选取尽可能大的背吃刀量。

(　)11. 滚珠丝杠副消除轴向间隙的目的主要是减小摩擦力矩。

(　)12. 在粗糙度值的标注中,数值的单位是 mm。

(　)13. 插补运动的实际插补轨迹始终不可能与理想轨迹完全相同。

(　)14. 数控机床编程有绝对值和增量值编程,使用时不能将它们放在同一程序段中。

(　)15. G00、G01 指令都能使机床坐标轴按照直线准确到位,因此它们都是插补指令。

(　)16. 为了保证安全,机床电器的外壳必须接地。

(　)17. 一般铣削加工中,材料越硬铣削速度应该越小。

(　)18. 常用的位移执行机构有步进电机、直流伺服电机和交流伺服电机。

(　)19. 通常在命名或编程时,不论何种机床,都一律假定工件静止刀具移动。

(　)20. 程序段的顺序号,根据数控系统的不同,在某些系统中可以省略。

(　)21. 绝对编程和增量编程不能在同一程序中混合使用。

(　)22. RS232 主要作用是用于程序的自动输入。

(　)23. 通常机床的进给运动只有一个。

(　)24. 四坐标数控铣床是在三坐标数控铣床上增加一个数控回转工作台。

(　)25. 数控铣床加工时保持工件切削点的线速度不变的功能称为恒线速度控制。

(　)26. 一个主程序可以调用另一个主程序。

(　)27. 数控车床的刀具功能字 T 既指定了刀具数,又指定了刀具号。

(　)28. 螺纹指令 G32 X41.0 W−43.0 F1.5 是以每分钟 1.5 mm 的速度加工螺纹。

(　)29. 经试加工验证的数控加工程序就能保证零件加工合格。

(　)30. 同样的加工条件下,钻孔的转速应该比铰孔高。

(　)31. 一个零件投影最多可以有 24 个基本视图。

(　)32. 同样的加工条件下,钻孔的转速应该比铰孔高。

(　)33. 用大平面定位可以限制工件四个自由度。

(　)34. 刀具的刃倾角在必要时可以设计成负值。

(　)35. 量块组中量块的数目越多,累积误差越小。

(　)36. 测量孔的深度时,应选用深度千分尺。

(　)37. 对刀点可以选择在零件上某一点,也可以选择零件外某一点。

(　)38. 检测工具的精度必须比所测工件的几何精度低一个等级。

( )39. 直线运动定位精度是在满载条件下测量的。
( )40. 返回参考点有手动和自动返回参考点两种。
( )41. 立铣刀的刀位点是刀具中心线与刀具底面的交点。
( )42. 球头铣刀的刀位点是刀具中心线与球头球面交点。
( )43. 由于数控机床的先进性,因此任何零件均适合在数控机床上加工。
( )44. 换刀点应设置在被加工零件的轮廓之外,并要求有一定的余量。
( )45. 为保证工件轮廓表面粗糙度,最终轮廓应在一次走刀中连续加工出来。
( )46. FUNAC系统中,子程序最后一行要用M30结束。
( )47. 在镜像功能有效后,刀具在任何位置都可以实现镜像指令。
( )48. 数控机床加工时选择刀具的切削角度与普通机床加工时是不同的。
( )49. 切削用量包括进给量、背吃刀量和工件转速。
( )50. 机床数控系统在控制刀具进行加工时,是按刀具的切削点的位置进行控制的。

技能实训

技能实训 6.1　简单零件一加工

简单零件一加工如图 6.22 所示,评分表见表 6.26。

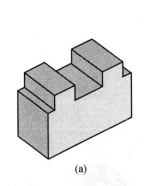
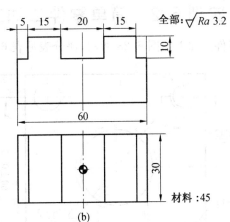

(a)　　　　　　　　　　　　　(b)

图 6.22　简单零件一加工

表 6.26　数控铣床/加工中心中级技能实训简单零件一评分表

序号	项目	考核内容		配分	评分标准	检测结果	扣分	得分	备注
1	外形	5×30×15	IT	16	超差0.01扣2分				
			Ra	8	降一级扣2分				
		15×30×15	IT	16	超差0.01扣2分				
			Ra	8	降一级扣2分				
		20×30×15	IT	8	超差0.01扣2分				
			Ra	4	降一级扣2分				

续表 6.26

序号	项目	考核内容	配分	评分标准	检测结果	扣分	得分	备注
2	程序编制	建立工作坐标系	4	出现错误不得分				
		程序代码正确	4	出现错误不得分				
		刀具轨迹显示正确	3	出现错误不得分				
		程序要完整	4	出现错误不得分				
3	机床操作	开机及系统复位	3	出现错误不得分				
		装夹工件	2	出现错误不得分				
		输入及修改程序	5	出现错误不得分				
		正确设定对刀点	3	出现错误不得分				
		建立刀补	4	出现错误不得分				
		自动运行	3	出现错误不得分				
4	工、量、刀具的正确使用	执行操作规程	2	违反规程不得分				
		使用工具、量具	3	选择错误不得分				
5	文明生产			按有关规定每违反一项从总分中扣 3 分。扣分不超过 10 分。				
总分								

技能实训 6.2　简单零件二加工

简单零件二加工如图 6.23 所示，评分表见表 6.27。

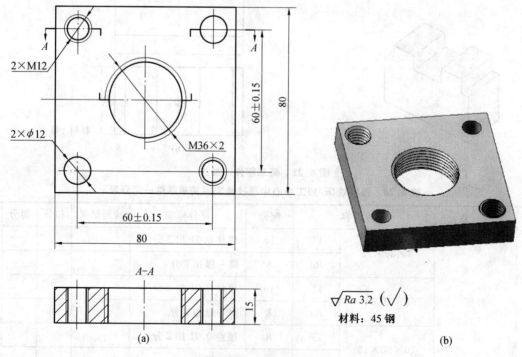

图 6.23　简单零件二加工

表 6.27 数控铣床/加工中心中级技能实训简单零件二评分表

序号	项目	考核内容		配分	评分标准	检测结果	扣分	得分	备注
1	孔	60±0.15	IT	8	超差0.01扣2分				
			Ra	4	降一级扣2分				
		φ10	IT	8	超差0.01扣2分				
			Ra	4	降一级扣2分				
2	螺纹	60±0.15	IT	8	超差0.01扣1分				
			Ra	4	降一级扣2分				
		M12	IT	8	超差0.01扣1分				
			Ra	4	降一级扣2分				
		M36×2	IT	8	超差0.01扣1分				
			Ra	4	降一级扣2分				
3	程序编制	建立工作坐标系		4	出现错误不得分				
		程序代码正确		4	出现错误不得分				
		刀具轨迹显示正确		3	出现错误不得分				
		程序要完整		4	出现错误不得分				
4	机床操作	开机及系统复位		3	出现错误不得分				
		装夹工件		2	出现错误不得分				
		输入及修改程序		5	出现错误不得分				
		正确设定对刀点		3	出现错误不得分				
		建立刀补		4	出现错误不得分				
		自动运行		3	出现错误不得分				
5	工、量、刃具的正确使用	执行操作规程		2	违反规程不得分				
		使用工具、量具		3	选择错误不得分				
6	文明生产	按有关规定每违反一项从总分中扣3分。扣分不超过10分。							
	总分								

技能实训 6.3　简单零件三加工

简单零件三加工如图 6.24 所示，评分表见表 6.28。

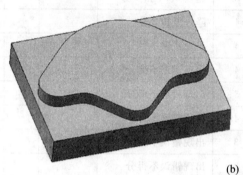

图 6.24 简单零件三加工

表 6.28 数控铣床/加工中心中级技能实训简单零件三评分表

序号	项目	考核内容		配分	评分标准	检测结果	扣分	得分	备注
1	外形	$76_{-0.04}^{0}$	IT	6	超差0.01扣2分				
			Ra	6	降一级扣2分				
		$54_{-0.04}^{0}$	IT	6	超差0.01扣2分				
			Ra	6	降一级扣2分				
		$6_{0}^{+0.04}$	IT	6	超差0.01扣2分				
			Ra	6	降一级扣2分				
		90°	IT	6	超差0.01扣2分				
			Ra	6	降一级扣2分				
		R30	IT	4	超差0.01扣2分				
			Ra	2	降一级扣2分				
		R8	IT	4	超差0.01扣2分				
			Ra	2	降一级扣2分				
2	程序编制	建立工作坐标系		4	出现错误不得分				
		程序代码正确		4	出现错误不得分				
		刀具轨迹显示正确		3	出现错误不得分				
		程序要完整		4	出现错误不得分				

续表 6.28

序号	项目	考核内容	配分	评分标准	检测结果	扣分	得分	备注
3	机床操作	开机及系统复位	3	出现错误不得分				
		装夹工件	2	出现错误不得分				
		输入及修改程序	5	出现错误不得分				
		正确设定对刀点	3	出现错误不得分				
		建立刀补	4	出现错误不得分				
		自动运行	3	出现错误不得分				
4	工、量、刃具的正确使用	执行操作规程	2	违反规程不得分				
		使用工具、量具	3	选择错误不得分				
5	文明生产	按有关规定每违反一项从总分中扣 3 分。扣分不超过 10 分。						
	总分							

技能实训 6.4　简单零件四加工

简单零件四加工如图 6.25 所示，评分表见表 6.29。

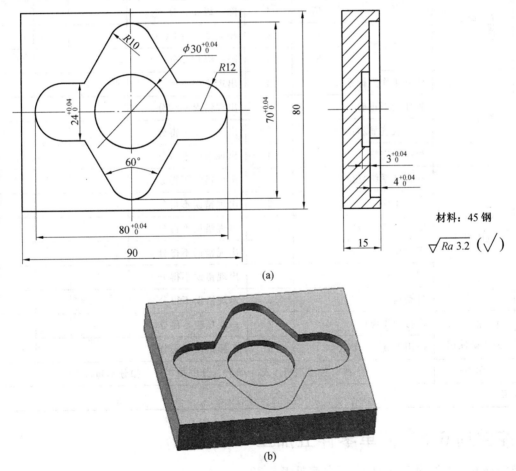

图 6.25　简单零件四加工

表 6.29 数控铣床/加工中心中级技能实训简单零件四评分表

序号	项目	考核内容		配分	评分标准	检测结果	扣分	得分	备注
1	花瓣槽	$80_0^{+0.04}$	IT	4	超差0.01扣2分				
			Ra	4	降一级扣2分				
		$70_0^{+0.04}$	IT	4	超差0.01扣2分				
			Ra	4	降一级扣2分				
		$24_0^{+0.04}$	IT	4	超差0.01扣2分				
			Ra	4	降一级扣2分				
		$4_0^{+0.04}$	IT	4	超差0.01扣2分				
			Ra	4	降一级扣2分				
		60°	IT	4	超差0.01扣2分				
			Ra	2	降一级扣2分				
		R10	IT	4	超差0.01扣2分				
			Ra	2	降一级扣2分				
2	圆形槽	$\phi 30_0^{+0.04}$	IT	4	超差0.01扣1分				
			Ra	4	降一级扣2分				
		$3_0^{+0.04}$	IT	4	超差0.01扣1分				
			Ra	4	降一级扣2分				
3	程序编制	建立工作坐标系		4	出现错误不得分				
		程序代码正确		4	出现错误不得分				
		刀具轨迹显示正确		3	出现错误不得分				
		程序要完整		4	出现错误不得分				
4	机床操作	开机及系统复位		3	出现错误不得分				
		装夹工件		2	出现错误不得分				
		输入及修改程序		5	出现错误不得分				
		正确设定对刀点		3	出现错误不得分				
		建立刀补		4	出现错误不得分				
		自动运行		3	出现错误不得分				
5	工、量、刀具的正确使用	执行操作规程		2	违反规程不得分				
		使用工具、量具		3	选择错误不得分				
6	文明生产			按有关规定每违反一项从总分中扣3分。扣分不超过10分。					
	总分								

技能实训 6.5 简单零件五加工

简单零件五加工如图 6.26 所示,评分表见表 6.30。

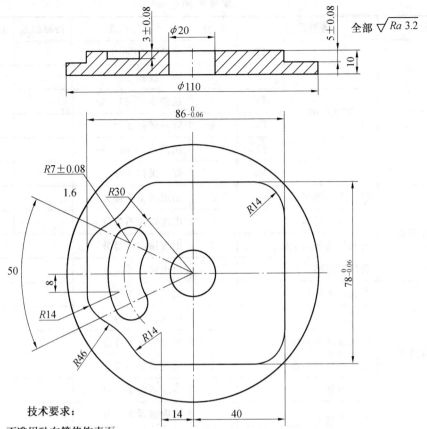

技术要求：
1. 不准用砂布等修饰表面；
2. 未注公差尺寸按 GB1 804—M

图 6.26 简单零件五加工

表 6.30 数控铣床/加工中心中级技能实训简单零件五评分表

序号	项 目	考核内容		配分	评分标准	检测结果	扣分	得分	备注
1	外形	$86_{-0.06}^{0}$	IT	4	超差 0.01 扣 2 分				
			Ra	4	降一级扣 2 分				
		$78_{-0.06}^{0}$	IT	4	超差 0.01 扣 2 分				
			Ra	4	降一级扣 2 分				
		R46	IT	4	超差 0.01 扣 2 分				
			Ra	4	降一级扣 2 分				
		5±0.08	IT	4	超差 0.01 扣 2 分				
			Ra	4	降一级扣 2 分				
		R14	IT	4	超差 0.01 扣 2 分				
			Ra	2	降一级扣 2 分				

续表 6.30

序号	项目	考核内容		配分	评分标准	检测结果	扣分	得分	备注
2	槽	R30	IT	4	超差0.01扣1分				
			Ra	4	降一级扣2分				
		R7±0.08	IT	4	超差0.01扣1分				
			Ra	4	降一级扣2分				
		3±0.08	IT	4	超差0.01扣1分				
			Ra	4	降一级扣2分				
3	程序编制	建立工作坐标系		2	出现错误不得分				
		程序代码正确		4	出现错误不得分				
		刀具轨迹显示正确		3	出现错误不得分				
		程序要完整		4	出现错误不得分				
4	机床操作	开机及系统复位		3	出现错误不得分				
		装夹工件		2	出现错误不得分				
		输入及修改程序		5	出现错误不得分				
		正确设定对刀点		3	出现错误不得分				
		建立刀补		4	出现错误不得分				
		自动运行		3	出现错误不得分				
5	工、量、刃具的正确使用	执行操作规程		2	违反规程不得分				
		使用工具、量具		3	选择错误不得分				
6	文明生产			按有关规定每违反一项从总分中扣3分。扣分不超过10分。					
总分									

模块 7
数控铣/加工中心切削技能强化与提高

知识目标

◆能掌握主程序与子程序编写格式,掌握常用宏程序的格式;
◆能掌握箱体类零件的工艺编排与孔类程序格式;
◆能掌握薄壁轮廓的工艺编排与程序编写;
◆能手工编制简单曲面程序并运用软件进行复杂曲面造型与自动编程;
◆能掌握配合件的工艺安排与精度控制方法。

技能目标

◆能熟练使用子程序编程与加工;
◆能熟练使用宏程序进行非圆曲线的编程与加工;
◆能熟练进行内外螺纹的编程与加工;
◆能熟练进行箱体类零件的装夹找正与孔系加工;
◆能熟练进行薄壁零件的刀路设定与精度控制;
◆能手工编制简单曲面程序并运用软件进行复杂曲面造型与自动编程。

课时建议

20 课时

课堂随笔

7.1 铣削加工中子程序的应用

【例 7.1】 有一批零件,如图 7.1 所示,现要求对其心形型腔部分编程。

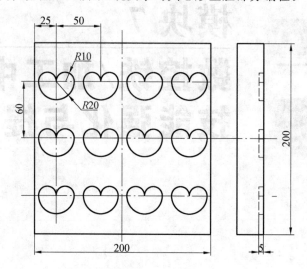

图 7.1 零件图

(1)走刀路线如图 7.2 所示,基点坐标见表 7.1。

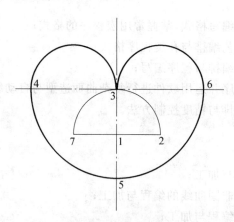

图 7.2 走刀路线图

表 7.1 基点坐标

基点	X	Y
1	0	−10
2	10	−10
3	0	0
4	−20	0
5	0	−40
6	20	0
7	−10	−10

(2)工艺卡片(表 7.2)。

表 7.2 工艺卡片

刀具	铣削深度 a_p/mm	进给速度 f/(mm·min^{-1})	主轴转速 n/(r·min^{-1})
φ12	5	300	1 200

(3)加工程序。

方法一:子程序一重调用

O0001(主程序)	O0002(子程序)
G40 G49 G69 G80	G91 G01 Z－10 F100
G90 G54 G00 Z100	G41 G01 X10 D01
X0 Y0 S1000 M03	G03 X－10 Y10 R10
Z5	G03 X－20 Y0 R10
X－75 Y60	X40 R20
M98 P40002	X－20 R10
X－75 Y0	X－10 Y－10 R10
M98 P40002	G40 G01 X10
X－75 Y－60	G00 Z10
M98 P40002	X50
G00 Z100	M99
M30	

方法二:子程序多重调用

O0001	M30	G03 X－20 Y0 R10
G40 G49 G69 G80	O0002	X40 R20
G90 G54 G00 Z100	M98 P40003	X－20 R10
X0 Y0 S1000 M03	G91 G00 X－200 Y－60	X－10 Y－10 R10
Z5	M99	G40 G01 X10
X－75 Y60	O0003	G00 Z10
M98 P40002	G91 G01 Z－10 F100	X50
G00 Z100	G41 G01 X10 D01	M99
	G03 X－10 Y10 R10	

1. 子程序及其格式

编程时,为了简化程序的编制,当一个工件上有相同的加工内容或有相同的走刀路线时,常用调子程序的方法进行编程。调用子程序的程序称为主程序,子程序的编号与一般程序基本相同,只是程序结束字为 M99 表示子程序结束,并返回到调用子程序的主程序中。

O××××   //子程序号
…
…   //子程序内容
…
M99   //子程序结尾

2. 子程序调用用法

指令格式:M98 P _____;

其中,P 表示子程序调用情况。P 后面共有 8 位数字,前 4 位为调用次数,省略时为调用一次;后 4 位为所调用的子程序号。例如:

M98 P51002;   //调用 1002 号子程序,重复 5 次
M98 P1002;   //调用 1002 号子程序,重复 1 次
M98 P50004;   //调用 4 号子程序,重复 5 次

3.子程序的执行

为进一步简化程序,调用的子程序可以再调用另一个子程序,称为子程序的嵌套。主程序调用子程序为一重子程序调用,子程序调用子程序称为多重调用,子程序的嵌套不是无限次的,FANUC 0i系统子程序调用可以嵌套4级,如图7.3所示。

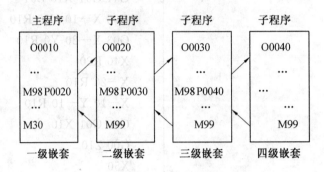

图7.3 子程序调用

技术提示:
(1)华中数控系统程序的第一行应有"O××××"或"%××××"字样的文字;
(2)子程序的编写要注意绝对坐标与相对坐标的切换;
(3)调试程序时,在自动方式下,一定要按下"程序校验"键,确保机床锁住不动,再按"循环启动"键,开始进行走刀路径图形模拟;
(4)初学者对刀后应进行校验,以保证无误;
(5)加工时,应学会使用"进给保持"键(暂停键),观察刀具位置是否正确,以确保安全。

7.2 铣削加工中宏程序的应用

【例7.2】 现有一批零件,如图7.4所示。现要求铣削如图椭圆凸台,深度为5 mm,编写加工程序。

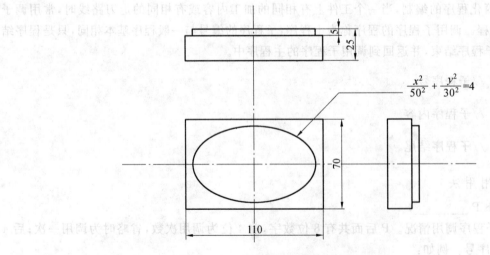

图7.4 零件图

(1)工艺卡片(表7.3)。

表 7.3 工艺卡片

刀具	铣削深度 a_p/mm	进给速度 f/(mm·min^{-1})	主轴转速 n/(r·min^{-1})
$\phi 20$	5	100	800

(2)走刀路线与基点坐标见表7.4并如图7.5所示。

表 7.4 基点坐标

基点	X	Y
1	75	0
2	75	20
3	55	0
4	75	−20

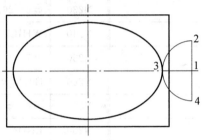

图 7.5 走刀路线

(3)加工程序(表7.5)。

表 7.5 加工程序

O0001			
N10	G40 G49 G69 G80	N90	#2=50*COS[#1]
N20	G90 G54 G00 Z100	N100	#3=30*SIN[#1]
N30	X0 Y0 S1000 M03	N110	G01 X[#2] Y[#3]
N40	Z5	N120	#1=#1−1
N50	G01 Z−5 F100	N130	END1
N60	G41 G01 Y20 D01 F200	N140	G03 X75 Y−20 R20
N70	#1=360	N150	G40 G01 Y0
N80	WHILE [#1GE0] DO1	N160	G00 Z100
N90	#2=50*COS[#1]	N170	M30

【例 7.3】 椭圆与椭圆过渡实例,如图7.6所示。

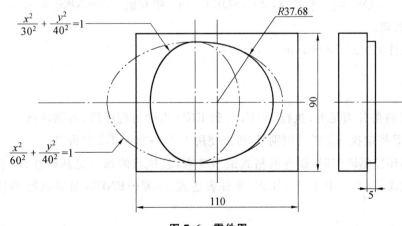

图 7.6 零件图

部分加工程序见表 7.6。

表 7.6 部分加工程序

	O0001		
N10	G40 G49 G69 G80	N160	#4=0
N20	G90 G54 G00 Z100	N170	WHILE [#4LE27] DO2
N30	X0 Y0 S1000 M03	N180	#5=40*SQRT[60*60−#4*#4]/60
N40	Y−60	N190	G01 X[#4] Y[#5]
N50	Z5	N200	#4=#4+0.1
N60	G01 Z−5 F100	N210	END2
N70	G41 G01 X20 D01 F200	N220	G02 Y−35.72 R37.68
N80	G03 X0 Y−40 R20	N230	#6=26.9
N90	#1=270	N240	WHILE [#6GE0] DO3
N100	WHILE [#1GE90] DO1	N250	#7=40*SQRT[60*60−#6*#6]/60
N110	#2=30*COS[#1]	N260	G01X[#6] Y[−#7]
N120	#3=40*SIN[#1]	N270	#6=#6−0.1
N130	G01 X[#2] Y[#3]	N280	END3
N140	#1=#1−2	N290	G03 X−20 Y−60 R20
N150	END1	N300	G40 G01 X0
		N310	G00 Z100

1. 宏程序简介

（1）变量。

FANUC 系统宏程序的变量用变量符号"#"和后面的变量号指定，如#5。

表达式可以用于指定变量号，此时表达式应封闭在括号中。如#[#5−5]

引用方式：地址后面指定变量号或表达式即可引用其变量值

格式：<地址字>#1 或<地址字>[−#1]，如，X#1，X[−#1]

<地址字>[<表达式>] 如，X[15*COS[#1]]

（2）算术和逻辑运算。

常用的有，加：#i=#j+#k；减，#i=#j−#k；乘，#i=#j*#k；除，#i=#j/#k；正弦，#i=SIN[#j]；余弦，#i=COS[#j]；平方根，#i=SQRT[#j]；绝对值，#i=ABS[#j]。

（3）循环控制语句。

①WHILE[条件表达式]DOm；(m=1,2,3)

…

ENDm；

当条件表达式的条件满足时，执行 WHILE 到 END 当中的程序段，否则转到下一条执行，DO 和 END 后的 m 数值是指定执行范围的识别号，可以使用 1,2,3；非 1,2,3 时报警。

当使用多重循环控制语句时，循环的格式最多 3 重，且执行的顺序是从内往外，也就是说执行完 WHILE[条件表达式]DO3 再执行 WHILE[条件表达式]DO2…END2，最后执行 WHILE[条件表达式]DO1…END1。

WHILE[条件表达式]DO1

...
WHILE[条件表达式]DO2
...
WHILE[条件表达式]DO3
...
END3
...
END2
...
END1；

②条件转移语句。

格式：IF[条件表达式]GOTOn

条件表达式必须包括运算符。运算符位于两个变量中间或变量和常量中间，并且用括号（[，]）封闭，由2个字母组成，用于两个值的比较，运算符及含义见表7.7。

表7.7 运算符一览表

运算符	EQ	GT	LT	GE	LE
含义	=	>	<	≥	≤

条件转移的含义：当条件表达式满足时，转向程序段号n指定的程序段处执行，否则，执行IF语句的下一程序段。

2. 椭圆

(1)椭圆曲线方程：$\dfrac{x^2}{a^2}+\dfrac{y^2}{b^2}=1$，其中 a 为长半轴，b 为短半轴。

参数方程形式：

$$x=a \cdot \cos \alpha$$
$$y=b \cdot \sin \alpha$$

(2)编程方法：角度编程和方程式编程法。

> **技术提示：**
> (1)宏程序贯穿手工编程始终，熟练掌握，将使程序更加灵活，要熟练使用；
> (2)对于非圆曲线轮廓，常采用刀具半径补偿，不然会造成轮廓的偏差；
> (3)利用宏程序的多重嵌套可以实现对更复杂的轮廓的编写。

7.3 内外螺纹的铣削加工

【例7.4】 有一批零件，如图7.7所示。现要求加工内螺纹，编写加工程序。

(1)工艺卡片(表7.8)。

表7.8 工艺卡片

刀具	铣削深度 a_p/mm	进给速度 f/(mm·min^{-1})	主轴转速 n/(r·min^{-1})
螺纹铣刀	螺距	1 000	2 000

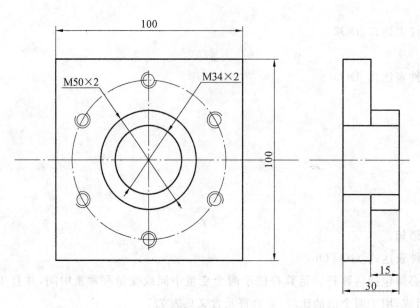

图 7.7 零件图

(2)刀具路线:采用螺旋式下刀。
(3)加工编程(表 7.9)。

表 7.9 加工程序

	方法一:从上向下铣削		方法二:从下向上铣削
	O0001		O0002
N10	G40 G49 G69 G80	N10	G40 G49 G69 G80
N20	G90 G54 G00 Z100	N20	G90 G54 G00 Z100
N30	X0 Y0 S1200 M03	N30	X0 Y0 S2000 M03
N40	Z5	N40	Z5
N50	G42 G01 X−15.1 Y0 D01 F120 (D01 为螺纹铣刀的半径)	N50	G42 G01 X−15.1 Y0 D01 F120
N60	#1=5	N60	#1=−35
N70	WHILE [#1 GE −30] DO1	N70	WHILE [#1 LE 5] DO1
N80	#1=#1−2	N80	#1=#1+2
N90	G2 Z#1 I15.1	N90	G2 Z#1 I15.1
N100	END1	N100	END1
N110	G40 G01 X0 Y0	N110	G40 G01 X0 Y0
N120	G0 Z100	N120	G00 Z100
N130	M30	N130	M30

(1)对于 M20 以下的螺纹常采用攻丝加工,M20 以上的螺纹采用螺纹铣削方式加工。
内螺纹的相关尺寸
大径　　　　　$D_{max}=D+0.1P$
小径　　　　　$D_{min}=D-1.3P$
牙高　　　　　$H=0.6P$
本例计算出内螺纹的大径、小径和牙高分别为 34.2,31.4 和 1.2。
(2)工艺路线。

采用螺旋式下刀,从上向下铣削,靠螺纹铣刀的刀尖外形铣削螺纹;或者螺纹铣刀首先降到孔的底部,螺旋式提刀,从下向上切削,铣削出内螺纹(注:简化程序时,螺纹铣刀一刀铣削到铣削深度)。

技术提示:
(1)用较薄的板材进行孔加工比较合理,这样不易出现排屑不顺而导致折断钻头的现象;
(2)铰孔加工时,主轴转速要慢,这样才能获得较好的表面粗糙度;
(3)螺纹铣削完成后可用标准环规进行检测;
(4)在铣削加工螺纹时,冷却也至关重要,因为刀具高速旋转时,在离心力作用下外部冷却液不易进入,建议使用具有内冷却功能的机床和刀具。

7.4 复杂箱体类零件的铣削加工

【例7.5】 如图7.8所示泵盖零件为小批量试制,零件材料为HT200铸铁,毛坯尺寸为170 mm×110 mm×30 mm。该泵盖零件加工工序多,为加快该泵盖零件的新产品试制,要求采用数控加工,如图7.8所示。

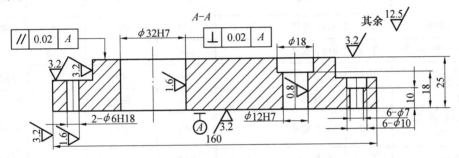

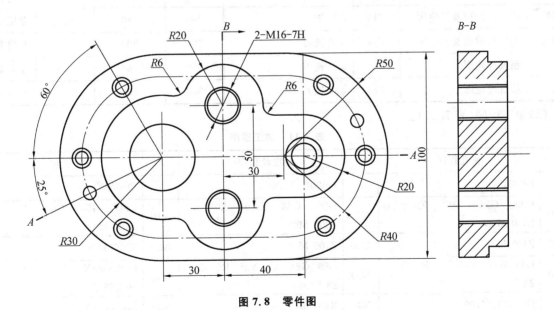

图 7.8 零件图

(1)工序卡片。工序卡见表7.10。

表7.10 工序卡

工序号	工序内容	刀具号	刀具名称	主轴转速/n (r·min^{-1})	进给速度/f (mm·min^{-1})	背吃刀具 a_p/mm	夹具
1	粗铣定位基准面A	T01	φ63硬质合金面铣刀	300	80	0.2	专用夹具
2	粗铣上表面	T01	φ63硬质合金面铣刀	300	80	0.2	专用夹具
3	精铣上表面	T01	φ63硬质合金面铣刀	360	200	0.4	专用夹具
4	精铣定位基准面A	T01	φ63硬质合金面铣刀	360	200	0.4	专用夹具
5	钻φ32H7底孔至φ31	T02	φ31钻头	300	150	0.2	专用夹具
6	粗镗φ32H7	T03	φ32镗刀	300	100	0.5	专用夹具
7	钻φ12H7底孔至φ11.9	T04	φ11.9钻头	800	160	0.25	专用夹具
8	锪φ18孔	T05	φ18钻头	700	200	0.1	专用夹具
9	铰φ12H7孔	T06	φ12H7铰刀	400	200	0.15	专用夹具
10	钻2-M16底孔至φ14.3	T07	φ14.3钻头	500	150	0.2	专用夹具
11	攻2-M16螺纹孔	T08	M16丝锥	300	400	0.15	专用夹具
12	钻6-φ7底孔至φ6.5	T09	φ6.5钻头	500	180	0.05	专用夹具
13	锪6-φ10孔	T10	φ10钻头	400	40	0.2	专用夹具
14	铰6-φ7孔	T11	φ7铰刀	300	300	0.2	专用夹具
15	钻2-φ6H8底孔至φ5.8	T12	φ5.8钻头	900	30	0.1	专用夹具
16	铰2-φ6H8孔	T13	φ6H8铰刀	350	180	0.1	专用夹具
17	粗铣台阶面及其轮廓	T14	φ20铣刀	260	180	0.1	专用夹具
18	精铣台阶面及其轮廓	T14	φ20铣刀	300	200	0.3	专用夹具
19	粗铣外轮廓	T14	φ20铣刀	260	180	0.1	专用夹具
20	精铣外轮廓	T14	φ20铣刀	300	200	0.3	专用夹具

(2)加工程序(表7.11)。

表7.11 加工程序

	钻孔程序		攻丝程序		镗孔程序
	O0001		O0002		O0003
N10	G90 G54 G00 X0 Y0 S300 M03	N10	G90 G54 G00 X0 Y0 S300 M03	N10	G90 G54 G00 X0 Y0 S700 M03
N20	Z100 M08	N20	Z100 M08	N20	Z100 M08
N30	G99 G81 X40 Y0 R5 Z-28 F100	N30	G99 G84 X0 Y25 R5 Z-28 F400	N30	G99 G85 X-30 Y0 R5 Z-26 F55
N40	G80 G00 Z100	N40	X40 Y0	N40	G80 G00 Z100
N50	M30	N50	G80 G00 Z100	N50	M30
		N60	M30		

箱体类零件的加工主要以孔加工和面加工为主,孔加工是铣削加工中重要的加工内容,常见的孔加工包括:钻削加工、镗削加工、内螺纹加工、锪孔以及铰削加工等,因其动作相类似,如图 7.9 所示,故编程常采用固定循环指令。

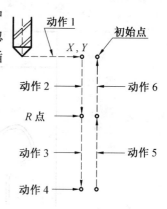

图 7.9　循环动作

(1)固定循环指令的动作。

①X、Y 坐标定位。

②快进到 R 点。

③加工孔。

④孔底动作。

⑤返回到 R 点。

⑥返回到初始点。

(2)固定循环的代码组成。

三组代码:①数据格式代码:G90/G91。

②返回点代码:G98 返回初始点,G99 返回 R 点。

③孔加工方式代码:G73～G89。

(3)固定循环指令组的书写格式。

G98/G99 G__ X__ Y__ Z__ R__ Q__ P__ I__ J__ K__ F__ L__

说明:G98——返回初始平面

G99——返回 R 点平面

G——固定循环代码 G73,G74,G76 和 G81～G89 之一;

X__ Y__ 加工起点到孔位的距离(G91)或孔位坐标(G90)

Z__ R 点到孔底的距离(G91,此时 Z 为负值)或孔底坐标(G90)

R__ 初始点到 R 点的距离(G91,此时 R 为负值)或 R 点的坐标(G90)

Q__ 每次进给深度(G73/G83)

P__ 刀具在孔底的暂停时间

K__ 钻孔循环次数

F__ 进给速度

L__ 固定循环的次数,缺省为 1

> **技术提示:**
> (1)固定循环指令只能使用在 X__ Y__ 平面上,Z 坐标仅作孔加工的进给;
> (2)孔加工指令为续效指令,直到 G80 或 G00,G01,G02,G03 出现,从而取消钻孔循环;
> (3)攻丝时速度倍率、进给保持均不起作用;
> (4)镗刀装到主轴上以后,一定要在 CRT/MDI 方式下执行 M19 指令使得主轴准停后,再检查镗刀刀尖所处的位置和方向,否则会损坏工件和机床。

7.5　复杂薄壁类零件的铣削加工

【例 7.6】 现有一批零件,如图 7.10 所示。现要求加工,编写加工程序。

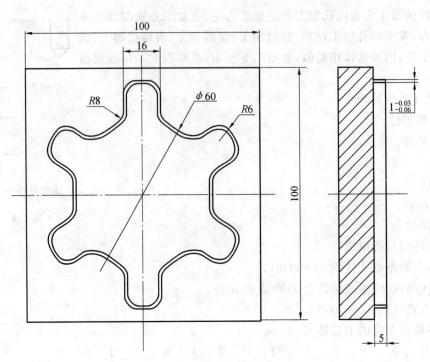

图 7.10 零件图

(1)工艺卡片(表 7.12)。

表 7.12 工艺卡片

刀具	铣削深度 a_p/mm	进给速度 f/(mm·min^{-1})	主轴转速 n/(r·min^{-1})
φ12	5	300	1 200

(2)走刀路线如图 7.11 所示,基点坐标见表 7.13。

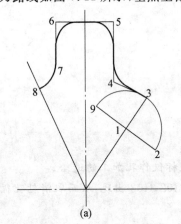
(a)

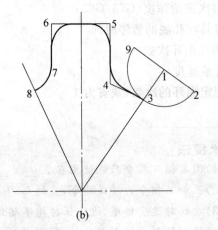
(b)

图 7.11 走刀路线

表 7.13　基点坐标

基点(a)	X	Y	基点(b)	X	Y
1	11.5	16.36	1	23	32.76
2	19.68	10.61	2	31.18	26.98
3	17.25	24.54	3	17.25	24.54
4	8	28.91	4	8	28.91
5	8	45	5	8	45
6	−8	45	6	−8	45
7	−8	34.47	7	−8	34.47
8	−12.63	27.21	8	−12.63	27.21
9	3.32	22.11	9	14.82	38.55

(3)加工程序见表 7.14。

表 7.14　加工程序

	O0001 薄壁内侧程序		O0002 薄壁外侧程序
N10	G40 G49 G69 G80	N10	G40 G49 G69 G80
N20	G90 G54 G00 Z100	N20	G90 G54 G00 Z100
N30	X0 Y0 S1500 M03	N30	X0 Y0 S1500 M03
N40	X11.5 Y16.36	N40	X23 Y32.76
N50	Z5	N50	Z5
N60	G01 Z−5 F100	N60	G01 Z−5 F100
N70	G41 G01 X19.68 Y10.61 D01 F300	N70	G42 G01 X31.18 Y26.98 D01 F300
N80	G03 X17.25 Y24.54 R10	N80	G03 X17.25 Y24.54 R10
N90	#1=0	N90	#1=0
N100	WHILE [#1LE360] DO1	N100	WHILE [#1 LE 360] DO1
N110	G68 X0 Y0 R#1	N110	G68 X0 Y0 R#1
N120	G03 X8 Y28.91 R30,R8	N120	G03 X8 Y28.91 R30,R8
N130	G01 X8 Y45,R6 X−8,R6	N130	G01 X8 Y45,R6
N140	X−8 Y34.47	N140	X−8,R6
N150	G02 X−12.63 Y27.21 R8	N150	X−8 Y34.47
N160	#1=#1+360/6	N160	G02 X−12.63 Y27.21 R8
N170	END1	N170	#1=#1+360/6
N180	G69	N180	END1
N190	G03 X3.21 Y22.11 R10	N190	G69
N200	G40 G01 X11.5 Y16.36	N200	G03 X14.80 Y38.55 R10
N210	G00 Z100	N210	G40 G01 X23 Y32.76
N220	M30	N220	G00 Z100
		N230	M30

1.坐标系旋转功能 G68,G69

该指令可使编程图形按照指定旋转中心及旋转方向旋转一定的角度,G68 表示开始坐标系旋转,G69 用于撤销旋转功能。

格式:G68 X__ Y__ R__

......

G69

式中:X__ Y__旋转中心的坐标值(可以是 X,Y,Z 中的任意两个,它们由当前平面选择指令 G17,G18,G19 中的一个确定)。当 X,Y 省略时,G68 指令认为当前的位置即为旋转中心。R__旋转角度,逆时针旋转定义为正方向,顺时针旋转定义为负方向。

2.薄壁加工工艺

薄壁件的工艺安排非常重要,安排不当容易引起薄壁变形,合理的工艺是先完成内外轮廓的粗加工,再分别进行半精加工和精加工,而不是先完成一侧的粗、精加工,再完成另一侧的粗、精加工,这样会对已经加工完成的一侧造成影响。

> **技术提示:**
> (1)坐标系旋转功能与刀具半径补偿功能的关系:旋转平面一定要包含在刀具半径补偿平面内;
> (2)坐标系旋转功能与比例编程方式的关系:在比例模式时,再执行坐标旋转指令,旋转中心坐标执行比例操作,但旋转角度不受影响;
> (3)薄壁内外侧程序相差无几,只需注意进退刀点即可,其他轮廓可用同一程序,注意左右刀补和刀补值。

7.6 复杂倒角零件的铣削加工

【例 7.7】 如图 7.12 所示,以下零件基本轮廓已经加工成形,现要求对其凸台轮廓的棱边进行倒角和倒圆,编写加工程序。

(1)工艺卡片(表 7.15)。

表 7.15 工艺卡片

刀具	铣削深度 a_p/mm	进给速度 f/(mm·min^{-1})	主轴转速 n/(r·min^{-1})
φ10	0.1	1 000	2 500

(2)走刀路线与基点坐标(见表 7.16,图 7.13)。

表 7.16 基点坐标

基点(a)	X	Y	基点(b)	X	Y
1	−22.09	0	1	18.99	0
2	−22.09	−5.5	2	18.99	6
3	−16.59	0	3	12.99	0
4	−18.09	3.98	4	12.99	7.47
5	−22.09	5.5	5	0	−14.97
			6	18.99	−6

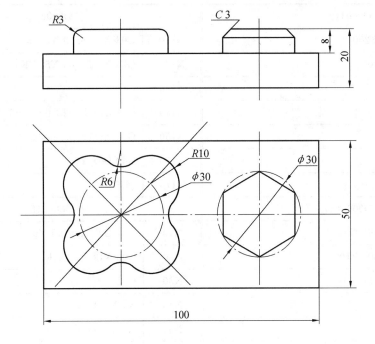

图 7.12 零件图

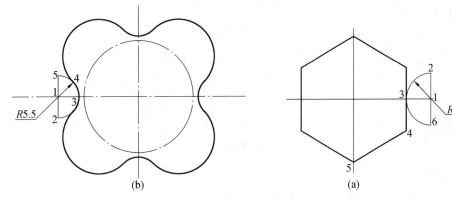

图 7.13 走刀路线

(3)加工程序(表 7.17)。

表 7.17 加工程序

O0001(a)		O0002(a)	
N10	G40 G49 G69 G80	N10	G41 G01 X－22.09 Y－5.5 D01
N20	G90 G54 G00 Z100	N20	G03 X－16.59 Y0 R5.5
N30	X0 Y0 S2500 M03	N30	G03 X－18.09 Y3.98 R6
N40	X－22.09 Y0	N40	G02 X－3.98 Y18.09 R10
N50	Z5	N50	G03 X3.98 R6
N60	#1=90	N60	G02 X18.09 Y3.98 R10
N70	WHILE [#1GE0] DO1	N70	G03 Y－3.98 R6
N80	#2=2+3*COS[#1]	N80	G02 X3.98 Y－18.09 R10
N90	#3=3*SIN[#1]－3	N90	G03 X－3.98 R6
N100	G10 L12 P1 R#2	N100	G02 X－18.09 Y－3.98 R10

续表 7.17

O0001(a)		O0002(a)	
N110	G01 Z#3 F200	N110	G03 X−16.59 Y0 R6
N120	M98 P2 F1000	N120	G03 X−22.09 Y5.5 R5.5
N130	#1=#1−3	N130	O0002
N140	END1	N140	G41 G01 X−22.09 Y−5.5 D01
N150	G00 Z100	N150	G03 X−16.59 Y0 R5.5
N160	M30	N160	G40 G01 Y0
		N170	M99
O0001(b)		O0002(b)	
N10	G40 G49 G69 G80	N10	G41 G01 X18.99 Y6 D01
N20	G90 G54 G00 Z100	N20	G03 X12.99 Y0 R6
N30	X0 Y0 S2500 M03	N30	G01 Y−7.47
N40	X18.99 Y0	N40	X0 Y−14.97
N50	Z5	N50	X−12.99 Y−7.47
N60	#1=0	N60	Y7.47
N70	WHILE [#1GE−3] DO1	N70	X0 Y14.97
N80	#2=2−#1	N80	X12.99 Y7.47
N90	G10 L12 P1 R#2	N90	Y0
N100	G01 Z#1 F200	N100	G03 X18.99 Y−6 R6
N110	M98 P2 F1000	N110	G40 G01 Y0
N120	#1=#1−0.1	N120	M99
N130	END1		
N140	G00 Z100		
N150	M30		

对于倒圆一般有两种加工方法,其一是使用成形铣刀铣削,简单方便,如图 7.14 所示,但是同一把成形刀只能用于相同尺寸的工件圆角,使用范围窄,并且成形刀成本较高,因此,在小批量的工件加工中较少使用。其二是使用球头铣刀铣削,逐层拟合成弧形轮廓,如图 7.14 所示。显而易见,第二种方法适用范围广,同一把刀能用于不同形状的曲线曲面加工,可以使用平刀或球刀来完成。

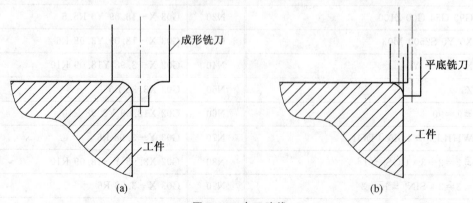

图 7.14 走刀路线

1. G10（可编程参数输入）功能

G10 L10 P__ R__；其中 P 为长度补偿号，R 为补偿值。

G10 L11 P__ R__；其中 P 为长度的磨耗补偿号，R 为补偿值。

G10 L12 P__ R__；其中 P 为半径补偿刀补号，R 为补偿值，L12 为变化的半径补偿特殊功能。

G10 L13 P__ R__；其中 P 为半径的磨耗补偿号，R 为补偿值。

因此，可以应用 G10 L12 P__ R__ 来完成倒角。

2. 建立数学模型（见图 7.15）

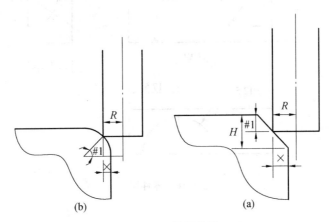

图 7.15 数学模型

对于图 7.15(a)，刀具处于任一点位置时的刀补值：$\#2 = R - X = R - (r - r * \cos\#1)$

刀具处于任一点位置时的 Z 值：$\#3 = r * \sin\#1 - r$

其中：$\#2$ 表示刀补值，$\#1$ 表示角度，R 表示刀具半径，r 表示倒角圆弧半径

对于图 7.15(b)，刀具处于任一点位置时的刀补值：$\#2 = R - x = R - (H + \#1)$

刀具处于任一点位置时的 Z 值：$\#1$

其中：$\#2$ 表示刀补值，$\#1$ 表示刀具当前 Z 值（负值），R 表示刀具半径

技术提示：

(1) 对于任意轮廓的倒角和倒圆角加工，应优先选用球头刀来加工，工件质量高而且效率高，只是程序稍微复杂些；

(2) 每层的切削量应根据倒圆的大小来合理设定，否则会造成效率低下。

7.7 复杂曲面类零件的铣削加工

【例 7.8】 对于简单的曲面可用手工编程完成，而对于复杂的曲面可借助 CAD/CAM 软件来完成造型和自动编程，如图 7.16 所示。

(1) 曲面造型，如图 7.17 所示。基于一款 CAD/CAM 软件，本人选用 CAXA 制造工程师软件，完成曲面造型。

(2) 设定毛坯、刀具、加工参数，如图 7.18 所示。

(3) 刀具轨迹生成与仿真加工，如图 7.19 所示。

(4) 生成工艺清单和 G 代码，如图 7.20 所示。

(5) 传入机床实际加工。

图形交互编程是以计算机绘图为基础的自动编程方法，需要 CAD/CAM 自动编程软件支持。这种编程方法的特点是以工件图形为输入方式，并采用人机对话方式，而不需要使用数控语言编制源程序。

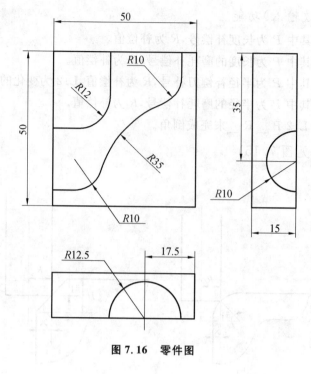

图 7.16 零件图

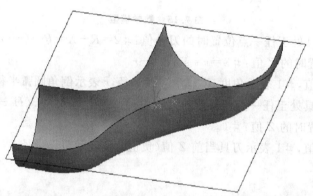

图 7.17 曲面

(a)

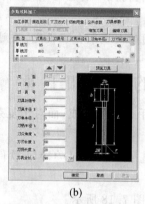
(b)

(c)

图 7.18 参数设置

从加工工件的图形再现、进给轨迹生成、加工过程的动态模拟,直到生成数控加工程序,都是通过屏幕菜单驱动。具有形象直观、高效及容易掌握等优点。

为适应复杂形状零件的加工、多轴加工、高速加工,一般采用计算机辅助编程,其步骤如下:

(1) 零件的几何建模。

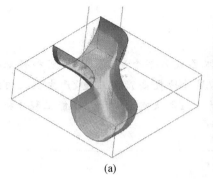 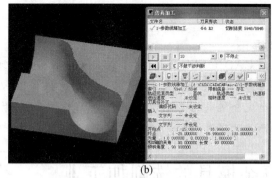

图 7.19 轨迹及仿真

 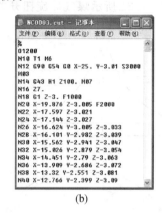

图 7.20 生成程序

对于基于图纸以及型面特征点测量数据的复杂零件数控编程,其首要环节是建立被加工零件的几何模型。

(2) 加工方案与加工参数的合理选择。

数控加工的效率与质量有赖于加工方案与加工参数的合理选择,其中刀具、刀轴控制方式、走刀路线的进给速度的优化是满足加工要求、机床正常运行和刀具寿命的前提。

(3) 刀具轨迹生成。

刀具轨迹生成是复杂形状零件数控加工中最重要的内容,能否生成有效的刀具轨迹直接决定了加工的可能性、质量与效率。刀具轨迹生成的首要目标是使所生成的刀具轨迹能满足无干涉、无碰撞、轨迹光滑、切削负荷光滑要求。同时,刀具轨迹生成还应满足能用性好、稳定性好、编程效率高、代码量小等条件。

(4) 数控加工仿真。

由于零件形状的复杂多变以及加工环境的复杂性,要确保所生成的加工程序不存在任何问题十分困难,其中最主要的是加工过程中过切与欠切、机床各部件之间的干涉碰撞等。对于高速加工,这些问题常常是致命的。因此,实际加工前采取一定的措施对加工程序进行检验并修正是十分必要的。数控加工仿真通过软件模拟加工环境、刀具路径与材料切除过程来检验并优化加工程序,具有柔性好、成本低、效率高且安全可靠等特点,是提高编程效率与质量的重要措施。

(5) 后置处理。

后置处理是数控加工编程技术的一个重要内容,它将通用前置处理生成的刀位数据转换成适合于具体机床数据的数控加工程序。其技术内容包括机床运动学建模与求解、机床结构误差补偿、机床运动非线性误差校核修正、机床运动的平稳性校核修正、进给速度校核修正及代码转换等。因此后置处理对于保证加工质量、效率与机床可靠性运行具有重要作用。

>>>
技术提示：

采用 CAD/CAM（计算机辅助设计及制造）的技术已成为整个制造行业当前和将来技术发展的重点。CAD/CAM 大大缩短了产品的制造周期，显著地提高产品质量，产生巨大的经济效益。一个完全集成的 CAD/CAE/CAM 软件，能辅助工程师从概念设计到功能工程分析到制造的整个产品开发过程。

7.8 复杂模具的铣削加工

【例 7.9】 如图 7.21 所示煤气灶旋钮开关，完成对该旋钮的模具设计与加工。

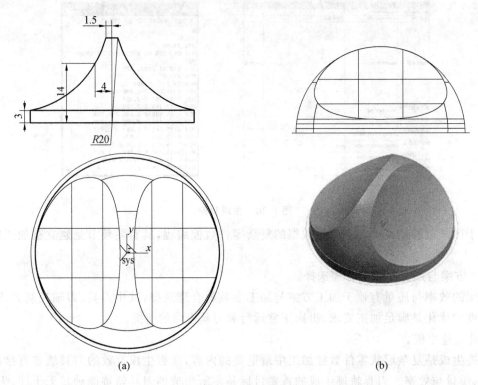

图 7.21 零件图

(1) 曲面造型。基于一款 CAD/CAM 软件，选用 CAXA 制造工程师软件，完成曲面造型，如图 7.22 所示。

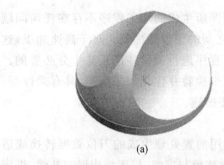 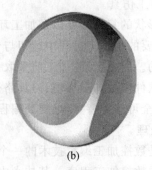

图 7.22 造型图

(2) 分模，生成凹模和凸模，如图 7.23 所示。

(3) 刀具轨迹生成与仿真加工，如图 7.24 所示。

(4) 生成工艺清单和 G 代码，如图 7.25 所示。

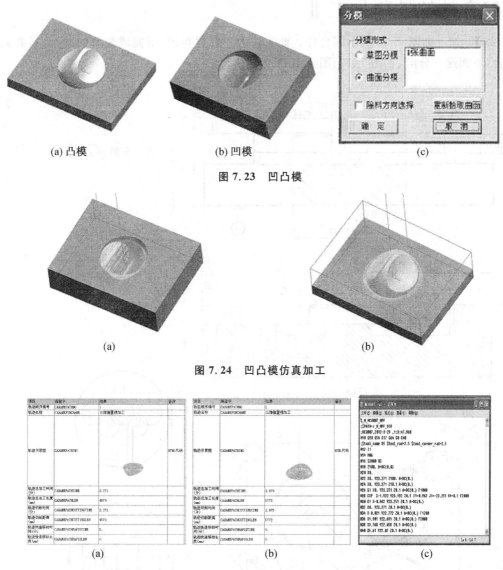

(a) 凸模　　　　(b) 凹模　　　　(c)

图 7.23　凹凸模

(a)　　　　(b)

图 7.24　凹凸模仿真加工

(a)　　　　(b)　　　　(c)

图 7.25　生成代码

(5)传入机床实际加工。

CAM 软件的代表有 Unigraphics、I-DEAS、Pro/Engineer、CATIA 等。这类软件的特点是优越的参数化设计、变量化设计及特征造型技术与传统的实体和曲面造型功能结合在一起,加工方式完备,计算准确,实用性强,可以从简单的 2 轴加工到以 5 轴联动方式来加工极为复杂的工件表面,并可以对数控加工过程进行自动控制和优化,同时提供了二次开发工具允许用户扩展的功能,系统主要有交互工艺参数输入模块、刀具轨迹生成模块、刀具轨迹编辑模块、三维加工动态仿真模块和后置处理模块,是航空、汽车、造船行业的首选 CAD/CAM 软件。

技术提示:

学习和掌握一门 CAD/CAM(计算机辅助设计及制造)的技术已成为从事该行业的基本技能,是整个制造行业当前和将来技术发展的重点,能辅助工程师从概念设计到功能工程分析到制造的整个产品开发过程。

7.9 配合件的铣削加工 Ⅲ

【例 7.10】 加工如图 7.26 所示配合件。此工件为一套竞赛题,要完成最终的配合,需要完成几处的单项配合,下面逐一分解,如图 7.27、图 7.28 所示。

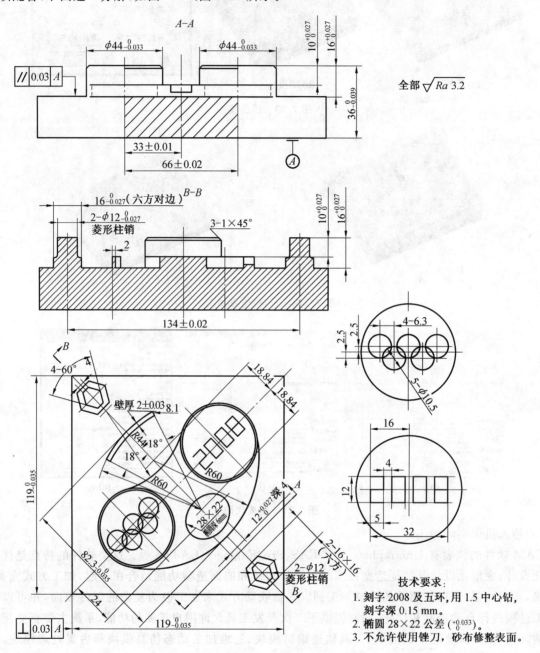

图 7.26 件一

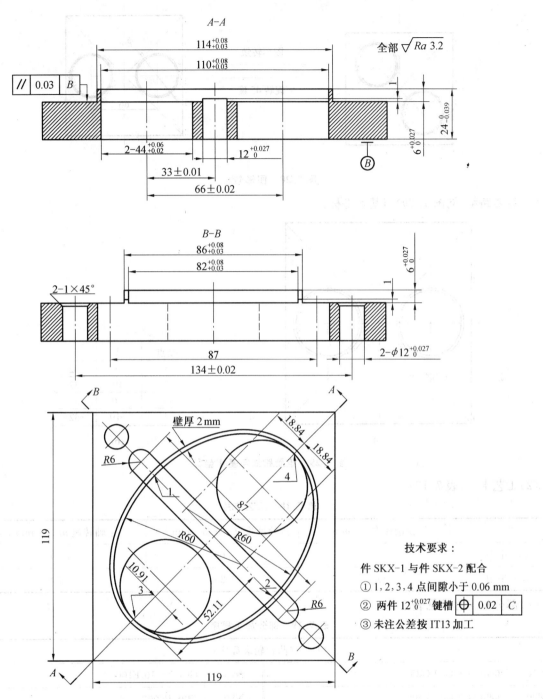

图 7.27 件二

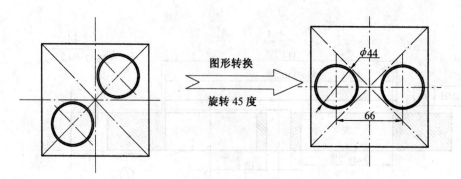

图 7.28 图形转化

(1)走刀路线(同图 7.29)与基点坐标。

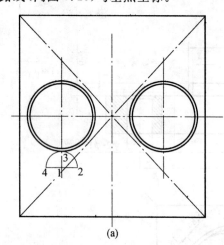

基点	X	Y
1	0	-32
2	10	-32
3	0	-32
4	-10	-32

(a)   (b)

图 7.29 走到路线与基点坐标

(2)工艺卡片(表 7.18)。

表 7.18 工艺卡片

刀具	铣削深度 a_p/mm	进给速度 $f/(\text{mm}\cdot\text{min}^{-1})$	主轴转速 $n/(\text{r}\cdot\text{min}^{-1})$
φ10 平刀	5	300	1 500
φ10 平刀	0.1	1 200	2 500

(3)部分加工程序见表 7.19。

表 7.19 部分加工程序

O0001(凸台轮廓程序)			
N10	G40 G49 G69 G80	N70	G01 Z-10 F100
N20	G90 G54 G00 Z100	N80	M98 P0003
N30	X0 Y0 S1500 M03	N90	G69
N40	Y-32	N100	G00 Z100
N50	G68 X0 Y0 R45	N110	M30
N60	Z5		
O0002(凸台倒角程序)		O0003	
N10	G40 G49 G69 G80	N10	G41 G01 X10 D01
N20	G90 G54 G00 Z100	N20	G03 X0 Y-22 R10
N30	X0 Y0 S2500 M03	N30	G02 J-22

续表7.19

O0002(凸台倒角程序)		O0003	
N40	G68 X0 Y0 R45	N40	G03 X−10 Y−32 R10
N50	Y−32	N50	G40 G01 X0
N60	Z5	N60	M99
N70	#1=0		
N80	WHILE[#1GE−1] DO1		
N90	#2=4+#1		
N100	G01 Z#1 F100		
N110	G10 L12 P1 R#2		
N120	M98 P0003		
N130	#1=#1−0.1		
N140	END1		
N150	G69		
N160	G00 Z100		
N170	M30		

同理，另外配合部分的轮廓也可以通过旋转使程序简化（见图7.30、图7.31）。

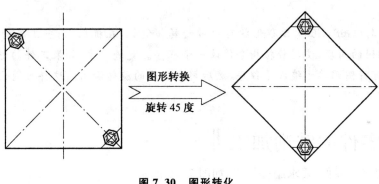

图7.30 图形转化

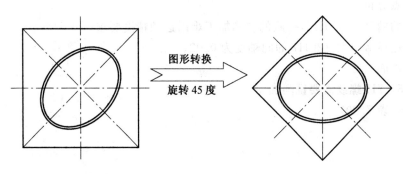

图7.31 图形转化

加工配合件时，通过使用平口钳装卡进行外轮廓的加工，保证零件精度，从而确定给定加工与其相配合的内轮廓零件的刀补值。

技术提示：

精加工外轮廓，刀补值小于刀具半径时，差值为负数，精加工内轮廓时，输入刀补值相当于刀具半径减去这个差值的绝对值。

(1)注意配合件的外形不要加工到尺寸，等到加工完配合面时让两个配合件合到一起再加工外形到尺寸。

(2)注意配合件的尺寸公差，要选择好以哪个件为基准。加工另一个，目的就是为了让两个工件能够达到配合的要求及使用要求。具体操作方法：

①精加工外轮廓零件后，记录下能使外轮廓尺寸达到精度的刀补值。
②计算刀补值与刀具半径的差值，即为由于机床和刀具的影响所产生的误差。
③精加工内轮廓时输入刀补值为刀具半径再加上这个差值即可。

(3)外轮廓：不要有划伤。

编程时可以用旋转来实现，简化编程，也可以用镜像功能，但是不提倡用镜像编程，例如此工件加工凸台外轮廓，如果用镜像编程顺铣圆弧就会变成逆铣圆弧，就很容易产生过切，加工此零件用旋转功能，可以避免产生过切现象。注意旋转时一定要抬刀，使刀具离开工件表面。加工凹件时记下刀补值，在做凸件时作为参考。

技术提示：

坐标系旋转(G68，G69)编程形状可以被旋转。例如，在机床上，当工件的加工位置由编程的位置旋转相同的角度，使用旋转指令修改一个程序。更进一步，如果工件的形状由许多相同的图形组成，则可将图形单元编成子程序，然后用主程序的旋转调用。这样可简化程序，省时，省存储空间。

7.10 综合零件的铣削加工

【例7.11】 现有一零件，要求编程加工，如图7.32所示。

(1)重点、难点分析。

①中间的孔的精度为$\phi 20H7$，一般的铣削加工难以达到精度要求。
②螺纹孔的底径$\phi 40$与$\phi 20H7$的同轴度为0.02。
③存在三个斜面。
④$M42\times 1.5-7H$螺纹需要铣削加工。

(2)工艺方案(表7.20)。

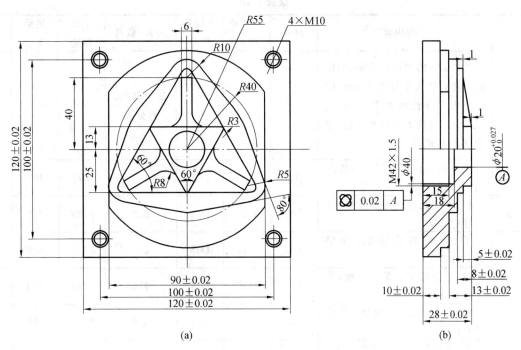

图 7.32 零件图

表 7.20 工艺方案

工序号	工步号	工步内容	刀号	长度补偿号	半径补偿号	刀具/量具	主轴转速	进给速度	备注
1	1	通过垫铁组合,保证工件夹持大于等于 7 mm,同时伸出部分长度大于 15 mm。并找正,X、Y 向原点设为工件中心,Z 向尺寸为工件表面							
	2	铣顶面,程序号 O1001,铣削光整即可	T01	H01	D01	φ80	600	400	
	3	粗、半精铣方轮廓,程序号 O1002	T02	H02	D02	φ32	1 200	360	
	4	用中心钻完成中心孔,程序号 O1003	T03	H03		φ3	1 500	100	
	5	用麻花钻钻孔,程序号 O1004	T04	H04		φ12	800	100	
	6	扩 φ20 孔,留 0.2 mm 余量,程序号 O1005	T05	H05	D05	φ16	1000	300	
	7	扩螺纹底孔,程序号 O1006	T05	H05	D05	φ16	1 000	300	
	8	镗 φ20H7(通),程序号 O1007	T06	H06		φ20H7 镗刀	2000	50	
	10	精铣方轮廓,程序同 O1002	T02	H02	D02	φ32	3 000	500	
	11	螺纹加工,程序号 O1008	T07	H07	D07		2 000	500	

续表 7.20

工序号	工步号	工步内容	刀号	长度补偿号	半径补偿号	刀具/量具	主轴转速	进给速度	备注
2	1	以加工后的面与垫铁贴合,保证工件夹持大于等于 7 mm,同时伸出部分长度大于 20 mm。用百分表寻找 φ20H7 的中心,记为 X,Y 的原点				磁性表座、百分表			
	2	铣顶面,控制厚度尺寸,程序同 O1001	T1	H11	D01	φ80	600	400	
	3	粗、半精铣倒三角形轮廓,程序号 O1102	T02	H12	D02	φ32	1 200	360	
	4	粗、半精斜面轮廓,程序号 O1103	T05	H15	D05	φ16	2 000	300	
	5	粗、半精铣正三角形轮廓,程序号 O1104	T05	H15	D05	φ16	2 000	300	
	6	粗、半精铣凸台轮廓,程序号 O1105	T05	H15	D05	φ16	2 000	300	
	7	粗、半精铣削平圆轮廓,程序号 O1106	T05	H15	D05	φ16	2 000	300	
	8	精铣削平圆轮廓,程序同 O1106	T05	H15	D05	φ16	3 000	500	
	9	精铣凸台轮廓,程序同 O1105	T05	H15	D05	φ16	3 000	500	
	10	精铣正三角形轮廓,程序同 O1104	T05	H15	D05	φ16	3 000	500	
	11	精铣斜面轮廓,程序同 O1103	T05	H15	D05	φ16	3 000	500	
	12	精铣倒三角形轮廓,程序同 O1102	T05	H15	D05	φ16	3 000	500	
	13	精铣斜面,程序号 O1107	T05	H15	D05	φ16	3 000	500	
	14	用中心钻完成螺纹中心孔,程序号 O1108	T03	H13		φ3	1 500	100	
	15	麻花钻钻螺纹底孔,程序号 O1109	T08	H18		φ8.5	1 000	100	
	16	攻丝,程序号 O1110	T09	H19		M10	300	450	

(3)部分加工程序(表 7.21)。

O1008;(螺纹铣刀加工 M42×1.5 螺纹孔)

表 7.21 部分加工程序

%1111(华中数控)		%111(M10 丝锥加工 M10 螺纹孔)	
N10	G54 G90 G40 G69 G80	N10	G54 G90 G40 G69 G80
N20	G00 Z100.0	N20	G00 Z100.0
N30	X0 Y0	N30	X0 Y0
N40	M03 S800	N40	M03 S200
N50	Z5.0	N50	G84 X−50.0 Y−50.0 Z−15.0 R5 P2 F300;(fanuc)

续表7.21

%1111(华中数控)		%111 M10 丝锥加工 M10 螺纹孔	
N60	G01 Z−15.5 F50	N60	G84 X−50.0 Y−50.0 Z−15.0 R5 P2 F1.5;(华中数控)
N70	G41 X−21 Y0 D01	N70	Y50.0
N80	M98 P100 L11	N80	X50.0
N90	G90 G40 G01 X0 Y0	N90	Y−50.0
N100	G00 Z100.0	N100	G80
N110	M05	N110	G00 Z100.0
N120	M30	N120	M05
%112(φ10铣刀加工三斜面)		%113;	
N10	G54 G90 G40 G69 G80	N10	G54 G90 G40 G69 G80
N20	G00 Z100.0	N20	G00 X−12.0 Y45.0
N30	X0 Y0	N30	Z5.0
N40	M03 S2000	N40	G01 Z−4 F100
N50	M98 P113	N50	#1=−12.0
N60	G68 X0 Y0 P120	N60	WHILE [#1 LE 12]
N70	M98 P113	N70	G01 X#1 F1000
N80	G68 X0 Y0 P240	N80	Y18.0 Z−1.0
N90	M98 P113	N90	Z2.0
N100	G00 Z100.0	N100	Y45.0 F3000
N110	X0 Y200.0	N110	Z−4.0
N120	M05	N120	#1=#1+0.2
N130	M30	N130	ENDW
		N140	G00 Z10.0
		N150	M99

拓展与实训

▶ 基础训练

一、选择题(每题有四个选项,请选择一个正确的填在括号里)

1. 伺服电动机的检查要在(   )。
   A. 数控系统已经通电的状态下进行   B. 电极尚未完全冷却下进行
   C. 数控系统断电后,且电极完全冷却下进行   D. 电极温度达到最高的情况下进行

2. 编排数控机床加工工艺时,为了提高加工精度,采用(   )。
   A. 精密专用夹具   B. 一次装夹多工序集中   C. 流水线作业   D. 工序分散加工法

3. 闭环控制系统的位置检测装置装在(   )。

A. 传动丝杠上　　　　B. 伺服电机轴端　　　C. 机床移动部件上　　D. 数控装置中

4. FMS 是指(　　)。

A. 自动化工厂　　　　B. 计算机数控系统　　C. 柔性制造系统　　　D. 数控加工中心

5. CNC 系统系统软件存放在(　　)。

A. 单片机　　　　　　B. 程序储存器　　　　C. 数据储存器　　　　D. 穿孔纸带

6. 加工平面任意直线应用(　　)。

A. 点位控制数控机床　　　　　　　　　　　B. 点位直线控制数控机床
C. 轮廓控制数控机床　　　　　　　　　　　D. 闭环控制数控机床

7. 步进电机的角位移与(　　)成正比。

A. 步距角　　　　　　B. 通电频率　　　　　C. 脉冲当量　　　　　D. 脉冲数量

8. 准备功能 G90 表示的功能是(　　)。

A. 预置功能　　　　　B. 固定循环　　　　　C. 绝对尺寸　　　　　D. 增量尺寸

9. 圆弧插补段程序中,若采用圆弧半径 R 编程时,从始点到终点存在两条圆弧线段,当(　　)时,用 −R 表示圆弧半径。

A. 圆弧小于或等于 180 度　　　　　　　　　B. 圆弧大于或等于 180 度
C. 圆弧小于 180 度　　　　　　　　　　　　D. 圆弧大于 180 度

10. CNC 系统的 RAM 常配有高能电池,配备电池的作用是(　　)。

A. 保护 RAM 不受损坏　　　　　　　　　　B. 保护 CPU 和 RAM 之间传递信息不受干扰
C. 没有电池,RAM 就不能工作　　　　　　　D. 系统断电时,保护 RAM 中的信息不丢失

二、判断题(对的在题号前面括号内填 Y,错的在题号前面括号内填 N)

(　　)1. 数控加工中,最好是同一基准引注尺寸或直接给出坐标尺寸。
(　　)2. 在同一次安装中进行多工序加工,应先完成对工件刚性破坏较大的工序。
(　　)3. 任何形式的过定位都是不允许的。
(　　)4. 脉冲当量是相对于每个脉冲信号传动丝杠转过的角度。
(　　)5. 在选择定位基准时,首先应考虑选择精基准,再选粗基准。
(　　)6. 刀位点是指确定刀具与工件相对位置的基准点。
(　　)7. 将二进制数 1110 转换为格雷码是 1001。
(　　)8. 子程序的编写方式必须是增量方式。
(　　)9. 程序段的顺序号,根据数控系统的不同,在某些系统中是可以省略的。
(　　)10. 非模态指令只能在本程序段内有效。

▶ 技能实训

技能实训 7.1　复杂零件一

复杂零件一如图 7.33 所示,其评分表见表 7.22。

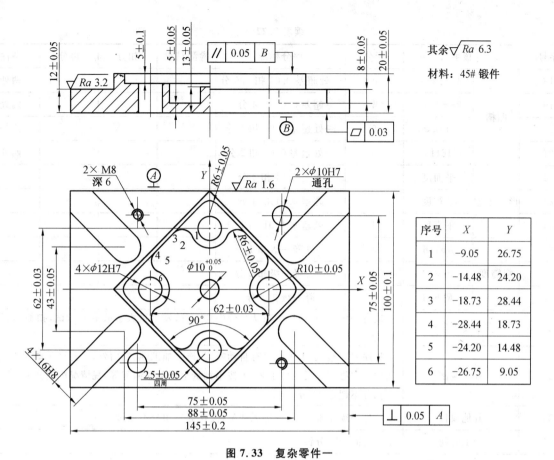

图 7.33　复杂零件一

表 7.22　复杂零件一评分表

序号	考核项目	配分	评分标准	检测结果	扣分	得分	备注
1	外形	145±0.2	2	超差 0.01 扣 3 分			
2	外形	100±0.1	3	超差 0.01 扣 3 分			
3	外形	20±0.05	4	超差 0.01 扣 4 分			
4	孔	62±0.03	4	一处超差 0.01 扣 2 分			
5	孔	φ12H7	4	一处超差 0.01 扣 1 分			
6	孔	φ10H7	4	一处超差 0.01 扣 2 分			两处
7	孔	75±0.05	4	一处超差 0.01 扣 1 分			
8	孔	M6 深 6	2	一处超差 0.01 扣 2 分			
9	孔		4	烂牙不得分			
10	凸台	2.5±0.05	4	一处超差 0.02 扣 2 分			
11	凸台	R6±0.05	4	一处超差 0.1 扣 3 分			十二处
12	凸台	R10±0.05	4	一处超差 0.1 扣 3 分			四处
13	凸台	φ10$^{+0.05}_{0}$	4	超差 0.02 扣 4 分			
14	凸台	13±0.05	4	一处超差 0.01 扣 1.5 分			
15	凸台	5±0.05	4	一处超差 0.1 扣 1 分			
16	凸台	5±0.1	2	一处超差 0.1 扣 1 分			
17	凸台	12±0.05	4	超差 0.01 扣 4 分			

续表 7.22

序号	考核项目		配分	评分标准	检测结果	扣分	得分	备注
18	凹槽	43±0.05	4	一处超差0.01扣1.5分				两处
19		88±0.05	4	超差0.01扣4分				两处
20		8±0.05	5	一处超差0.01扣1分				四处
21		16H8	5	一处超差0.01扣2分				四处
22	形位公差	平面度	4	超差0.01扣4分				
23		平行度	4	超差0.01扣4分				
24		垂直度	4	一处超差0.01扣1分				
25	粗糙度	Ra1.6	3	一处降一级扣1分				
26		Ra3.2	3	一处降一级扣2分				
27		Ra6.3	3	降一级扣2分				
28	安全文明生产			按有关规定,每违反一项从总分中扣3分,发生重大事故取消考试,扣除不超过10分				
29	程序编制			①程序要完整,加工中心要有自动换刀,连续加工(除端面外,不允许手动加工) ②加工中心有违反数控工艺(未按小批量生产条件编程等)视情况酌情扣分 ③扣分不超过10分				
30	其他项目			①工件必须完整,考件局部无缺陷(夹伤等),扣分不超过5分				
31	加工时间			定额时间300分钟				
	总分							

技能实训 7.2 复杂零件二

复杂零件二如图 7.34 所示,其评分表见表 7.23。

表 7.23 复杂零件二评分表

序号	考核项目	考核内容及要求		配分	评分标准	检验结果	扣分	得分	备注
1	外形	98±0.02(长度)	IT	3	超差0.02扣1分				
2		78±0.02(宽度)	IT	3	超差0.02扣1分				
3		84±0.02(长度)	IT	2	超差0.02扣1分				
4		64±0.02(宽度)	IT	2	超差0.02扣1分				
5		圆弧过渡,4—R8	IT	2	超差0.02扣0.05分				
6		5±0.02(深度)	IT	2	超差0.02扣1分				
7	底面	7±0.02	IT	2	超差0.02扣1分				
8		7±0.02	IT	2	超差0.02扣1分				
9		50±0.02	IT	3	超差0.02扣1分				
10		40±0.02	IT	3	超差0.02扣1分				
11		2—R8	IT	2	有明显接痕扣1分				

续表 7.23

序号	考核项目	考核内容及要求	配分		评分标准	检验结果	扣分	得分	备注
12		84±0.02(长度)	IT	2	超差0.02扣1分				
13		64±0.02(宽度)	IT	2	超差0.02扣1分				
14		51±0.02	IT	4	超差0.02扣1分				2处
15		44±0.02	IT	2	超差0.02扣1分				
16		18±0.02	IT	2	超差0.02扣1分				
17		13±0.02	IT	2	超差0.02扣1分				
18		7±0.02	IT	2	超差0.02扣1分				
19		7±0.02	IT	2	超差0.02扣1分				
20		90°±2′	IT	2	超差0.02扣1分				
21		圆弧过渡,4—R10	IT	4	有明显接痕扣1分				
22		圆弧,R20±0.02	IT	2	超差0.02扣1分				
23		圆弧过渡,2—R10	IT	2	有明显接痕扣1分				
24		圆弧过渡,2—R3	IT	2	有明显接痕扣1分				
25		2—ϕ±0.02	IT	2	超差0.02扣1分				
26		2—ϕ±0.02	IT	2	超差0.02扣1分				
27		球面SR18	IT	2	超差0.02扣1分				
28		28±0.02(高度)	IT	5	超差0.02扣2分				
29		12±0.02(高度)	IT	2	超差0.02扣1分				
30		8±0.02(高度)	IT	2	超差0.02扣1分				
31		5±0.02(深度)	IT	2	超差0.02扣1分				
32	倒角	1×45°	IT	5	不倒角扣0.5分/处				
33	形位公差	平行度A	//	3	超差0.02扣1分				
		垂直度A、B	⊥	6	超差0.02扣1分				
34	表面质量	表面粗糙度	Ra	12	粗糙度为1.6处超差扣1分/每处,其他超差扣0.5分/处;得分小于5分时每得0.5分				
35	文明生产	按有关规定每违反一项从总分中扣3分,发生重大事故取消考试					扣分不超过10分		
36	其他项目	一般按照IT13					扣分不超过10分		
		工件必须完整,考试局部无缺陷(夹伤等)							
37	加工时间	总时间300 min,时间到机床停电,选手交零件							
		总分							

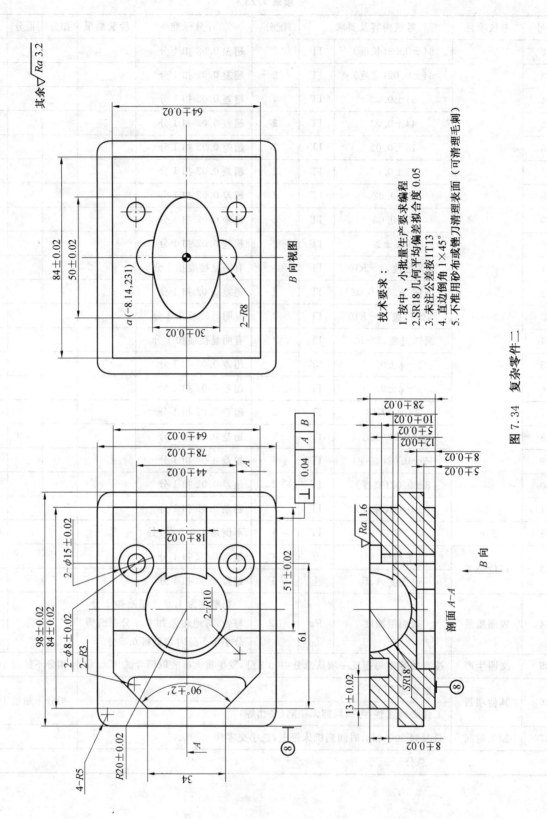

图 7.34 复杂零件二

技能实训 7.3　复杂零件三

复杂零件三如图 7.35 所示,其评分表见表 7.24。

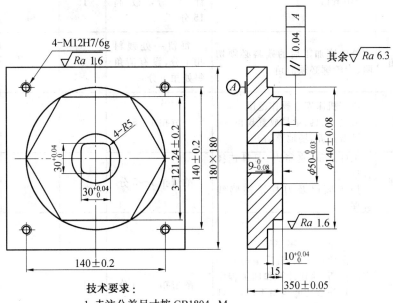

图 7.35　复杂零件三

表 7.24　复杂零件三评分表

序号	考核项目	考核内容及要求	评分标准	配分	检测结果	扣分	得分	备注
1	厚度	35 ± 0.05	合格	5				
2	圆台	$\phi140\pm0.08$	合格,每项3分	2				
3		15 ± 0.09	合格	1				
4	六方	$3-121.24\pm0.02$	每处合格得3分	9				
5		$10^{+0.04}_{0}$	合格	2				
6	圆孔	$\phi50^{0}_{-0.03}$	合格	6				
7		$10^{+0.04}_{0}$	合格	2				
8	方孔	$30^{+0.04}_{0}\times30^{+0.04}_{0}$	合格	6				
9		$R5$	合格	1				
10	螺孔	2-M12	合格,每孔2分	8				
11	螺孔	$4-M12,140\pm0.2$	合格	8				
12	粗糙度	平面,台阶面 $Ra3.2$ 共4处	合格,每处1分	4				
13		外形,内孔 $Ra1.6$ 共4处	合格,每处1分	4				
14	形位公差	平行度0.04		6				
15		对称度0.02		8				
16	去毛刺	各尖角,孔口	清晰,无毛刺	2				

续表 7.24

序号	考核项目	考核内容及要求	评分标准	配分	检测结果	扣分	得分	备注
17	工时	240 min	每提前 10 分钟计 1 分，最高 15 分	15				
18	残料清角	外轮廓加工后的残料必须切除；内轮廓必须清角	每留一处残料扣 1 分，没有清角每处扣 1 分	8				
19	安全文明生产	遵守机床安全操作范围 刀具、工具、量具放置规范 设备保养，场地整洁	酌情扣 1～5 分	3				
20	工艺合理	工件定位、夹紧力、刀具选择合理 加工顺序及刀具轨迹路线合理	酌情扣 1～5 分	3				
21	程序编制	指令正确，程序完整 数据计算正确，程序编写有一定的技巧，简化计算和加工程序 刀具补偿功能运用正确，合理 切削参数、坐标系选择正确合理	酌情扣 1～5 分	5				
22	其他项目	发生重大事故（人身和设备安全事故等），严重违反工艺原则和情节严重的野蛮操作等，由裁判长决定取消其实践资格						
	总分							

技能实训 7.4　复杂零件四加工

复杂零件四如图 7.36 所示，其评分表见表 7.25。

表 7.25　复杂零件四评分表

序号	项目	考核内容	配分	评分标准	检测结果	扣分	得分	备注
1	总体尺寸	95±0.01	4	超差 0.01 扣 1 分				
2		75±0.01	4	超差 0.01 扣 1 分				
3		28±0.02	4	超差 0.01 扣 1 分				
4		91±0.02	4	超差 0.01 扣 2 分				
5		71±0.02	4	超差 0.01 扣 2 分				
6		55±0.02	4	超差 0.01 扣 2 分				
7	工件外形尺寸		2	超差 0.01 扣 1 分				
8		47±0.01（3 处）	2	超差 0.01 扣 1 分				
9			2	超差 0.01 扣 1 分				
10		壁厚 2±0.01	2	超差 0.01 扣 1 分				
11		$\phi 8^{+0.05}_{0}$（2 处）	2					
12			2					

续表 7.25

序号	项目	考核内容	配分	评分标准	检测结果	扣分	得分	备注
13	高度尺寸	18 ± 0.01	4	超差 0.01 扣 2 分				
14		$5^{+0.03}_{0}$	2	超差 0.01 扣 2 分				
15		$5^{0}_{-0.03}$	2	超差 0.01 扣 2 分				
16	圆弧	$R12.5$(4 处)	4	每处不成形不得分				
17		$R5$(8 处)	4					
18		$R5$(6 处)	4					
19		$R5$(4 处)	4					
20	椭圆 (3 个)	长轴 75	2	超差 0.01 扣 1 分				
21		长轴 60	2	超差 0.01 扣 1 分				
22		椭圆 50×30	4	不成形不得分				
23	倒角	$0.5\times45°$(4 处)	8	每处不成形不得分				
24	形位公差	(2 处)	4	每处超差 02 扣 1 分				
25		(4 处)	6	每处超差 0.02 扣 1 分				
26	表面粗糙度	$Ra3.2$(2 处)	4	每处超差扣 2 分				
27		$Ra1.6$(10 处)	10	每处超差扣 2 分				
28	文明生产	按有关规定每违反一项从总分中扣 3 分,发生重大事故取消考试。扣分不超过 10 分						
29	程序编制	①程序编制要完整,连续加工(除试切、对刀外,不允许手动加工)。 ②加工中有违反数控工艺(如未按小批量生产条件编程等),视情况酌情扣分。 ③扣分不超过 20 分。						
30	其他项目	①一般按照 GB1804—M。 ②工件必须完整,考件局部无缺陷(夹伤等)。 ③扣分不超过 10 分。						
31	加工时间	定额时间:300 分钟。到时间停止加工。						
	总分							

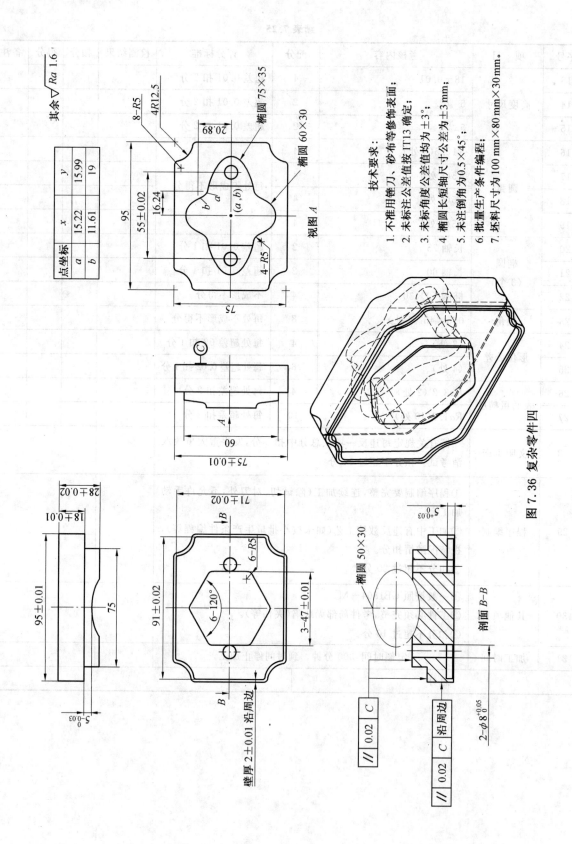

图 7.36 复杂零件四

参 考 文 献

[1] 赵军华.数控铣削加工中心操作实训[M].北京:机械工业出版社,2008.
[2] 浦艳敏.数控铣削加工实用技巧[M].北京:机械工业出版社,2010.
[3] 涂志标,黎胜容.典型零件数控铣加工生产实例[M].北京:机械工业出版社,2011.
[4] 李体仁,孙建功.数控手工编程技术及实例详解[M].北京:化学工业出版社,2012.
[5] 卞化梅,牛小铁.数控车床编程与零件加工[M].北京:化学工业出版社,2012.
[6] 李兴贵.数控车工入门与提高[M].北京:化学工业出版社,2012.
[7] 彼得·斯密德.数控编程手册[M].北京:化学工业出版社,2012.
[8] 王继明.数控加工工艺[M].北京:化学工业出版社,2011.
[9] 申晓龙.数控机床加工工艺与实施[M].北京:化学工业出版社,2011.
[10] 徐斌.数控车床编程与加工技术同步实训手册[M].北京:高等教育出版社,2011.
[11] 周保牛.数控车削技术[M].北京:高等教育出版社,2007.
[12] 高枫,肖卫宁.数控车削编程与操作训练[M].北京:高等教育出版社,2005.
[13] 余英良.数控车铣削加工案例解析[M].北京:机械工业出版社,2008.

参考文献

[1] 倪志春. 发动机制造工艺与装备[M]. 北京: 机械工业出版社, 2008.
[2] 谢志萍. 数控铣削加工实用技巧[M]. 北京: 机械工业出版社, 2010.
[3] 李志农. 数控加工技术[M]. 北京: 机械工业出版社, 2011.
[4] 朱红, 张春良. 数控加工编程技术及实训教程[M]. 北京: 化学工业出版社, 2012.
[5] 王永章, 李大胜. 数控加工编程与操作[M]. 上海: 化学工业出版社, 2012.
[6] 夏庆观. 数控技术入门与精通[M]. 北京: 化学工业出版社, 2012.
[7] 陆启建. 数控铣削编程与操作[M]. 北京: 北京工业出版社, 2012.
[8] 王爱玲. 数控铣削加工工艺[M]. 北京: 化学工业出版社, 2013.
[9] 宋放之. 数控机床加工工艺与编程[M]. 北京: 化学工业出版社, 2013.
[10] 沈建峰, 朱勤惠. 数控加工工艺与编程[M]. 北京: 高等教育出版社, 2011.
[11] 蒋洪平. 数控加工技术[M]. 北京: 高等教育出版社, 2012.
[12] 蔡厚道. 数控机床构造[M]. 北京: 北京理工大学出版社, 2008.
[13] 宋放之. 数控机床多轴加工技术[M]. 北京: 清华大学出版社, 2008.